셀프트래블

런던

상상출판

셀프트래블

런던

개정 2판 1쇄 | 2024년 10월 14일

글과 사진 | 박정은

발행인 | 유철상
편집 | 김정민, 김수현
디자인 | 주인지, 노세희
마케팅 | 조종삼, 김소희
콘텐츠 | 강한나

펴낸 곳 | 상상출판
주소 | 서울특별시 성동구 뚝섬로17가길 48, 성수에이원센터 1205호(성수동 2가)
구입 · 내용 문의 | **전화** 02-963-9891(편집), 070-7727-6853(마케팅)
팩스 02-963-9892 **이메일** sangsang9892@gmail.com
등록 | 2009년 9월 22일(제305-2010-02호)
찍은 곳 | 다라니
종이 | ㈜월드페이퍼

※ 가격은 뒤표지에 있습니다.

ISBN 979-11-6782-209-3 (14980)
ISBN 979-11-86517-10-9 (SET)

www.esangsang.co.kr

셀프트래블

런던

London

박정은 지음

상상출판

White City 148
Smart picks from over a million properties.
Zoopla
EX13 OXJ
LTZ 1141

PARLIAMENT
SQUARE SW1

TATE
MATISSE
CUT-OUTS

MATISSE

Prologue

그날은 우연히도 5월 22일, 『셜록 홈스』의 작가 코난 도일의 생일이었다. 나는 두근대는 마음으로 워킹 투어 장소에 도착했다. 고등학생 시절에 푹 빠졌던 추리소설의 주인공, 셜록 홈스와 관련된 곳을 직접 본다고 생각하니 꿈만 같았다. '셜록 홈스 투어'는 베이커 스트리트역의 셜록 홈스 동상에서 시작해 셜록 홈스가 살던 베이커 스트리트 221B번지를 지나 홈스와 관련된 장소들을 돌아다니며 소설과 작가에 관한 이야기를 듣는 투어다. 아직도 그때의 즐거움이 생생하다. 로망의 실현이란 이런 것이다. 영국엔 코난 도일만 있던가! 애거사 크리스티도 있다. 우연히 크램번 스트리트 끝자락에서 애거사 크리스티의 기념비를 발견하곤 한동안 자리를 뜨지 못한 적도 있다. 회색 뇌세포를 언급하는 포와로와 '코코아를 지독히 사랑하는' 미스 마플의 부조를 만났기 때문이다. 그들은 그저 소설의 등장인물이 아니었다. 추리소설에 푹 빠져 살았던 고등학생 때의 나와 만날 수 있어 그들을 사랑했고 더 아련했다.

누구에게나 여행지에 대한 로망이 있다. 런던은 유럽 여행자들이 가장 먼저 찾는 도시 중 하나로 여행자들의 로망이 다른 도시들에 비해 구체적으로 표현되는 곳이다. 어떤 이에게는 런던 펍에서 맥주를, 손흥민의 축구 경기 직관을, 매일매일 뮤지컬을, 우아한 애프터눈 티타임을, 그리고 어떤 이에게는 콜린 퍼스와 같은 멋진 영국 남성을 만날 수 있는 꿈의 도시가 된다. 그 무언들 어떠하겠는가. 생각하던 로망을 이루기만 한다면 세계적인 유물들이 전시된 영국 박물관을 보지 않더라도 내 생의 가장 아름다운 여행이 실현되는 것이니 말이다. 여행은 온전히 나의 기쁨을 누리는 것이다.

런던 셀프트래블 초판을 준비하며 최고의 '피시 앤 칩스' 맛집을 찾겠다며 매일 두 끼씩 피시 앤 칩스를 질리도록 먹고, 최고의 스콘을 찾기 위해 눈에 띌 때마다 크림 티를 먹으며 런던을 여행했다. '이게 나를 위한 여행인가?' 투덜대기도 했지만, 사실은 책을 쓴다는 이유로 런던을 방문하게 되어 즐겁다. 매번 새롭게 방문할 곳이 생기고, 그때는 보지 못했던 곳이 보이고, 또 새로운 맛집을 가볼 수 있기 때문이다.

런던 여행에서 아쉬운 단 한 가지, 짓궂은 날씨는 너그러운 마음으로 이해해주자. 아침에는 분명 구름이 많은 쌀쌀한 날씨였는데, 해가 났다가 우두두 우박이 떨어지기도 하고,

바람이 심하게 불었다가 여우비가 내리거나 금세 개서 무지개가 방긋 나기도 하는 그런 신비로운 날을 만날 수 있다. 분명히 날씨가 좋은 계절이랬는데 왜 이러냐고 성토하지 말자. 런던은 원래 그런 곳이다. 궂은 날씨가 많은 것을 감안해 본문에 날씨가 안 좋은 날 돌아보는 코스를 소개하고 있으니 참고하자.

2013년 초판이 나온 이후 코로나 시기를 보내며 큰 개정을 했다. 유명한 카페와 식당이 코로나를 견뎌내지 못하고 사라지고, 컨택리스 시스템이 정착한 것을 보면서 시대의 변화를 느낀다. 20대 때부터 꾸준히 영국을 방문하고 있지만, 올해는 중학생인 아이와 아이의 친구를 데리고 여행을 빙자한 취재 여행을 다녀왔다(강행군이었다). 덕분에 가족 여행의 관점에서 책을 업데이트할 수 있었는데 아이와 함께하는, 청소년과 함께하는 여행페이지와 팁들을 좀 더 보완할 수 있었다. 기회가 된다면 영국 여행을 준비하는 가족 여행자들에게 도움이 되는 시간을 마련해 보고 싶다. 『파리 셀프트래블』도 쓰고 있기에 두 나라를 자연스레 비교하게 되었는데 영국이 프랑스보다 가족 여행자들에게 더 많은 혜택을 주고 있다. 기차와 같은 교통뿐 아니라 숙소와 입장료에서도 혜택이 있으니 큰 비용이 드는 유럽 가족 여행을 준비한다면 조금 안심했으면 한다.

책을 만들면서 항상 느끼는 것이지만 여러 번 꼼꼼히 보고 저자와 에디터가 체크를 하더라도 부족한 부분이 생긴다. 책을 읽는 분들은 『런던 셀프트래블』을 읽고 잘못된 정보나 보완했으면 하는 부분이 있다면 언제든지 말해주면 좋겠다. 좋은 평가는 즐겁고, 까다로운 지적은 더 나은 책을 만들어 주는 데 훌륭한 밑거름이 된다. 나는 실용적이면서도 역사와 문화를 이해하고 즐길 수 있는 재미난 가이드북을 만들고 싶다.

마지막으로 이번 개정을 맡은 김정민 에디터와 주인지 디자이너, 런던 현지에서 맛있는 정보를 전해준 현소영님, 다른 시각으로 나를 각성시켜 주는(수다로 시작해 격정적인 토론으로 끝나는 대화) 제스와 코윈, 런던 초판에 많은 도움을 주었던 하레, 『런던 셀프트래블』의 공저자로 10년간 함께했던 혜진, 그리고 『런던 셀프트래블』 제작을 제안해 주신 유철상 대표님에게 감사의 말을 전하고 싶다.

2024년 10월 박정은

Contents
목차

Mission in London

Enjoy London

KEEP
CALM
AND
CARRY
ON
ALL WILL
BE
WELL
GOOD ADVICE FROM
WINSTON CHURCHILL

7 스피탈필즈에서 쇼디치까지 218

8 런던에서 떠나는 영국 여행 236

Step to London

일러두기

❶ 주요 지역 소개

『런던 셀프트래블』은 런던의 웨스트민스터, 소호, 켄싱턴 & 첼시, 더 시티, 사우스워크, 말리본, 쇼디치 7곳의 지역을 다룹니다. 또한 런던에서 쉽게 다녀올 수 있는 근교 지역도 소개하고 있습니다.

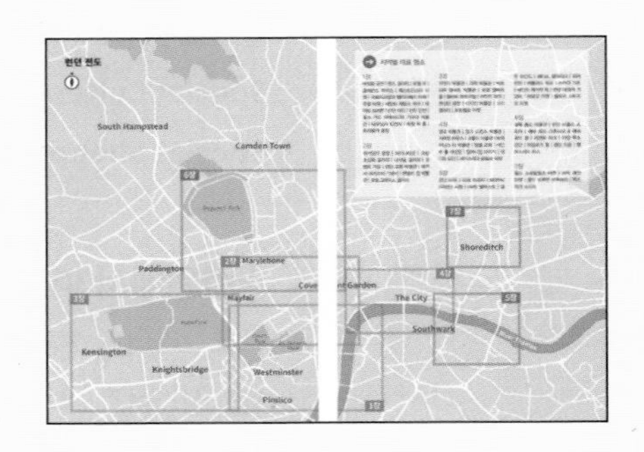

❷ 알차디알찬 여행 핵심 정보

Mission 런던에서 놓치면 100% 후회할 볼거리, 음식, 쇼핑 아이템 등 재미난 정보를 테마별로 한눈에 보여줍니다. 내 취향에 맞는 것만 쏙쏙~ 골라 여행을 계획하세요.

Enjoy 런던의 지역별 여행 동선과 주요 스폿을 상세하게 소개합니다. 주소, 가는 법, 홈페이지 등 상세 정보와 함께 알아두면 좋은 Tip도 수록해 두었습니다.

Step 런던으로 떠나기 전 꼭 필요한 여행 정보를 모았습니다. 런던 일반 정보, 출입국수속, 교통수단, 기본 영어 회화 등을 실어 초보 여행자도 어렵지 않게 여행할 수 있습니다.

❸ 요금 정보 활용법

이 책에서는 레스토랑, 카페 등 식당 예산을 아래와 같은 기준으로 표시했습니다.

£10 이하 £ | £10~£20 ££
£20~£40 £££ | £40 이상 ££££

❹ 정보 업데이트

이 책에 실린 모든 정보는 2024년 10월까지 취재한 내용을 기준으로 하고 있습니다. 현지 사정에 따라 요금과 운영시간 등이 변동될 수 있으니 여행 전에 한 번 더 확인하시길 바랍니다.

❺ GPS와 QR 코드 활용법

이 책에 소개된 주요 명소에는 구글 맵스의 GPS 좌표를 표시해 두었습니다. 스마트폰 앱 구글 맵스Google Maps 혹은 www.google.co.kr/maps로 접속해 검색창에 GPS 좌표를 입력하면 빠르게 위치를 체크할 수 있습니다. '길찾기' 버튼을 터치하면 현재 위치에서 목적지까지의 경로도 확인 가능합니다. 런던에서는 온라인 예약이 필수입니다. 주요 명소에는 홈페이지로 바로 접속 가능한 QR 코드를 수록하여 바로 예약할 수 있습니다.

❻ 지도 활용법

이 책의 지도에는 아래와 같은 부호를 사용하고 있습니다.

주요 아이콘

- 관광명소, 기타명소
- R 레스토랑, 카페 등 식당
- S 백화점, 쇼핑몰 등 쇼핑 매장
- H 호텔, 호스텔 등 숙소

기타 아이콘

- 버스정류장
- 튜브역
- 기차역
- 런던 리버 선착장
- 관광안내소
- 화장실
- 뷰 포인트
- 쇼핑가
- TESCO 테스코
- Sainsbury's 세인즈버리스
- Waitrose 웨이트로즈
- M&S 막스 앤 스펜서
- NERO 카페 네로
- 코스타
- 프레타 망제
- 식당가

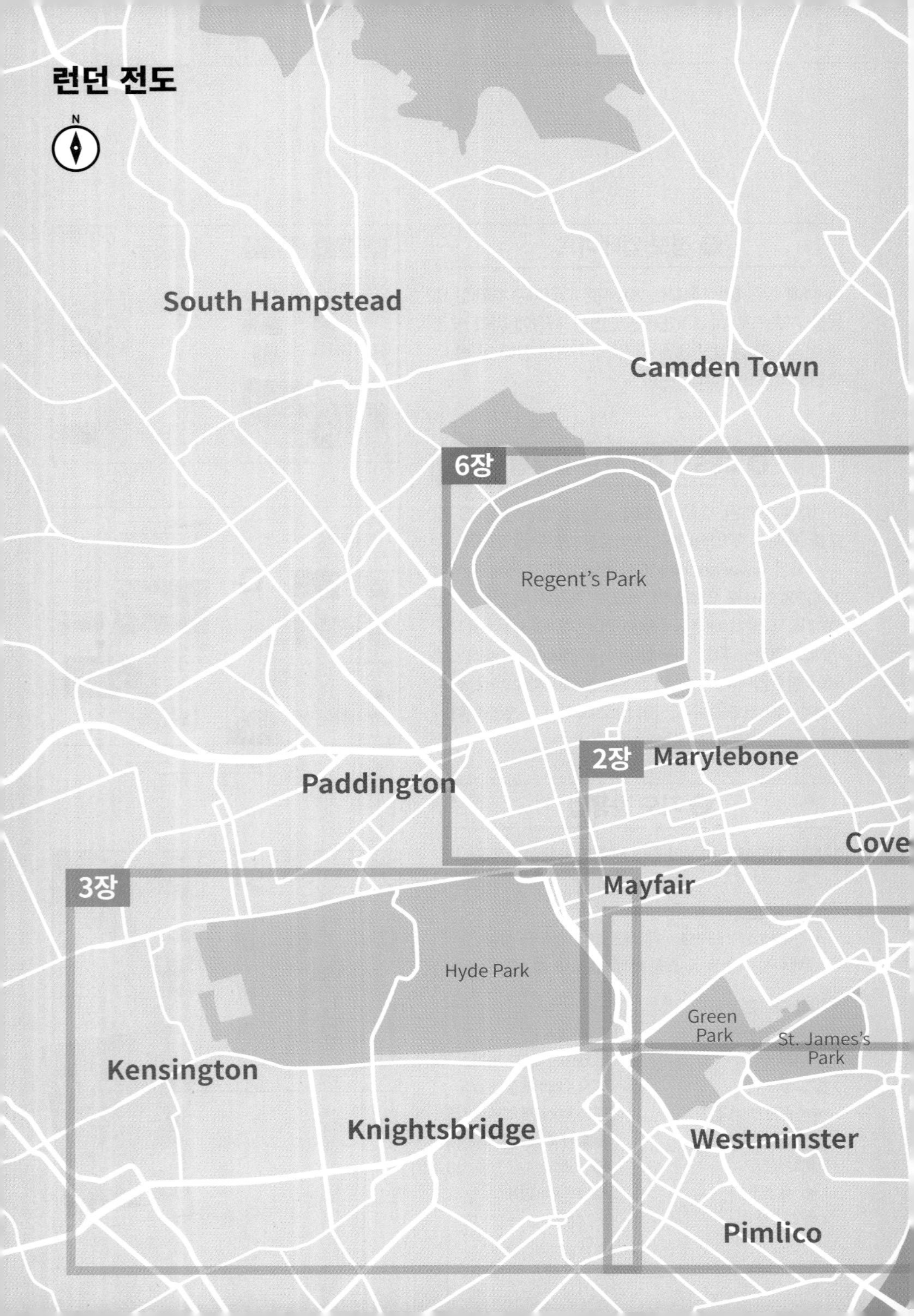

런던 전도
N
South Hampstead
Camden Town
6장
Regent's Park
2장
Marylebone
Paddington
Cove
3장
Mayfair
Hyde Park
Green Park
St. James's Park
Kensington
Knightsbridge
Westminster
Pimlico

지역별 대표 명소

1장
버킹엄 궁전 | 킹스 갤러리 | 로열 뮤 | 클래런스 하우스 | 웨스트민스터 사원 | 국회의사당과 엘리자베스 타워 | 주얼 타워 | 세인트 제임스 파크 | 테이트 브리튼 | 런던 아이 | 런던 던전 | 호스 가드 퍼레이드와 기마대 박물관 | 다우닝가 10번지 | 처칠 워 룸 | 트라팔가 광장

2장
피커딜리 광장 | 차이나타운 | 국립 초상화 갤러리 | 내셔널 갤러리 | 코벤트 가든 | 런던 교통 박물관 | 애거사 크리스티 기념비 | 헨델의 집 박물관 | 포토그래퍼스 갤러리

3장
자연사 박물관 | 과학 박물관 | 빅토리아 앨버트 박물관 | 로열 앨버트 홀 | 앨버트 메모리얼 | 하이드 파크 | 켄싱턴 궁전 | 디자인 박물관 | 사치 갤러리

4장
영국 박물관 | 찰스 디킨스 박물관 | 서머셋 하우스 | 코톨드 미술관 | 트와이닝스 티 박물관 | 템플 교회 | 세인트 폴 대성당 | 밀레니엄 브리지 | 9와 ¾ 플랫폼 | 킹스 크로스 | 테이트 모던 | 셰익스피어 글로브 극장

5장
런던 타워 | 타워 브리지 | MOPAC (구)런던 시청 | HMS 벨파스트 | 골든 하인드 | 헤이스 갤러리아 | 모어 런던 | 버틀러스 워프 | 스카이 가든 | 세인트 캐서린 독 | 런던 대화재 기념비 | 버로우 마켓 | 몰트비 스트리트 마켓

6장
셜록 홈스 박물관 | 런던 비틀스 스토어 | 애비 로드 스튜디오 & 애비 로드 숍 | 리젠트 파크 | 마담 투소 런던 | 프림로즈 힐 | 캠든 타운 | 햄프스테드 히스 | 말리본 하이 스트리트

7장
올드 스피탈필즈 마켓 | 브릭 레인 마켓 | 올드 트루먼 브루어리 | 박스파크 쇼디치

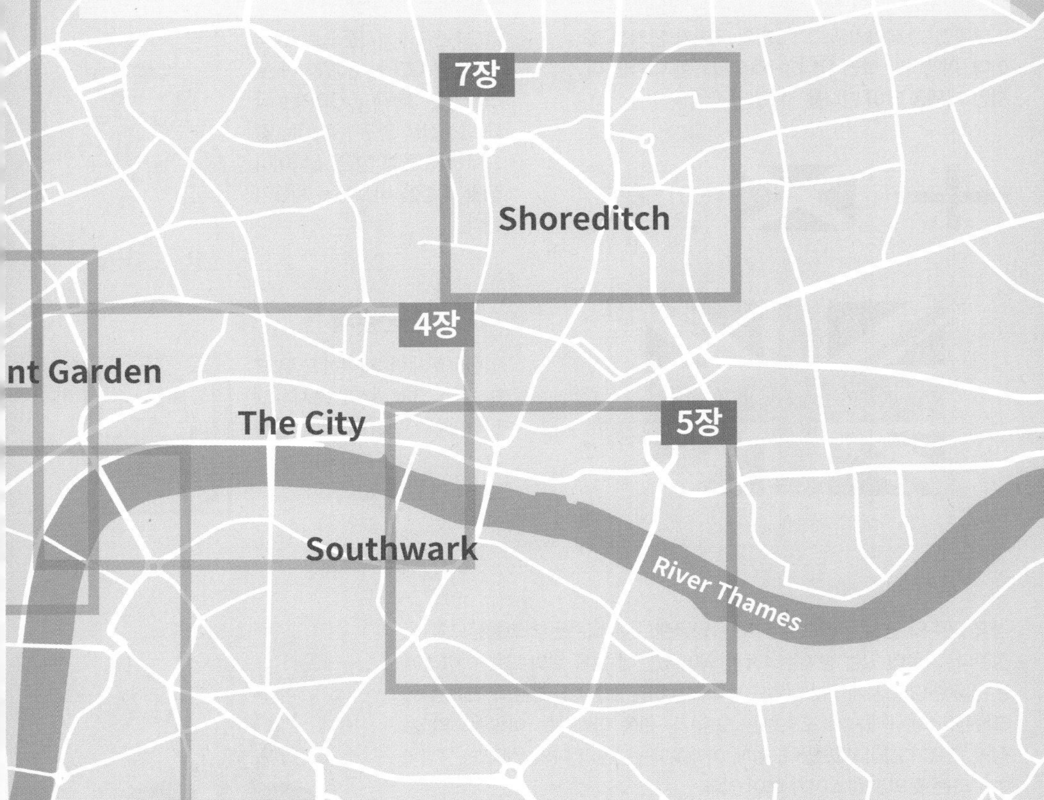

All about London
런던 여행 기본 정보

국가와 수도 영국, 런던

영국의 정확한 명칭은 그레이트 브리튼 북아일랜드 왕국United Kingdom of Great Britain and Northern Ireland으로 크게 잉글랜드, 스코틀랜드, 웨일스, 북아일랜드 왕국으로 나뉜다. 영국의 수도는 런던으로 과거와 현재의 조화, 다양한 문화와 역사가 공존하는 도시이다.

국기 유니언 잭

영국의 국기인 유니언 잭Union Jack은 잉글랜드와 스코틀랜드, 북아일랜드의 3개의 국기가 합쳐진 것이다. 여행하다 보면 유니언 잭을 활용한 다양한 디자인 제품을 많이 만나볼 수 있다.

면적 243,610 km²

영국의 면적은 243,610㎢이다. 우리나라의 100,412㎢보다 약 2.5배 정도로 넓다.

인구 약 6,773만 명

영국의 인구는 약 6,796만 명(2024년 기준)으로 약 5,155만 명인 우리나라보다 많다.

1인당 GDP 20위

2024년 IMF 기준으로 영국의 1인당 GDP는 20위이며 우리나라는 32위다. GDP는 국내 총생산을 인구수로 나눈 값으로 국민들의 평균 소득이나 생활 수준을 비교하는 지표가 된다.

정치 입헌군주제

입헌군주제를 채택하고 있으며 찰스 3세 왕이 통치하고 있다. 총리는 2024년에 당선된 노동당의 키어 스타머Keir Starmer가 맡고 있다.

왕실 문장

영국 군주의 공식 문장으로 사자는 잉글랜드, 유니콘은 스코틀랜드를 상징한다. 가운데 있는 방패는 4등분 되어 있는데 왼쪽 위와 오른쪽 아래에는 잉글랜드의 사자 3마리(엎드려서 포효하는 모습)가, 오른쪽 위에는 스코틀랜드의 사자(서서 포효하는 모습)가, 왼쪽 아래에는 아일랜드의 상징인 하프가 자리하고 있다. 방패 아래쪽에는 "신과 나의 권리Dieu et mon droit"라는 뜻의 프랑스어가 쓰여 있다.

종교 성공회

성공회The Anglican Domain가 63%로 가장 많으며 무교(23%)도 꽤 된다. 헨리 8세가 설립했다. 캐서린 왕비와의 이혼소송을 교황이 거절하자 헨리 8세가 의회를 소집해 1534년 성공회를 영국의 국교로 삼게 되었다.

언어 영어

영어를 사용한다. 발음이 특히 매력적인 영국식 영어는 우리가 배우는 미국식 영어와 다르지만 이해하는 데는 문제가 없다. 미국식 영어와 조금 다른 필수 단어들은 서바이벌 영어 회화 페이지를 참고하자(p.316).

시차 9시간

세계의 표준시의 기준이 되는 그리니치 천문대의 본초자오선이 영국에 있다. 런던이 우리나라보다 9시간 느리다. 단, 서머 타임(3월 마지막 주 일요일~10월 마지막 주 토요일)에는 8시간 차이가 난다.

통화 파운드(£)

영국은 파운드Pound를 사용하며, £1는 약 1,760원이다(2024년 10월 기준). 런던의 물가는 대략 물 1.5L £1 미만, 아메리카노 £3~4, 슈퍼마켓 밀 딜Meal Deal(음식+음료+스낵) 메뉴 £3~4, 피시 앤 칩스 포장 £10~15, 일반 레스토랑에서의 점심 세트 메뉴는 £20~ 정도이다.

전압 240V, 50Hz

영국의 전기 전압은 240V, 50Hz이다. 콘센트 모양이 다르니 한국 제품을 사용하려면 반드시 어댑터가 필요하다. 어댑터는 한국이 영국보다 훨씬 저렴하니 여행 전 잊지 말고 미리 준비하는 것이 좋다.

여권과 비자 무비자

한국 여권을 가지고 있다면 관광 목적인 경우 6개월까지 무비자로 체류할 수 있다. 출국 시 여권 유효기간이 6개월 이상 남아 있어야 한다.

교통 튜브와 버스 중심

런던에는 버스, 튜브, 도클랜드 경전철(DLR), 트램, 템스 클리퍼(템스강 리버 버스) 등 다양한 교통수단이 있다. 그중에서 런던 여행자라면 튜브와 버스를 주로 이용하게 된다. 교통수단을 저렴하게 이용하려면 오이스터 카드를 이용하자!

휴일(*매년 변동)

새해 New Year's Day ▶ 1월 1일
성금요일 Good Friday ▶ 4월 18일(2025년)*
부활절 휴일 Easter, Ester Monday
▶ 4월 20~21일(2025년)*
5월 초 뱅크 홀리데이 Early May Bank Holiday
▶ 5월 첫 번째 월요일(2025년 5월 5일)
봄 뱅크 홀리데이 Spring Bank Holiday
▶ 5월 마지막 주 월요일(2025년 5월 26일)
여름 뱅크 홀리데이 Summer Bank Holiday
▶ 8월 마지막 주 월요일(2025년 8월 25일)
크리스마스 Christmas Day ▶ 12월 25일
복싱 데이 Boxing Day ▶ 12월 26일

London Q&A
런던 여행, 이것이 궁금하다!

Q1. 런던 여행하기에 좋은 때는 언제인가요?

A1. 런던 여행의 최적기는 5~9월입니다. 특히 6~8월의 일조 시간은 6~7시간으로 가장 높고 강우량도 낮은 편에 속합니다. 이 시기의 평균기온은 18도로 여름철 한국에 비하면 선선해 여행하기에 좋습니다. 밤엔 13도까지 떨어지기도 하니 카디건이나 가벼운 바람막이를 챙기세요.

Q2. 런던의 날씨는 변화무쌍하다는데 정말인가요?

A2. 사실입니다. 런던은 섬나라로 날씨의 변화가 다양합니다. 비가 추적추적 내리다가 갑자기 우박이 쏟아지기도 하고, 또 언제 그랬냐는 듯 무지개가 떠오르며 해가 방끗 나타납니다. 그렇기 때문에 런던 여행자들은 항상 변화무쌍한 날씨에 대비해야 합니다. 가장 좋은 방법은 휴대용 모자가 달린 경량 방수 재킷입니다. 여성분이라면 스카프가 유용하게 쓰입니다.

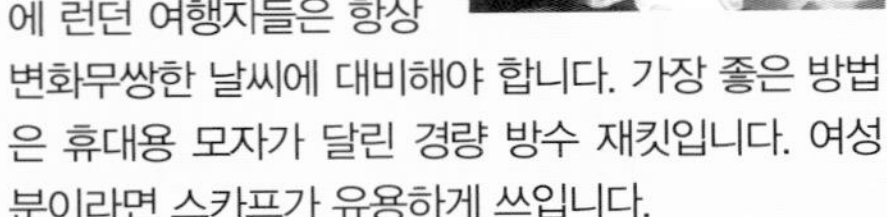

Q3. 런던은 안전한가요?

A3. 런던은 유럽 내에서 안전한 편에 속하지만 소매치기에 주의해야 합니다. 한국인들은 고가의 스마트폰을 손에 들고 다니는 습관으로 쉽게 도난의 표적이 됩니다. 특히 버킹엄 궁전, 국회의사당 주변, 튜브를 주의해야 합니다. 최근에는 마약 단속 경찰관을 사칭해 검색 명목으로 현금을 훔쳐 가는 일이 발생했습니다. 진짜 사복 경찰관은 지갑을 보여달라 하지 않고 신분증을 확인합니다. 경찰 검문 거부 시 벌금을 내거나 체포될 수 있으니 피해서는 안 됩니다. 가짜 경찰관으로 의심된다면 경찰서로 가서 보여주겠다고 말하고 가까운 경찰서로 가는 것을 추천합니다.

Q4. 여행기간은 어느 정도가 적당할까요?

A4. 책에는 1박 2일 일정부터 소개하고 있지만 런던을 여행하기에는 짧습니다. 런던 시내의 주요 볼거리들을 모두 본다면 최소 4박 5일의 일정을 추천합니다. 여기에 근교인 세븐 시스터즈나 라이, 워너 브라더스 스튜디오, 햄프턴 코트 팰리스 등을 방문한다면 일정이 추가됩니다. 책에 나오는 각 장의 주요 장소들을 모두 돌아본다면 7~10일 정도를 추천합니다.

Q5. 런던의 물가는 한국과 비교해 어떤가요?

A5. 세계에서 물가가 비싼 도시 순위에서(Mercer 기준) 런던은 8위, 서울은 32위입니다. 특히 레스토랑, 교통요금은 현저하게 차이가 납니다. 일회용 교통권은 현금으로 낼 경우 £6.70(약 12,000원)로 살인적인 물가를 체감하게 됩니다. 기차요금 또한 굉장히 비싼 편입니다.

Q6. 비싼 물가의 런던에서 저렴하게 여행할 수 있는 법을 알려주세요.

A6. 비싼 물가를 자랑하는 도시이지만 미술관이나 박물관의 입장료가 무료이기 때문에 식비만 절약한다면 파리보다 체류비용이 적게 듭니다. 런던에서 여행경비를 줄이는 법은 오이스터 카드 교통권을 구입하거나 컨택리스 카드 사용(가장 중요!), 인터넷을 통

한 주요 관광지 입장권 사전 예약, 점심은 식당보다 프랜차이즈나 슈퍼마켓 즉석식품 코너 이용, 그리고 근교 여행을 준비 중이라면 버스 또는 기차표의 예매가 중요합니다. 일찍 예매할수록 저렴해집니다(p.238).

Q7. 물가 비싼 영국에서 저렴하게 물건을 파는 곳이 있나요?

A7. 영국에서 저렴한 물품을 찾는다면 파운드랜드Poundland를 추천합니다. 이곳은 '영국의 다이소'라고 할 수 있습니다. 한국의 다이소는 가격이 다양하지만 영국의 파운드랜드는 모두 £1로 통일되어 있습니다. 여행자들이 자주 가는 중심가에는 없어 TESCO와 같은 마트를 추천합니다.

Q8. 런던에서 무료 Wifi를 사용할 수 있는 곳이 있나요?

A8. 런던의 맥도날드, 스타벅스, 프레타 망제, 카페 네로, 코스타 커피 등 프랜차이즈 업체와 백화점, 쇼핑몰, 그리고 레스토랑 및 카페에서 무료로 이용할 수 있습니다. 내셔널 익스프레스와 같은 코치 안에서도 가능합니다. 무료 공공 Wifi를 지원하는 곳은 공항과 박물관, 도서관, 그리고 기차역 정도입니다. 한국처럼 지하철에서 무료 Wifi를 쓸 수 없으며, 지하에서는 시내 초중심가와 엘리자베스 라인 일부 구간 외에는 데이터가 잡히지 않으니 참고하세요.

Q9. 유심 구매는 어디서 하는 것이 좋을까요?

A9. 여행을 떠나기 전 해외여행용 유심 판매업체에서 구입하거나 런던에 도착 후 공항에서 자판기에서, 그리고 런던 시내에 들어와 통신사에서 구입할 수 있습니다. 추천할 만한 유심은 통신사 Three와 EE의 것으로 영국 내에서는 물론 유럽 대부분에서 사용할 수 있어 편리합니다. 요즘은 심 교체 필요 없이 다운로드해서 사용할 수 있는 eSIM 상품도 나와 있는데 가격대가 저렴하나 편차가 크니 사용 후기를 참고해 구입하시는 것이 좋습니다.

Q10. 런던 여행에서 놓치지 말아야 할 소확행 방법을 알려주세요.

A10. **£1.75의 버스여행** 옥스퍼드 거리에서 런던 아이까지 이어지는 12번 버스, 트라팔가 광장에서 웨스트민스터, 트라팔가 광장, 세인트 폴 대성당을 지나 런던 타워까지 가는 해리티지 15번 버스를 추천합니다. 꼭 2층 맨 앞자리에 앉아 간식과 함께하세요(p.314).

크림 티타임 애프터눈 티세트를 제대로 즐기려면 가격이 꽤 비쌉니다. 크림 티는 스콘과 클로티드 크림 & 딸기잼, 그리고 차 또는 커피가 제공되는 간단한 티세트로 영국의 차 문화를 가성비 좋게 즐길 수 있습니다(p.176).

런던 공원 즐기기 런던에는 8개의 왕립 공원이 있습니다. 공원 내에는 여유를 즐기려는 사람들로 가득한데 유료 덱Deck 하나를 빌려 런더너의 여유를 느껴보세요(p.95).

Plan, Check to go!
일정 짤 때 알아두면 좋은 팁

이 책의 각 장들은 주요 관광지 중심으로 효율적으로 런던을 즐길 수 있도록 도보 루트로 구성했다. 천천히 여유 있게 관광지를 돌아보는 여행자들을 위한 하루 루트와 주변 먹거리, 쇼핑 장소들을 소개하고 있다. 책의 루트 그대로 따라가면 된다. 반면에 시간 여유가 없거나 아침 일찍 일어나 열심히 돌아다니는 얼리버드 여행자들은 각 장을 조합해 일정을 만들 수도 있다. 예를 들어, 버킹엄 궁전에서 트라팔가 광장 등을 돌아보는 1장과 내셔널 갤러리에서 코벤트 가든까지의 도보 루트가 있는 2장을 조합해 하루 일정을 만들 수도 있고, 런던 타워에서 버로우 마켓까지 있는 5장과 베이커 스트리트에서 말리본 하이 스트리트까지의 6장을 묶어 하루 일정을 만들 수 있다. 각 장의 일정을 퍼즐처럼 조합해 새롭게 일정을 만들 수 있는 것이 『런던 셀프트래블』의 가장 큰 특징이자 장점이다. 뒷장에 소개하는 런던 일정은 샘플이다. 이 일정 역시 그대로 따라 해도 좋고 특별히 가고 싶은 곳이 있다면 추가해 변형된 루트를 만들 수도 있다.

Check! 더 효율적인 일정을 원한다면?

❶ 런던 도착 전에 교통권을 고려해 두자.

교통카드인 오이스터 카드Oyster Card와 컨택리스 카드Contectless Card가 거의 모든 경우에서 유리하다. 대체로 세 가지 교통권(오이스터 카드, 컨택리스 카드, 트래블 카드)을 고민하게 되는데 여행자들에게 유용한 교통카드는 p.31, 자세한 런던의 교통 정보는 p.310를 참고하자.

❷ 하루를 알뜰하게!
관광지 입장 시간에 맞춰 움직이자.

여유 있는 일정이라면 상관없지만 일정이 짧다면 아침 일찍부터 서두르는 것이 좋다. 일정을 짤 때 '미술관 & 박물관 오픈 시간에 맞춰 다닌다'고 생각하면 하루를 효율적으로 보낼 수 있다. 참고로 버킹엄 궁전의 입장 시간은 09:30, 웨스트민스터 사원은 09:00/09:30(월~금/토), 내셔널 갤러리와 영국 박물관은 10:00, 런던 타워는 09:00(화~토), 10:00(일 · 월), 셜록 홈스 박물관은 09:30이다.

❸ 날씨에 따라 일정을 조정하자.

런던의 날씨는 그야말로 변덕 그 자체다. 비바람이 부는 날 템스강이나 공원을 산책하는 것은 별로 좋은 생각이 아니다. 스마트폰의 날씨 애플리케이션을 이용하거나 숙소에 문의해 날씨를 미리 체크한 뒤 일정을 세우는 것이 좋다. 날씨가 좋지 않은 날에는 영국 박물관, 내셔널 갤러리, 국립 초상화 갤러리, 테이트 모던 등 박물관 위주로 돌아보거나(런던에는 훌륭한 미술관과 박물관들이 많고 대부분 무료다) 백화점이나 숍에 들어가 미리 쇼핑을 해두는 것도 좋은 방법이다.

❹ 다양한 문화 체험을 해보자.

영국을 대표하는 특별한 문화로는 애프터눈 티타임을 빼놓을 수 없다. 애프터눈 티를 즐기는 핫 스폿은 p.176를 참고하자. 영국은 애프터눈 티뿐만 아니라 잉글리시 브렉퍼스트English Breakfast, 선데이 로스트Sunday Roast, 펍 문화로도 유명하다. 유서 깊은 런던 펍에서 시원한 맥주 한 잔, 주말에 느긋하게 브런치를 즐겨 보는 것도 좋겠다. 또한 세계 양대 뮤지컬 거리인 웨스트엔드의 뮤지컬을 경험해 보는 것도 놓쳐서는 안 된다. 런던의 '추천 뮤지컬'은 p.134를 참고하자. 축구에 관심 있는 사람이라면 미리 경기 티켓을 구입해서 영국의 축구장을 찾아가 보는 것도 잊지 말자.

❺ 보다 계획적인 여행,
이제는 예약이 필수!

코로나 이후 관광지와 식당 예약은 무조건 필수인 시대가 되었다. 무료 박물관과 무료 입장이 가능한 나이일지라도 무료 티켓을 끊고 방문 시간 예약을 필수로 해야 한다.

Plan 1.
Full day 하루(1박 2일) 추천 일정

대체로 1장과 2장에 소개하는 명소 위주 일정이다. 런던의 하이라이트 중 선호도에 따라 영국 박물관을 중심으로, 또는 버킹엄 궁전을 중심으로 나눠진다. 둘 중 하나를 선택하면 된다. 되도록 아침 일찍 숙소에서 나와 일정을 소화하는 것이 좋으며 몰려드는 피로를 각오해야 하는 굉장히 타이트한 일정이다. 단 하루만으로도 즐거운 여행을 보낼 수 있는 일정을 소개한다.

DAY 1 영국 박물관이 보고 싶다면!

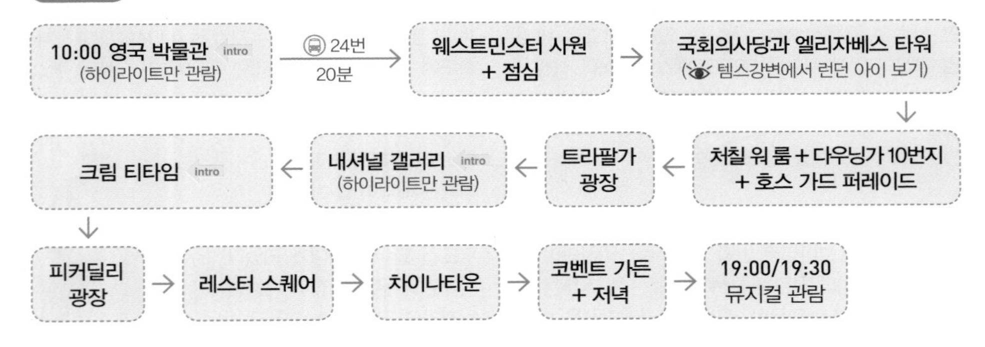

DAY 1 버킹엄 궁전의 근위병 교대식이 보고 싶다면!

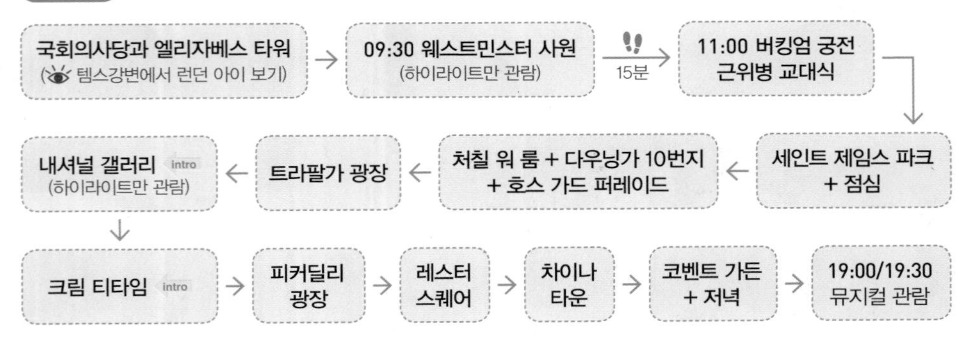

※ 근위병 교대식은 월·수·금·일 11:00 시작
(사정에 따라 갑자기 취소될 수 있으므로 홈페이지에서 한 번 더 체크할 것). 최소 1시간 전에 가서 자리를 잡아야 한다.

Check!

교통권

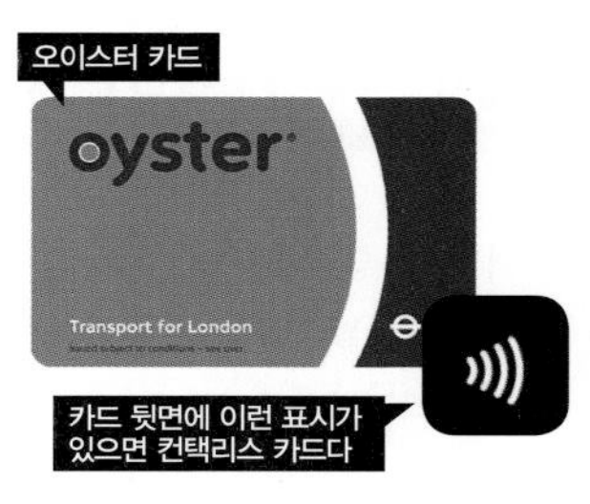

오이스터 카드 Oyster Card와 **컨택리스 카드**Contactless Card가 유용하다. 오이스터 카드는 런던의 교통카드로 충전식인 페이 애즈 유 고Pay As You Go(원하는 금액을 충전해서 사용) 또는 정액식인 트래블 카드Travel Card(7일/한달/일 년 중 선택)를 탑재해 쓸 수 있다. 오이스터 카드를 구입할 때는 보증금 £7가 필요하며 환불이 안되기 때문에 요즘은 한국에서 준비해 가는 비접촉카드, 컨택리스 카드Contactless Card를 많이 사용한다. 방식은 오이스터 카드의 페이 애즈 유 고Pay As You Go와 같다.
페이 애즈 유 고 Pay As You Go는 하루에 최대 한도금액 이상 올라가지 않는다. 이를 잘 이용해 하루 일정을 세우면 된다. 여행 기간이 5일 이상이라면 오이스터 카드에 트래블 카드Travel Card를 넣어 사용하는 것이 더 유리하다. 여행자들을 위한 **오이스터 비지터 카드**Oyster Visitor Card도 있는데 런던에서 구입할 수는 없고 온라인으로 주문해 배송을 받는 형식이다. 보증금이 £5이며 배송비가 £7.5이기 때문에 이용률이 떨어지지만 히스로와 개트윅 공항 교통 이용이 가능하고 레스토랑, 미술관, 박물관 등의 입장료 할인 혜택이 있다.

※오전에 공항에 도착해 왼쪽 일정을 보낸다면

공항에서 시내로 들어와 숙소에 짐을 놓고 일정을 소화할 예정이라면 공항에서 오이스터 카드를 구입해 움직이면 된다. 1~6존 1일 최대 상한선인 £15.9가 든다.

※런던의 숙소에서 출발해 왼쪽 일정을 보낸다면(숙소가 1~2존일 경우)

왼쪽처럼 일정을 소화한다면 최소 지하철 2번, 버스 1번으로 오이스터 카드의 1일 상한선인 £8.5를 사용하게 된다.

❶ 뮤지컬은 국내에서 미리 홈페이지를 통해 예매해 두면 좋은 자리를 구할 수 있다. 뮤지컬 티켓 예매에 관한 자세한 내용은 p.134를 참고하자.

❷ 런던에 도착한 날, 피곤한 상태에서 저녁 뮤지컬을 보면 나도 모르게 공연 중 꾸벅꾸벅 졸게 된다. 뮤지컬 공연은 도착한 첫날보다는 다른 날 보는 것이 좋지만 하루밖에 없다면 되도록 신나는 뮤지컬을 고르자. 참고로 피곤한 일정 때문에 많이 조는 뮤지컬은 〈오페라의 유령〉, 〈레 미제라블〉이다.

❸ 주변의 마음에 드는 카페에서 크림 티 시간을 가져보자. 크림 티는 커피 또는 차와 스콘을 먹는 것으로 대부분의 카페에 크림 티 메뉴가 있다. 스콘에는 클로티드 크림과 딸기잼을 발라 먹는다.

❹ 영국 박물관 중심 루트에서 버킹엄 궁전이 보고 싶다면(근위병 교대식이 아닌), 버스 14번(Green Park 정류장 하차) 또는 24번(New Scotland Yard정류장 하차)을 타면 된다. 14번이 궁전에서 조금 더 가깝다.

Plan 2.
Full day 2박 3일 추천 일정

풀 데이 하루 루트보다 낫지만 역시 굉장히 빽빽한 일정이다. 1박만 하고 공항으로 곧바로 떠난다면 풀 데이 하루와 차이가 없다. 아래 일정은 셋째 날, 아침 시간 비행기로 출발한다는 가정하에 짠 루트다. 첫날은 책의 1+2장을, 둘째 날은 4장을 중심으로 5장을 일부 추가한 일정이다.

DAY 1

국회의사당과 엘리자베스 타워 (템스강변에서 런던 아이 보기) → 09:30 웨스트민스터 사원 (intro) → (도보 15분) → 11:00 버킹엄 궁전 근위병 교대식 → 세인트 제임스 파크에서 점심(빅토리아역 주변에서 점심을 먹는다면 11, 24번을 타고 트라팔가 광장으로) → 처칠 워 룸 + 다우닝가 10번지 + 호스 가드 퍼레이드 → 트라팔가 광장 → 내셔널 갤러리 (intro) → 국립 초상화 갤러리 + 크림 티 (intro) → 피커딜리 광장 → 레스터 스퀘어 → 차이나타운 → 코벤트 가든 + 저녁 → 쇼핑(카나비 스트리트, 리버티 백화점, 셀프리지스 백화점 등)

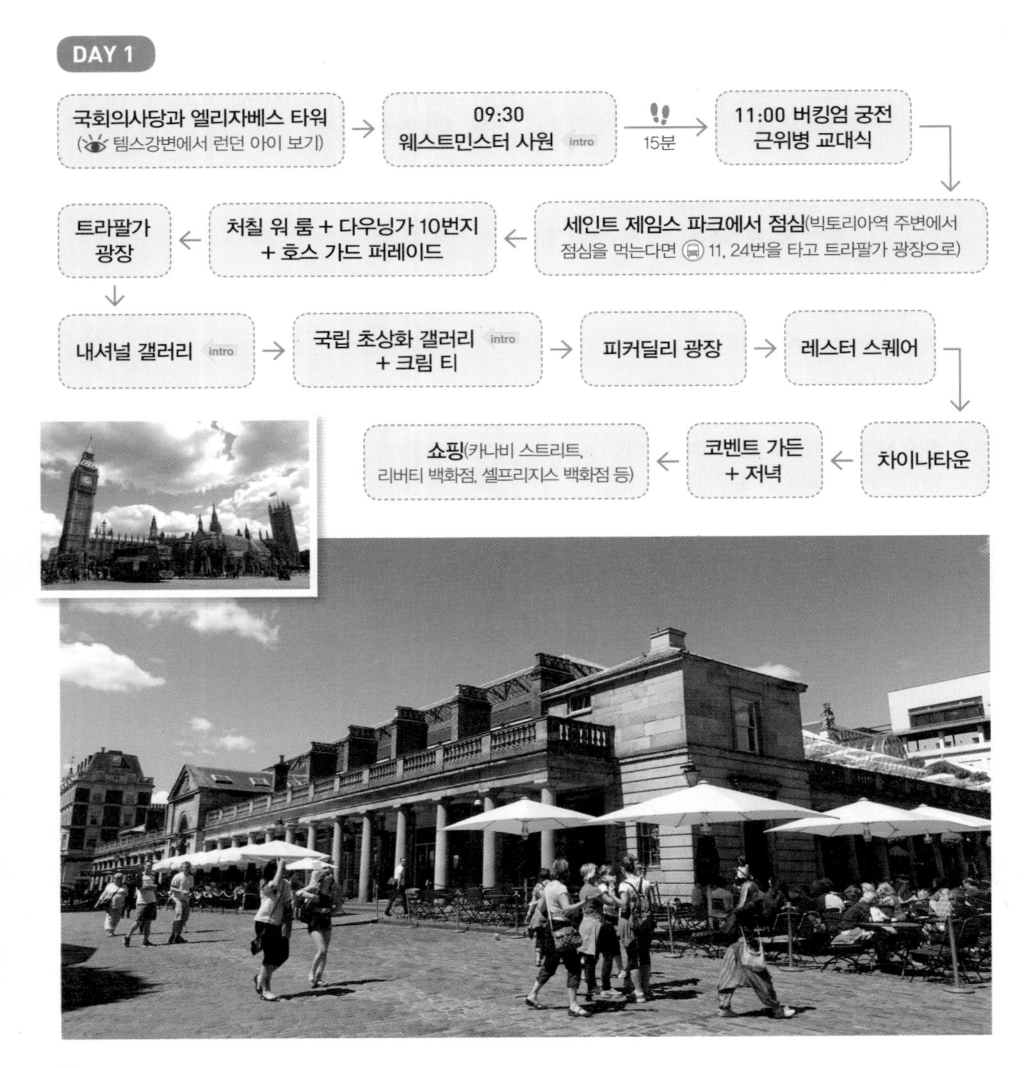

DAY 2

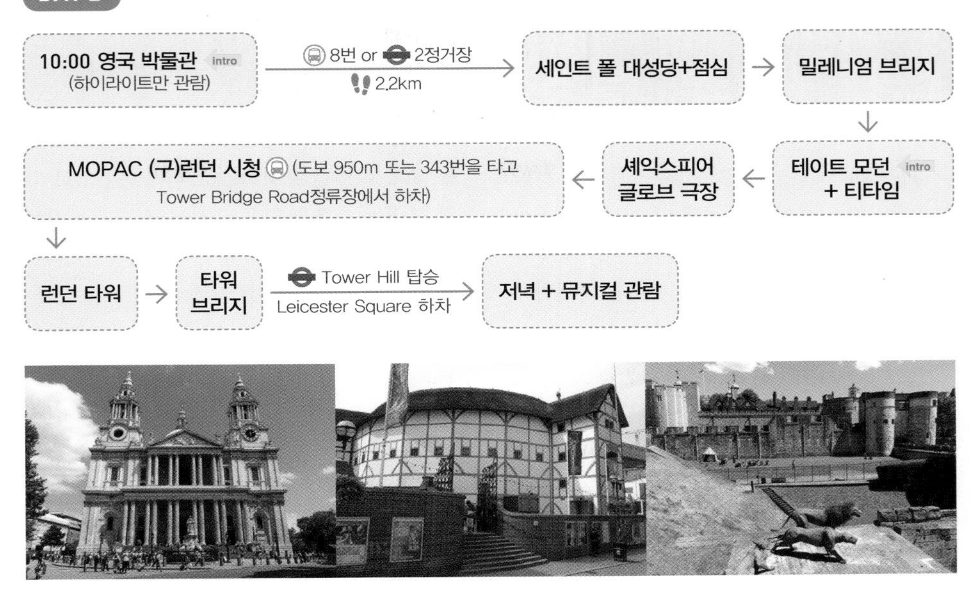

Check!

교통권

오이스터 카드나 컨택리스 카드가 유리하다. 공항에서 출발해 첫날 일정을 보낼 경우 p.30를 참고하자. 숙소에서 출발한다면 첫째 날은 웨스트민스터 사원의 오픈 시간(09:00/09:30)에 맞춰 하루를 시작하는 것이 좋다. 둘째 날은 영국 박물관이 문을 여는 시간(10:00)에 맞추면 된다. 오이스터 카드나 컨택리스 카드를 이용하면 이틀 모두 1 · 2존 1일 최대 한도금액인 £8.10가 든다. 두 날의 요금을 참고해 오이스터 카드를 미리 충전하면 된다.

❶ 버킹엄 궁전의 근위병 교대식은 4~7월은 매일, 이외의 달에는 월 · 수 · 금 · 일 11:00에 시작되니 일정에 참고하자. 버킹엄 궁전 사정에 따라 취소될 수도 있으니 홈페이지를 통해 확인하고 가는 것이 좋다.

❷ 테이트 모던의 Level 5의 바, Level 6에 있는 키친 & 바는 템스강과 세인트 폴 대성당이 보이는 좋은 전망을 가지고 있다. 테이트 모던을 돌아볼 짬이 없더라도 잠시 쉴 겸 들러보기를 추천한다.

❸ 첫째 날 일정 이후 체력이 된다면(과연!) 버스를 타고 타워 브리지의 야경을 보러 가는 것도 좋다. Southampton Street정류장에서 15번 버스를 타거나 튜브 Embankment역에서 타서 Tower Hill역에 내리면 된다.

Plan 3.
쇼핑을 위한 2박 3일 추천 일정

쇼핑을 위해서 런던을 방문한다면 주말을 포함하는 게 좋다. 주말을 포함하고 오후에 공항으로 가는 2박 3일 일정이라면 첫째 날과 둘째 날은 사람들로 붐비는 시간을 피해 오전에 주말 스트리트 마켓을 방문하고 오후와 저녁에는 비교적 늦게까지 문을 여는 상점이 많은 쇼핑가로 향하면 된다. 나머지 하루는 근교 아웃렛 매장에서 명품까지 득템한다면 완벽한 쇼핑 리스트를 완성할 수 있다.

DAY 1 금요일

캠든 마켓(캠든 타운) or **캠든 파사지 마켓**(캠든 파사지) or **스피탈필즈 마켓**(스피탈필즈)

→ Camden Town or Angel or Liverpool Street 탑승, London Bridge 하차

→ **버로우 마켓**(사우스워크) **+ 점심**

→ 7분

→ **런던 브리지와 템스강변 구경**

→ **헤이스 갤러리아 + 저녁**

DAY 2 토요일

포토벨로 마켓(노팅 힐) → Notting Hill Gate 탑승, London Marylebone 하차, 환승, Bicester Village 하차 → **비스터 빌리지**(아웃렛) **+ 점심**

→ Bicester Village 탑승, London Marylebone 환승, Covent Garden or Oxford Circus 하차 → **코벤트 가든 or 옥스퍼드 서커스 + 저녁**

DAY 3 일요일

브릭 레인 마켓 + 브런치 → **공항**

Check!

❶ 비스터 빌리지로 가는 S5 셔틀버스는 월~금 06:00~03:20, 토 07:00~03:20, 일 · 뱅크 홀리데이 09:15~23:55에 15~30분에 한 대씩 운영한다. 홈페이지를 통해 출발할 정류장을 정하고 미리 예약하면 된다(성인 왕복 £28).

홈피 www.bicestervillage.com

❷ 여유가 있다면 일요일에만 하는 업 마켓에 들러 식사까지 해결하고 공항으로 향하자!

Plan 4.
아이와 함께하는 3박 4일 추천 일정

아이의 연령과 취향에 따라 루트는 유동적일 수밖에 없다. 첫째 날은 영국의 이미지를 느낄 수 있는 날로 대표 관광지 위주의 일정이다. 둘째 날에는 아이들이라면 모두 흥미로워할 자연사 박물관과 과학 박물관 관람의 날로, 더불어 왕실에서 만든 공원 놀이터에서 시간을 보낼 수 있다. 셋째 날은 영국에서 빼놓을 수 없는 영국 박물관과 역사적인 런던 타워를 돌아보는 날이다. 취향에 따라 영국 박물관 대신 영화 〈해리 포터〉 촬영지인 워너 브라더스 스튜디오를 다녀오는 등으로 대체할 수 있다. 여행 중에는 부모의 욕심을 너무 강요하지 말고 아이의 컨디션에 따라 움직이는 것이 중요하다. 특히, 잔디밭과 놀이터에서 뛰노는 시간은 꼭 포함하자.

DAY 2

10:00 자연사 박물관 → 빅토리아 앨버트 박물관 중정에서 점심 → 과학 박물관 → (74번, 414번) → 하이드 파크(다이애나 메모리얼 놀이터 or 다이애나 메모리얼 분수) + 저녁

※ 다이애나 메모리얼 놀이터는 5~8월 10:00~19:45, 4·9월 10:00~18:45, 3·10월 상반기 10:00~17:45, 2·10월 하반기 10:00~16:45, 11~1월 10:00~15:45으로 운영시간이 길지 않으니 유의해야 한다.

DAY 3

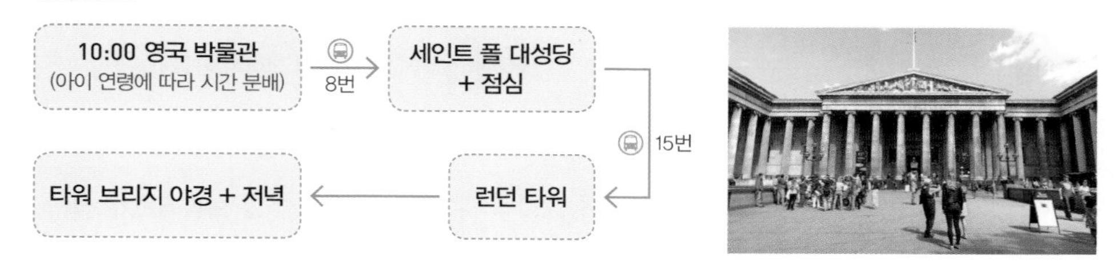

10:00 영국 박물관(아이 연령에 따라 시간 분배) → (8번) → 세인트 폴 대성당 + 점심 → (15번) → 런던 타워 → 타워 브리지 야경 + 저녁

Check!

교통권

첫째 날과 둘째 날은 숙소에서 관광지를 왕복하는 교통권이 들고, 셋째 날은 숙소 왕복 포함 총 4번의 교통권을 이용하게 된다. 전부 오이스터 카드를 충전하면 된다.

❶ 아이와의 여행은 컨디션 관리가 중요하다. 피곤하고 배가 고프면 힘들게 고민한 일정을 포기해야 할 수 있기 때문에 아이의 컨디션을 좋은 상태로 유지하기 위해 노력해야 한다. 아이가 흥미를 느낀다면 더 자세히 돌아보고, 지루해한다면 하이라이트만 보고 휴식 공간이나 놀이 공간에서 시간을 보내는 것을 추천한다.

❷ 첫째 날 대중교통을 이용할 수 없어 1.2km, 800m, 1km 긴 구간을 걸어야 한다. 성인이 걷기에는 무리가 없는 구간이나 아이에 따라 힘들어할 수 있기 때문에 힘들어한다면 짧은 거리니 택시를 이용하거나 중간중간 쉬어주는 것이 좋다.

❸ 아이와 함께라면 숙소의 위치가 중요한데 무조건 튜브 역 도보 5분 이내가 좋다. 성인과 함께 숙박 시 아이는 무료 조식을 제공하는 호텔도 있다. 근처에 놀이터나 공원이 있다면 금상첨화다.

Plan 5.
Full day 4박 5일 추천 일정

첫째 날은 1장을, 둘째 날은 2장을, 셋째 날은 4장을, 넷째 날은 5 · 6장을 조합한 일정이다. 교통권이나 유용한 팁은 이전의 내용을 참고하자.

DAY 1

버킹엄 궁전 개방 기간

버킹엄 궁전 개방 이외 기간

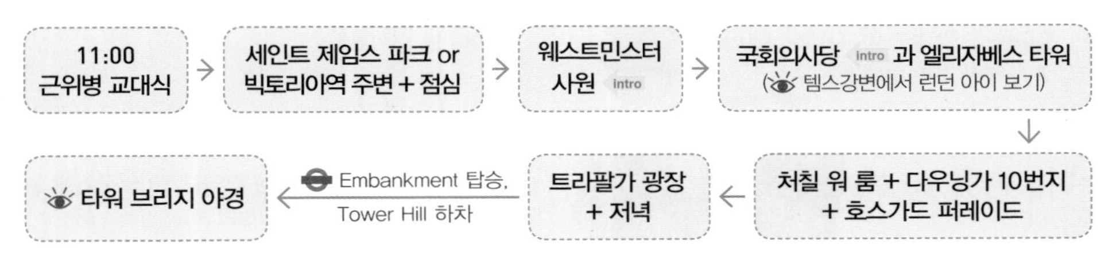

Check!

❶ 4박 5일 일정이 2가지 일정으로 나뉘는 이유는 버킹엄 궁전의 내부관람 여부 때문이다. 궁전 개방 기간인 7~9월에 방문 예정이라면 사전 예약 후 내부관람하는 것을 추천한다.

❷ 첫째 날, 국회의사당과 엘리자베스 타워를 보고 테이트 브리튼을 방문할 계획이라면 보트를 타고 테이트 모던으로 가는 미술관 일정도 좋다. 이동하면서 템스강 유람을 할 수 있다.

Plan 6.
Full day 6박 7일 추천 일정

각 장에 소개된 주요 관광지들을 돌아보고 마지막 날 주말 스트리트 마켓과 런던의 옥스퍼드 스트리트에서 쇼핑을 하는 루트다. 쇼핑에 관심이 없다면 세븐 시스터즈와 브라이튼 또는 라이 등을 다녀오는 근교 일정을 넣을 수도 있다.

DAY 1

09:30 버킹엄 궁전 intro → 11:00 버킹엄 궁전 근위병 교대식 → 웨스트민스터 사원 intro + 점심 → 국회의사당과 엘리자베스 타워(런던 아이 보기) + 저녁

DAY 2

10:00 내셔널 갤러리 intro → 국립 초상화 갤러리 intro + 크림 티 or 근처에서 점심 → 피커딜리 광장 → 레스터 스퀘어 → 차이나 타운 → 세븐 다이얼즈 + 닐스 야드 → 코벤트 가든 + 저녁 → 뮤지컬

DAY 3

영국 박물관 intro (하이라이트만 관람) → 서머셋 하우스 + 코톨드 미술관 intro + 점심 → 템플 교회 or 세인트 폴 대성당 → 밀레니엄 브리지 → 테이트 모던 intro + 저녁 → 런던 아이 야경

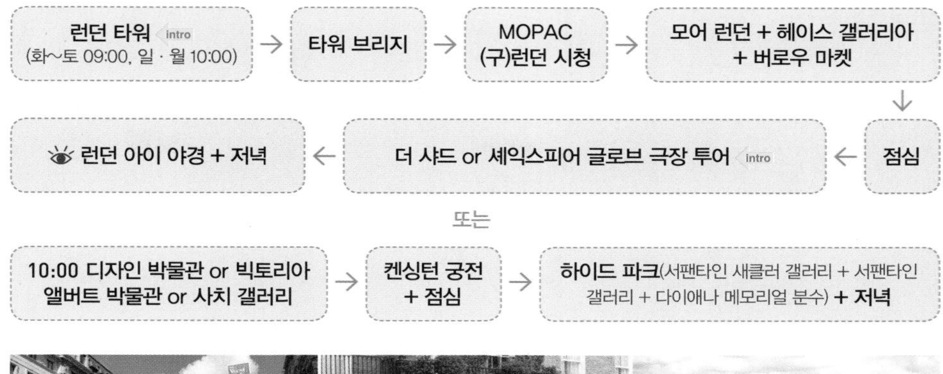

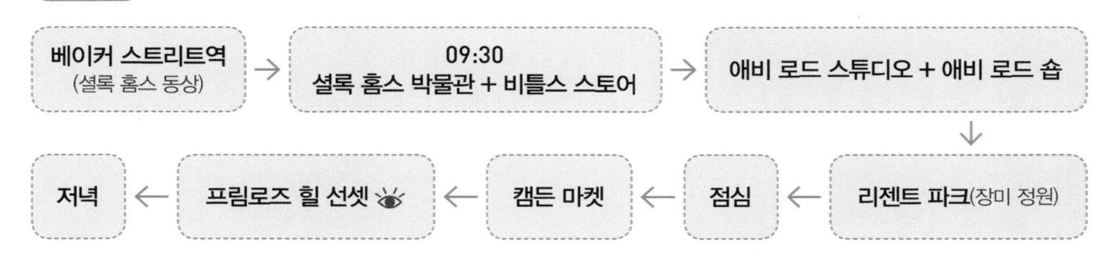

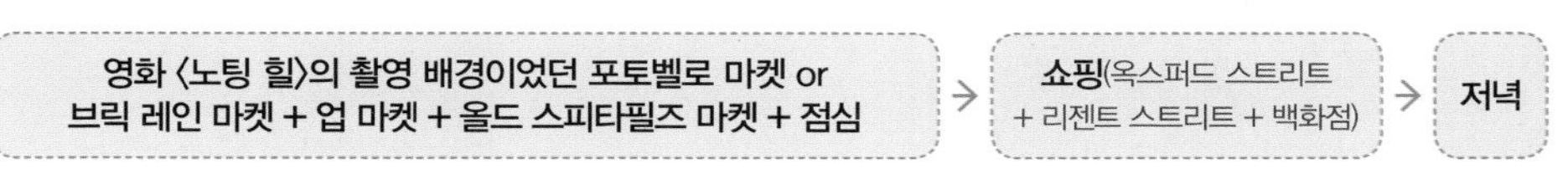

Check!

마블 아치역에서 옥스퍼드 서커스역까지 1.2km 거리는 셀프리지스 백화점, 프라이막, 어반 아웃피터스, 막스 & 스펜서 백화점, 웨스트 원 쇼핑몰, 나이키 타운, 이케아, H&M 등 수많은 상점들이 몰려 있는 쇼핑의 천국이다. 옥스퍼드 서커스역에서 리젠트 스트리트 쪽으로 내려오면 리버티 백화점과 햄리스 장난감 백화점, 그리고 카나비 스트리트와 킹리 코트로 이어진다.

Mission in London

런던에서 꼭 해봐야 할 모든 것

Sightseeing 01

런던에서 꼭 가야 할 곳
주요 랜드마크

버킹엄 궁전 Buckingham Palace

1837년 빅토리아 여왕 때부터 영국 왕가 공식 거주지와 사무실로 사용하고 있는 곳. 인기 좋은 행사인 근위병 교대식 시간에 맞춰 방문해 보자(p.84 참조)!

엘리자베스 타워 Elizabeth Tower

국회의사당의 시계탑이다. 엘리자베스 2세 여왕의 60세 다이아몬드 주빌리를 맞아 엘리자베스 타워라는 명칭을 갖게 되었지만 아직도 흔히 빅벤Big Ben이라고 불리고 있다(p.92 참조).

타워 브리지 Tower Bridge

템스강을 가로지르는 2개의 탑으로 이루어진 다리로 배가 지날 때면 양쪽 다리가 올라가는 개폐교 형태이다. 이곳에서 가장 아름다운 런던의 야경을 볼 수 있다(p.191 참조).

런던 아이 London Eye

템스강변에 위치한 135m 높이의 대관람차. 360도 조망 가능하고 최대 25명이 탈 수 있는 32개의 캡슐이 있다. 그 안에서 런던의 아름다운 전경을 제대로 관람해 보자(p.97 참조).

세인트 폴 대성당 St. Paul's Cathedral

성공회 성당으로 런던 주교좌가 자리한 오랜 역사가 있는 건축물이다. 찰스 왕세자와 다이애나 왕세자비의 결혼식, 엘리자베스 여왕의 재위 70주년 기념, 플래티넘 주빌리(2022년) 등 주요 행사가 이곳에서 열렸다(p.167 참조).

스카이 가든 Sky Garden

고층에 위치한 런던의 공공 정원으로 입장료가 무료이며 런던의 아름다운 전망을 즐길 수 있다. 단, 반드시 예약해야 한다(p.195 참조).

내셔널 갤러리 National Gallery

트라팔가 광장에 있는 런던 최초의 미술관으로 1824년에 개관했다. 13세기에서 20세기 초까지 유럽 회화 약 2,300여 점의 작품을 감상할 수 있다(p.113 참조).

더 샤드 The Shard

서유럽에서 가장 높은 최고층 빌딩으로 총 높이가 310m이다. 이탈리아 건축가 렌조 피아노의 작품이며 2013년에 완공되었다(p.202 참조).

30 세인트 메리 액스 30 St. Mary Axe

오이 피클을 닮아 거킨 빌딩 Gherkin Building(오이 피클을 뜻함)이라고 불린다. 건축가 노먼 포스터의 작품으로 높이는 180m이다(p.203 참조).

테이트 모던 Tate Modern

세계의 예술 작품을 소장한 런던의 대표적인 현대 미술관이다. 과거 화력발전소를 리모델링하여 발전소의 굴뚝이 테이트 모던의 상징이 되었다(p.170 참조).

베터시 발전소 Battersea power station

2022년 10월에 오픈한 신생 랜드마크다. 테이트 모던에 이어 과거 화력발전소를 외관은 그대로 둔 채 복합쇼핑몰로 개발했다. 프랭크 게리와 노먼 포스터가 디자인을 맡았다. 주변의 아르데코 양식의 현대적인 주거 공간과 함께 살펴보자.

키싱 루프 Kissing Roofs

1850년대 물품 하차장이었던 그래너리 빌딩 Granary Building과 석탄을 쌓아두었던 콜 드롭스 야드Coal Drops Yard를 세계적인 디자이너 토마스 헤더윅Thomas Heatherwick이 도시재생 프로젝트로 재탄생시켰다. 콜 드롭스 야드의 복합쇼핑물은 지붕을 엿가락처럼 늘려 두 건물이 키스하는 것 같은 키싱 루프Kissing Roofs가 랜드마크다 (p.169 참조).

알고 가면 더 재밌다! 런던에서 볼 수 있는 명물

힙스터 런더너

1970년대의 펑크족과 온통 검은색으로만 꾸미는 고스족 등이 생겨난 곳이 바로 런던이다. 비 오는 런던 거리를 우산 없이 옷깃만 세운 채 시크하게 걷고, 정장에 배낭 가방을 메고 군밤 장수 모자를 써도 멋지며, 무심한 듯 멋을 낸 유니크한 패션스타일까지 이런 모습이 바로 런더너다.

빨간 2층 버스 투어

마차가 교통수단이던 시절 여러 명이 마차를 탈 수 있게 마차 지붕에 의자를 설치하던 데서 유래됐다. 전통을 지키며 새로운 문화를 만드는 영국의 특성을 보여주는 대중교통 수단이다. 런던의 2층 버스 맨 앞자리를 차지해 나만의 시티투어를 즐겨보는 것도 좋다(p.315 참조).

신·구의 조화를 이루는 건축물

오래된 것을 '잘' 유지하며 그 안에서 새로움을 창조하는 건축을 하는 곳이 런던이다. 런던의 거리를 산책하다 보면 유서 깊고 고풍스러운 건물 바로 맞은편 가장 현대적인 건물이 공존하는 인상적인 풍경을 만나게 된다.

보행자 우선 노란 신호등

횡단보도에 오른쪽 사진과 같은 신호등이 설치돼 있다면 차가 오더라도 건너도 좋다(물론 위험할 수 있으니 차를 보면서!). 노란 신호등은 보행자가 우선시되는 횡단보도이기 때문이다. 사람이 차보다 먼저라고 말해주는 기분 좋은 신호등이다.

멋스러운 기마 경찰

기마 경찰은 자동차가 들어가지 못하는 구역까지 순찰할 수 있다는 장점이 있다. 많은 유지비용이 들지만 런던의 명물로 관광 효과가 커서 유지 중이라고. 버킹엄 궁전과 런던 타워에서 만날 수 있다.

도로에 지그재그 차선 & Look Right!

런던의 도로를 보면 차선이 지그재그로 그려진 곳을 발견하게 된다. 이곳은 건널목이나 어린이보호구역! 여기서 사고가 나면 차의 과실이 100%인 곳으로 차보다 사람이 먼저라는 의미의 안전운행 구역이다. 그리고 런던의 도로에서 잊지 말아야 할 것은 오른쪽 주의! 우리나라의 운전석과 진행 방향이 반대인 런던에서는 항상 주의해야 한다.

도로의 아이콘 블랙캡

블랙캡은 육중하면서 클래식한 외관으로 런던의 분위기와 어우러져 시선을 끈다. 런던을 배경으로 한 드라마 〈셜록〉에서 주인공의 주요 교통수단이고, 영화 〈이프 온리〉에서는 결정적 장면에 등장하기도 한다. 블랙캡의 역사는 오스틴 FX3로부터 시작한다. 40여 년간 같은 모습이었으나 지금은 세련된 외관이 돋보이는 플러그인 하이브리드 TX5가 런던 거리를 누비고 있다.

빨간 공중전화부스

런던 하면 생각나는 또 다른 명물 빨간 공중전화부스이다. 옛 시절의 향수를 불러일으키는 아날로그한 런던의 아이콘이다. 요즘은 드물게 눈에 띈다.

Food 01

영국 음식 누가 맛없대? 런던에서 꼭 먹어야 할 음식

1 피시 앤 칩스

대구나 광어의 뼈를 제거하고 통째로 튀겨 푸짐한 감자튀김과 함께 내는 음식이다. 생선튀김은 1800년대 초반부터 판매되었는데 찰스 디킨스가 쓴 『올리버 트위스트』에도 등장한다. 감자튀김은 1860년대에 벨기에 이민자들에 의해 들어왔다. 감자튀김 가게에서 생선튀김을 함께 팔면서 순식간에 대중화되었고, 지금은 영국의 대표메뉴다.

2

요크셔 푸딩 & 그레이비 소스
스콘 & 클로티드 크림
잉글리시 머핀 & 잼, 버터

서로의 풍미를 돋우며 단짝처럼 함께하는 음식이 있다. 영국 전통 음식 중 하나인 요크셔 푸딩은 육류를 구울 때 생겨난 육즙을 이용한 그레이비 소스가, 티타임에 빠지지 않는 스콘에는 영국에서만 특별히 맛볼 수 있는 신선한 클로티드 크림이, 그리고 잉글리시 머핀에는 잼과 버터 두 가지가 꼭 필요하다.

선데이 로스트

선데이 로스트의 단짝, 요크셔 푸딩

3 영국 맥주

맥주 마니아라면 런던 맥주 여행을 계획할 만큼 런던에서 즐길 수 있는 맥주는 다양하다. 에일Ale이라는 깊고 풍부한 맛의 영국 대표 맥주뿐만 아니라 세계의 다양한 맥주가 있으니 마트에서 사서 마시거나 펍에서 즐겨보자!

4 잉글리시 브렉퍼스트 & 브런치

영국은 하루 식사 중 아침을 매우 중시하는 나라다. 유럽의 아침 식사는 커피와 빵으로 끝나지만, 영국식 아침 식사에는 과일 주스, 시리얼, 베이컨과 달걀(프라이나 스크램블), 소시지, 콩, 감자튀김, 버섯, 토마토 등 과도한 단백질 위주의 식단이 차려진다. 그로부터 잉글리시 브렉퍼스트라는 말이 유래되었고, 뉴욕에서부터 유행하기 시작한 브런치도 이런 영국식 아침 식사에서 시작된 메뉴다.

5 애프터눈 티

아침 식사만큼 영국인들이 중요하게 생각하는 식생활은 티타임이다. 그중 오후의 티타임인 애프터눈 티는 영국을 대표하는 음식 문화라 할 수 있다. 유명 티 살롱에서의 격식 있는 애프터눈 티나 크림 티를 경험해 보는 것도 좋고 길거리 작은 카페에서 가지는 오후의 짧은 티타임도 런던 여행의 즐거움이 될 것이다.

맥주 하면 영국! 영국 하면 맥주!
런던의 펍 이야기

펍의 식사

런던의 펍은 맥주만 마시는 곳이 아니다. 펍은 공공의 장소라는 뜻의 '퍼블릭 하우스Public house'의 준말이다. 그만큼 편하게 식사도 할 수 있는 곳이다. 유명 레스토랑만큼의 음식은 아니지만 나름 괜찮은 음식을 제공한다. 물가가 비싼 런던에서 적당한 가격에 음식을 배불리 먹을 수 있는 곳이기도 하다. 런치 메뉴를 인원수만큼 시키다 보면 깜짝 놀랄 양이 나온다. 아까운 음식을 1/3은 남길지도 모르니 양이 적은 사람들끼리 맥주와 함께할 경우라면 적당히 주문하길!

추천 메뉴는 영국 대표 음식인 피시 앤 칩스와 영국 전통 음식인 선데이 로스트, 미트파이이다. 요크셔 푸딩은 메인 메뉴가 아니라 서브 메뉴에서 찾아볼 수 있다. 그 외에도 각종 샌드위치나 햄버거, 스테이크 등 든든한 한 끼를 편안한 분위기에서 해결할 수 있다. 주문은 테이블에서 가능한 경우도 있지만 카운터로 가서 주문과 결제를 동시에 하기도 한다. 주문 시 테이블 번호를 말해주면 음식을 가져다준다. 축구 경기 중 빅매치가 있는 날에 펍에 방문해 보자! 경기장에서 보는 것 이상의 재미를 느낄 수 있다.

펍의 맥주

영국의 에일Ale 맥주는 탄산이 없고 진한 맛이다. 탄산이 있는 라거Lager 맥주에 길들여진 우리나라 사람들은 처음 마시는 영국 맥주에 실망할지도 모른다. 하지만 역사와 전통을 간직한 영국 에일 맥주의 깊고 진한 향에 매력을 느끼게 된다면 또 다른 맥주의 세계에 빠지게 될 것이다. 런던의 펍은 세계의 다양한 맥주를 갖추고 있지만 에일의 종류를 알아보고 본고장의 맥주를 주문해 보자! 보통 한 잔을 주문하면 파인트Pint(0.568ml)가 나오는데 하프 파인트(0.284ml)도 주문할 수 있다.

에일의 종류

역사적으로 라거보다 오랜 전통을 가진 에일은 가벼운 맛을 내는 비터부터 색이 짙고 강한 맛의 스타우트까지 다양하다. 영국에 있는 약 500개 양조장에서 생산하며 그 종류만도 약 2,500여 가지가 있다.

○ 비터 *Bitter*
비터는 홉 함량이 많은 쓴맛의 에일 맥주로 탄산이 낮다. 베스트 비터는 대체로 알코올 함량이 4.1%를 넘는다.

○ 마일드 *Mild*
홉 함량이 많은 비터 맥주보다 숙성된 맛으로 약간 더 달면서 확연히 덜 쓴맛과 향을 지니고 있다. 마일드는 보통 비터보다 색이 더 진한데, 이는 구운 맥아와 캐러멜을 더 많이 사용하기 때문이다.

○ 포터 *Porter*
약간 달면서도 홉 맛이 진한 포터는 구운 보리로 만든다. 1730년경 런던에서 처음 생겨났으며 18세기 말 잉글랜드에서 가장 인기 있는 맥주였다.

○ 스타우트 *Stout*
'포터'의 열풍을 이으며, 대체로 매우 짙은 색깔의 진하고 홉 맛이 많이 나는 쓴 에일 맥주인데, 드라이한 맛과 위쪽의 두꺼운 맥주 거품, 훌륭한 곡물 맛은 짙게 구운 보리와 엿기름물의 멋진 배합의 결과다.

IPA 스타일의 크래프트 비어

영국의 맥주업계를 뒤흔든 브루독의 대표 맥주

비터 스타일의 에일 맥주 '런던프라이드'

스타우트 스타일의 아일랜드산 에일 맥주 '기네스'

영화 〈킹스맨〉에서 해리 하트가 악당들을 물리친 후 마셨던 바로 그 맥주!

세계의 음식이 다 모였다!
런던의 프랜차이즈

든든한 한 끼!

런던에는 세계의 음식 전문점들이 고루 갖춰져 있다. 그중 우리 입맛에 맞는 프랜차이즈를 소개한다. 높은 런던 물가에 비해 합리적인 가격에 평균화된 맛을 즐길 수 있다.

1 | 난도스 Nando's

포르투갈식 치킨 요리 전문점. 런던 거리를 거닐다 보면 자주 보이는 귀여운 닭 로고! 페리페리 소스가 유명한 바비큐 치킨 요리를 추천!

www.nandos.com

2 | 빌즈 Bill's

영국의 레스토랑 & 바 체인으로 런던에만 10여 개, 영국 전역에 지점이 있다. 브런치 메뉴를 추천한다.

bills-website.co.uk

3 | 피자 익스프레스 Pizza Express

피자 전문점으로 피자와 파스타가 주메뉴이다. 이탈리안 스타일부터 미국 스타일의 피자까지 맛볼 수 있으며 파스타와 샐러드 메뉴도 다양하게 갖추고 있다.

www.pizzaexpress.com

4 | 더 리얼 그릭 The Real Greek

그리스 음식 전문점으로 제대로 된 담백한 그리스 코스 요리를 맛볼 수 있다.

www.therealgreek.com

5 | 와가마마 Wagamama

라멘, 돈부리, 데판야끼, 커리와 같은 일본 음식과 한국 스타일을 표방한 매운 국물 음식을 판다. 런던에만 39개의 매장이 있다.

www.wagamama.com

6 | 더 브렉퍼스트 클럽 The Breakfast Club

런던 시내에 10개의 지점이 있으며 늘 줄을 선 인기 있는 맛집이다. 기본적인 서양식 아침 식사를 온종일 먹을 수 있다.

www.thebreakfastclubcafes.com

7 | 쇼류 라멘 Shoryu Ramen

일본 라멘 전문점으로 런던 시내에 10여 개의 지점이 있다. 다양한 종류의 라멘이 있지만 주 메뉴인 돈코츠 라멘이 가장 인기 있다.

www.shoryuramen.com

8 | 카나다야 Kanada-Ya

쇼류 라멘보다 후발주자지만 요즘 긴 줄을 서며 인기를 얻고 있다. 한국인들은 매콤한 맛을 많이 찾는다. 런던에 5개의 지점이 있다.

www.kanada-ya.com

9 | 지지 Zizzi

피자와 파스타가 주메뉴인 이탈리안 레스토랑으로 런던에만 30여 개의 지점이 있다. 얇고 바삭하게 구운 화덕 피자가 유명하다.

www.zizzi.co.uk

10 | 바이런 Byron

수제 햄버거 전문점으로 런던 시내에 10여 개 지점이 있다. 기본에 충실한 클래식하고 맛있는 햄버거를 맛볼 수 있다.

www.byron.co.uk

간단한 한 끼!

여행자의 휴식처로 맥도날드나 스타벅스가 아닌 이곳이 어떨까? 런던을 여행하다 간단한 식사와 차 한 잔의 여유가 필요하다면 주요 관광지 거리에서 자주 보이는 이곳에 들러보자!

1 | 프레타 망제 Pret a Manger

1986년에 문을 연 영국의 프랜차이즈 카페로 런던에서 가장 자주 만날 수 있다. 보통 '프렛'이라고 부른다. 오가닉 커피와 샌드위치, 따뜻한 수프 등을 판매한다. 편하게 방문할 수 있어 좋다. 따뜻한 수프와 커피, 각종 음료까지 판매한다. 샌드위치 종류도 다양하고 맛도 좋다.

www.pret.com

2 | 르 팽 코티디앵 Le Pain Quotidien

르 팽 코티디앵은 'The daily bread'라는 뜻이다. 벨기에 유기농 베이커리 체인으로 세인트판크라스역에서 만날 수 있으며 유럽에서 친숙한 브랜드로 자리 잡았다. 만족할 만한 유기농 건강 메뉴를 제공한다.

www.lepainquotidien.co.uk

3 | 코스타 Costa

1971년 창업한 영국의 프랜차이즈 커피전문점으로 세계에서 두 번째로 큰 커피 체인점이다. 2019년 코카콜라에 인수됐다. 샌드위치와 다양한 베이커리를 갖추고 있으니 한 번쯤 방문해 보자.

www.costa.co.uk

4 | 카페 네로 Caffe Nero

전통 이탈리안 커피를 맛볼 수 있는 커피 전문점으로 쿠폰을 만들어도 될 만큼 런던 어디서든 찾아볼 수 있다.

www.caffenero.com

5 | 게일스 베이커리 Gail's Bakery

간단하게 아침 식사할 곳을 찾는다면 빵 천국 게일스 베이커리를 추천한다. 버터리한 크루아상과 스콘, 시나몬롤, 베이글 샌드위치가 인기다.
gailsbread.co.uk

6 | 올 앤 스틴 Ole & Steen

덴마크의 체인 베이커리로 런던에서도 많이 생겼다. '올 데이 베이커리All Day Bakery'라는 모토처럼 식사용 빵부터 샌드위치, 디저트까지 다양하다.
oleandsteen.co.uk

7 | 폴 Paul

세계적으로 유명한 프랑스 베이커리 브랜드로 믿고 먹을 수 있다. 샌드위치부터 디저트까지 프랑스 빵을 즐길 수 있다.
www.paul-uk.com

8 | 웍 투 웍 Wok to Walk

입맛대로 재료를 고르면 오픈키친에서 바로 볶아주는 아시아 누들 전문점으로 유럽 전역에 체인점을 갖추고 있다.
www.woktowalk.com

9 | 와사비 Wasabi

초밥과 일본식 도시락를 먹을 수 있는 곳으로 간편하게 테이크아웃 할 수 있다.
www.wasabi.uk.com

10 | 이츠 Itsu

아시아 음식점으로 덮밥과 면 요리, 초밥을 저렴한 가격에 먹을 수 있는 곳이다.
www.itsu.com

런던의 스타 셰프 제이미 올리버 VS 고든 램지

런던에는 유명한 셰프 계의 양대 산맥이 있다. 친근한 이미지가 매력적인 제이미 올리버와 박력 있고 당당한 카리스마를 지닌 고든 램지다. 국립 학교에서 가공식품 사용을 반대하는 캠페인을 했던 제이미 올리버는 신선한 유기농 식재료로 재료 본연의 맛을 살린 이탈리아 요리를 주로 만든다. 2003년에는 5등급 대영제국 훈장(MBE)을 받기도 했다. 미국의 리얼리티 쇼 〈헬스 키친Hell's Kitchen〉으로 유명해진 영국의 대표 요리사 고든 램지는 미슐랭에서 별 3개를 받은 권위 있는 프렌치 레스토랑을 운영하고 있다. 대영 제국 훈장 4등급(OBE)을 받았다.

Naked Chef 제이미 올리버 Jamie Oliver

1975년생 | 잉글랜드 에식스 출신

정크 푸드 일색인 영국의 음식 문화를 바꾸고 더 나아가 따뜻한 요리로 세상을 바꿀 수 있다고 믿는 음식 혁명가 제이미 올리버!

제이미 올리버 그룹은 제이미의 이탈리안, 바베코아, 소외계층에게 요식업계의 훈련기회와 일자리를 제공하는 피프틴Fifteen과 같은 식당을 운영했으나 2019년 파산하며 모두 문을 닫았다. 제이미 올리버 그룹은 여전히 2030년까지 영국 아동 비만율을 절반으로 줄이겠다는 목표로 학교, 병원, 직장 그리고 가정에서의 음식 변화를 위해 꾸준히 노력하고 있다. 현재는 제이미 올리버 요리 학교Jamie Oliver Cookery School를 운영하고 있다.

www.jamieoliver.com

제이미 올리버 요리 학교 Jamie Oliver Cookery School

제이미 올리버의 이름을 건 요리 학교로 에미레이트 스타디움 근처에 있다. 원하는 시간대를 택해 누구나 참여할 수 있고, 다양한 세계 음식 만들기를 체험할 수 있다.

주소 160 Holloway Road, London, N7 8DD
위치 **오버그라운드** Holloway Road 정류장 **버스** 153번
전화 020 8103 1970
홈피 jamieolivercookeryschool.com

Hell's Kitchen 고든 램지 Gordon Ramsay

1966년생 | 스코틀랜드 렌프루셔 출신

세계적인 셰프들을 만나 밑바닥부터 기본을 닦은 탄탄한 실력자로 런던의 요리전문가와 미식가들 사이에서 가장 인정받는 셰프 고든 램지!

런던에는 그의 이름을 건 수많은 식당이 있다. 브레드 스트리트 키친 & 바Bread Street Kitchen&Bar, 요크 & 알바니York & Albany, 스트리트 피자Street Pizza, 스트리트 버거Street Burger, 메이즈 그릴Maze Grill, 미슐랭 1스타를 받은 페트루스Pétrus(p.141 지도 참조)가 있지만 그중에서도 미슐랭 3스타를 받은 고든 램지 레스토랑Restaurant Gordon Ramsay이 가장 대표적이다.

www.gordonramsay.com

고든 램지 레스토랑 Restaurant Gordon Ramsay

1998년 자신의 이름으로 첼시에 오픈한 프렌치 레스토랑이다. 오픈한 지 3년 만인 2001년 미슐랭 3스타를 받아 더욱 유명해졌고 현재도 유지 중이다. 예약은 필수이며 드레스 코드는 스마트이다. 3코스 메뉴는 £155(점심)~£175(저녁)이다. 여기에 12.5%의 서비스 요금이 따로 붙는다. 튜브 Sloane Square역에서 1km 떨어져 있는데 사치 갤러리가 근처여서 함께 방문하기 좋아 추천한다.

주소 68 Royal Hospital Road, London, SW3 4HP
위치 튜브 Sloane Square역
운영 화~토 12:00~14:15 / 18:30~23:00 **휴무** 월·일요일
요금 ££££
전화 020 7352 4441
홈피 www.gordonramsayrestaurants.com/restaurant-gordon-ramsay

고든 램지 플레인 푸드 Gordon Ramsay Plane Food

런던 히스로 공항 5터미널에 고든 램지의 레스토랑이 있다. 잉글리시 브렉퍼스트와 같은 아침 메뉴는 새벽 5시부터 오후 12시까지 제공된다. 코스 메뉴로는 25분 동안 즐기는 2코스 £24가 있으며, 메뉴도 다양하여 고르는 재미가 있다. 런던 시내에서 즐기기 어렵다면 히스로 공항에서 그의 음식을 만나보자.

주소 Terminal 5 Wellington Road, Heathrow Airport, London, TW6 2GA
위치 Heathrow Terminal 5
운영 05:00~22:30
요금 ££
전화 020 8897 4545
홈피 www.gordonramsayrestaurants.com/plane-food

간편하게 한 끼 해결! 슈퍼마켓 간편식

런던처럼 공원이 잘 되어 있는 곳은 없다. 공원의 푸른 잔디 위에서 풍경을 바라보며 식사하는 경험을 추천한다. 또한 빡빡한 여행 일정을 소화하다 지쳐서 숙소에서 편하게 먹고 싶을 때도 있다. 그럴 땐 간편하게 먹을거리를 살 수 있는 슈퍼마켓에 가보자.
시내 곳곳에 보이는 테스코Tesco, 세인즈버리스Sainsbury's 등 런던의 대표적인 슈퍼마켓에서 저렴한 간편식을 이용할 수 있다. 슈퍼마켓 막스 앤 스펜서 심플리 푸드M & S Simply Food와 웨이트로즈Waitrose는 고급 마트에 속하며 자체 카페를 운영하기도 한다. 여기서 파는 음식들은 잘 고르면 웬만한 레스토랑 음식보다 맛있다. 다양한 맥주 코너에서 취향에 맞는 맥주도 고를 수 있으니 이 두 곳이 보인다면 주저 없이 들어가보자!

영국의 대표적인 슈퍼마켓

막스 앤 스펜서 심플리 푸드 M & S Simply Food

테스코 Tesco

세인즈버리스 Sainsbury's

웨이트로즈 Waitrose

지금 가장 핫한 런던의 추천 카페

런던에서 인정받은 커피를 맛볼 수 있는 카페를 소개한다. 감각적인 인테리어로 꾸며진 공간에서 런더너와 어울려 향긋한 커피 한 잔을 마시다 보면 여행이 아닌 런던의 일상을 잠시 공유하는 시간이 된다. '플랫 화이트'와 '롱 블랙'이라는 메뉴를 추천 한다. 호주와 뉴질랜드에서 주로 마시는데 런던에서도 인기를 끌고 있다. 플랫 화이트는 에스프레소 샷에 우유를 거품 없이 평평하게 올린 진한 라테의 맛이며, 롱 블랙은 뜨거운 물을 먼저 붓고 에스프레소 샷을 길게 뽑아 크레마가 살아있는 진한 아메리카노의 맛이다.

1 | 몬머스 Monmouth

명실상부 런던을 대표하는 카페로 Covent Garden점과 The Borough점은 이곳에서 직접 로스팅한 원두와 커피를 사려는 사람들로 언제나 붐빈다. 비교적 최근에 오픈한 Bermondsey점은 금·토요일 오전에만 한시적으로 운영하며 테이크아웃만 가능하다. 갓 볶아 내려 맛 좋은 핸드드립 커피를 추천한다.

홈피 www.monmouthcoffee.co.uk

Covent Garden점
주소 27 Monmouth Street, London WC2H 9EU
위치 튜브 Tottenham Court Road역
운영 월~토 08:00~18:00 **휴무** 일요일

The Borough점
주소 2 Park Street, London SE1 9AB
위치 튜브 Warren Street 역
운영 월~토 07:30~17:00 **휴무** 일요일

Bermondsey점
주소 Arch 3 Discovery Estate, Bermondsey, London SE16 4RA
위치 튜브 Bermondsey역
운영 금·토 09:00~16:00
휴무 월~목·일요일

2 | 올프레스 에스프레소 Allpress Espresso

몬머스와 함께 런던을 대표하는 카페라서 커피를 마시는 사람들과 원두를 사 가려는 사람들로 항상 붐빈다. 이곳에서 로스팅한 원두가 영국의 많은 카페에 제공되고 있다. 커피 볶는 향과 멋스러운 분위기가 잘 어우러지는 이곳에서 막 뽑은 에스프레소를 즐겨보자.

주소 58 Redchurch Street, London, E2 7DP
위치 튜브 Liverpool Street역
운영 월~금 08:00~16:00, 토·일 09:00~16:00
홈피 allpressespresso.com

3 | 플랫 화이트 Flat White

상호처럼 플랫 화이트가 주메뉴인 카페이다. 2005년에 오픈한 소호의 Berwick Street Market에 있다. 커피는 월드 로스터스 챔피언십World Rossters Championship 타이틀이 3개나 있는 스웨덴의 Drop Coffee Roaster에서 제공받아 더 깊은 맛을 내며 플랫 화이트의 진가를 보여준다.

주소 17 Berwick Street, London, W1F 0PT
위치 튜브 Tottenham Court Road, Piccadilly Circus역
운영 월~금 08:30~17:00, 토 09:00~18:00, 일 09:00~18:30
홈피 www.flatwhitesoho.co.uk

4 | 노트 커피 로스터스 앤 바 Notes Coffee Roasters & Bar

자체 로스팅한 원두로 런던의 12개 매장에서 커피를 만들고 원두를 판매한다. 진한 커피와 스콘, 달콤한 케이크와 파운드의 조화도 좋다. 여러 매장 중 접근하기 좋은 곳을 소개한다.

홈피 notescoffee.com

Victoria점
주소 10 Sir Simon Milton Square, London, SW1E 5DJ
위치 **튜브** Victoria역
버스 6, 13, 38, 52, 148번
운영 월 08:00~16:00,
화~금 08:00~21:00,
토 10:00~18:00, 일 10:00~17:00

Kings Cross점
주소 1 Pancras Square, London, N1C 4AG
위치 튜브 King's Cross St. Pancras역
운영 월 07:30~20:00, 화 07:30~21:00,
수~금 07:30~22:00,
토 08:30~21:00, 일 09:30~18:00

Trafalgar Square점
주소 31 St Martin's Ln, London WC2N 4DD
위치 튜브 Charing Cross역
운영 월 07:30~18:00,
화~금 07:30~21:00,
토 09:00~21:00, 일 10:00~18:00

Bond St Station점
주소 C14 West One Shopping Centre, 381 Oxford Street, London, W1C 2JS
위치 **튜브** Victoria역
버스 6, 13, 38, 52, 148번
운영 월~금 07:30~15:30
휴무 토·일요일

Gherkin점(거킨 빌딩 1층)
주소 Swiss Re, 30 St Mary Axe, London, EC3A 8BF
위치 **튜브** Victoria역
버스 6, 13, 38, 52, 148번
운영 월 08:00~15:30,
화~목 07:30~17:30,
금 08:00~14:00 **휴무** 토·일요일

©Hyun So Young

5 | 오존 커피 로스터스 Ozone Coffee Roasters

'좋은 커피가 세상을 바꿀 수 있다'는 마음으로 커피에 진정성을 담고 있다. 주변 로스터리 카페 중에서도 단연 가장 인기가 있다. 커피와 함께 즐길 수 있는 샌드위치와 베이커리류도 판매한다.

홈피 ozonecoffee.co.uk

Shoreditch점

주소 11 Leonard St, London, EC2A 4AQ
위치 튜브 Old Street역
운영 월~금 07:30~16:30, 토·일 08:30~17:00, 여름 뱅크 홀리데이 08:30~16:00

Creechurch점

주소 The Ace Bldg, 10-12 Creechurch Ln, London EC3A 5AY
위치 튜브 Aldgate역
운영 월~금 07:30~17:00 **휴무** 토·일요일·여름 뱅크 홀리데이

Battersea점

주소 56 Ludgate Hill, London, EC4M 7AW
위치 튜브 Blackfriars St. Paul's역
운영 월~금 07:30~17:00 **휴무** 토·일요일·여름 뱅크 홀리데이

©Hyun So Young

©Hyun So Young
©Hyun So Young

6 | 어텐던트 커피 로스터스 Attendant Coffee Roasters

빅토리아 시대에 만들어진 사용하지 않는 공공화장실에서 수준 높은 커피가 만들어진다. 독특한 장소 때문에 알려지기도 했지만 커피 맛이 훨씬 더 유명하다. 1890년대의 소변기로 사용되었던 도기 앞에 앉아 커피와 브런치를 즐길 수 있다. 런던에 6개의 매장이 있지만 독특한 인테리어의 본점을 소개한다

주소 27A Foley Street, London, W1W 6DY
위치 튜브 Oxford Circus, Goodge Street역
운영 월~금 08:00~16:00, 토·일·뱅크 홀리데이 09:00~16:00
홈피 www.the-attendant.com

©Hyun So Young

7 | 카페인 Kaffeine

호주와 뉴질랜드 수준 높은 커피 문화에 영감을 받아 오픈한 카페다. 런던 안에서도 손꼽히는 커피에 진심인 카페로 커피 마니아들이라면 방문할 만하다. 피츠로비아 지역에 서로 5분 거리에 두 곳이 있는데 각각 다른 주인이 운영한다.

주소 66 Great Titchfield Street, London W1W 7QJ
15 Eastcastle Street, London W1T 3AY
위치 튜브 Oxford Circus, Tottenham Court Road역
운영 월~금 07:30~17:00, 토 08:30~17:00, 일 09:00~17:00
홈피 kaffeine.co.uk

©Hyun So Young

화려한 명품부터 빈티지까지 런던의 쇼핑 명소

런던 시내

런던 쇼핑 지역을 크게 나이츠브리지, 소호, 이스트 런던으로 나누었다. 중저가 의류 제품을 구매하기 위해서는 소호, 명품은 나이츠브리지, 그리고 개성 있는 빈티지 제품을 쇼핑하려면 이스트 런던으로 향해보자.

나이츠브리지 Knightsbridge

세계 최고의 해로즈 백화점이 있으며 명품을 한눈에 볼 수 있는 귀족 거리

나이츠브리지역에서 피터존스 백화점으로 뻗는 슬론 스트리트와 빅토리아 앨버트 박물관으로 뻗어 있는 브롬프턴 로드가 이곳의 대표 쇼핑 거리이다.

소호 Soho

최고의 명품과 중저가 의류 제품부터 다양한 인테리어 소품, 장난감 가게까지 이 지역에 분포되어 있다. 쇼핑을 위해서라면 꼭 찾아야 할 지역

나이키 타운과 어반 아웃피터스, 갭, 자라 등 중저가 매장이 즐비한 옥스퍼드 스트리트, 셀프리지스 백화점부터 프라이마크까지 다양한 쇼핑을 즐길 수 있는 본드 스트리트(요즘 뜨는 브랜드가 있는 뉴 본드 스트리트와 고가 명품 브랜드가 있는 올드 본드 스트리트로 나뉜다), 그리고 리젠트 스트리트가 있다.

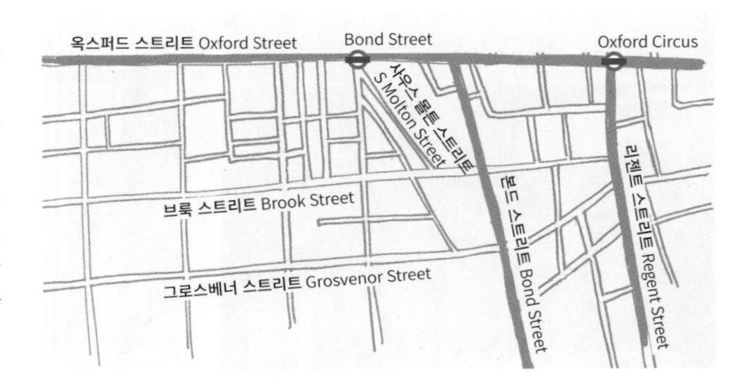

이스트 런던 East London

○ **개성 강한 런더너를 만나볼 수 있는 지역으로 빈티지한 제품이 거리마다 가득한 곳**

과거 공장 지대였던 빈민촌에서 젊은 아티스트들에 의해 재창조된 지역으로 다양한 인종이 공존하며 빈티지숍과 멋진 레스토랑, 카페로 이루어진 브릭 레인, 하이베리 & 이슬링턴Highbury&Islington역에서 엔젤Angel역까지 오는 거리의 캠든 파사지 마켓, 골동품 가게와 빈티지숍, 맛 좋은 음식점이 있는 한적하고 여유로운 곳인 어퍼 스트리트가 있다.

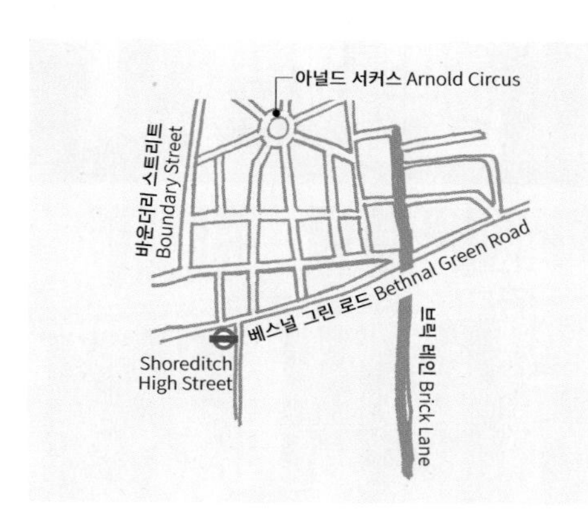

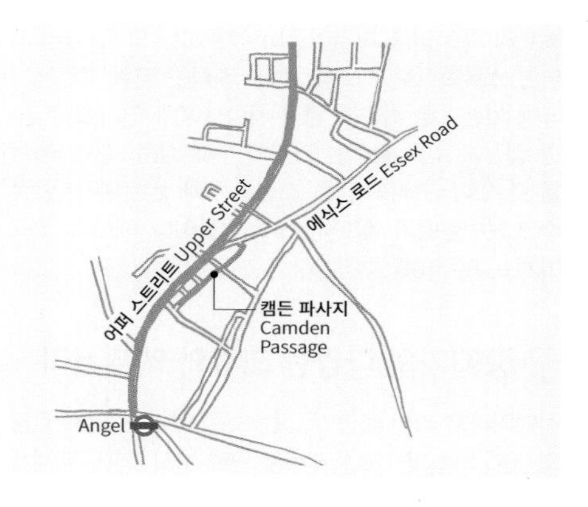

백화점

런던의 백화점은 할인 폭이 50~80%에 달하는 시즌 오픈 세일 외에도 각종 기념일이나 특별 세일로 30% 이상 할인하기도 하니 꼭 체크하고 방문하길 권한다. 런던을 대표하는 백화점으로 해로즈 백화점이 있다. 이곳의 지하 식품 매장은 꼭 들러야 하는 필수 코스다. 또 다른 추천 백화점은 색다른 분위기의 리버티 백화점이다. 굳이 쇼핑이 목적이 아니어도 런던의 디자인 감각을 느낄 수 있는 관광 코스다.

해로즈 백화점 Harrods Store

주소 87-135 Brompton Road, London, SW1X 7XL
위치 튜브 Knightsbridge역
운영 월~토 10:00~21:00, 일 11:30~18:00
전화 020 7730 1234
홈피 www.harrods.com

리버티 백화점 Liberty Store

주소 Regent Street, London, W1B 5AH
위치 튜브 Oxford Circus, Piccadilly Circus역
운영 월~토·뱅크 홀리데이 10:00~20:00, 일 12:00~18:00
전화 020 3893 3062
홈피 www.liberty.co.uk

명품

명품 쇼핑의 중심지 런던에서는 세계적인 브랜드의 트렌디한 신상품을 만나볼 수 있다. 명품 쇼핑을 위해 가장 먼저 향할 곳은 명품 거리라 불리는 본드 스트리트. 그중 올드 본드 스트리트로 갈수록 역사가 깊고 럭셔리한 브랜드 매장이 줄지어 있다. 그리고 예전부터 런던 상류층이 살던 동네인 나이츠브리지의 슬론 스트리트는 명품 마니아들이 선호하는 쇼핑 거리다. 본드 스트리트보다 고풍스럽고 쾌적한 분위기로 세계 유명 브랜드뿐 아니라 영국 사람들에게 인기 있고 장인 정신이 깃든 엄청난 가격의 수제 상품도 곳곳에서 볼 수 있다. 그리고 명품 쇼핑을 위해 방문해야 할 필수코스는 런던의 세계적인 백화점들이다. 해로즈, 셀프리지스, 리버티를 추천한다.

중저가의 다양한 의류와 액세서리

런던이라고 비싼 물건만 있는 것은 아니다. 먼저 쇼핑의 메카 옥스퍼드 스트리트로 향해 보자. 의류, 액세서리뿐 아니라 스포츠 용품과 전자 제품까지 다양한 중저가 브랜드들이 즐비하다. 게다가 같은 매장도 여러 개다. 그러나 매장마다 다른 아이템을 팔고 있으니 하루 종일 쇼핑을 해도 모자라다. 그리고 옥스퍼드 스트리트의 끝자락 마블 아치 쪽에 위치한 저렴한 쇼핑몰 프라이막에서 저렴하고 멋진 아이템을 건질 수 있을 것이다. 미국 상점이지만 런더너에게도 인기 있다. 감각적인 디스플레이와 볼거리가 풍성한 어반 아웃피터스를 추천한다.

드러그 스토어

영국에서 흔히 볼 수 있는 드러그 스토어, 부츠Boots 쇼핑은 필수다. 가격이 국내보다 1/3~1/2 정도 저렴하여 더욱 매력적이다. 외국인에 대한 면세 혜택은 없어졌지만 드러그 스토어에서 2 for 1 혹은 3 for 2(2개를 1개 가격에 혹은 3개를 2개 가격에 준다) 등의 혜택이 있으니 비교해본 후 구매하는 것이 좋다. 런던의 로컬 브랜드로는 넘버 세븐No.7, 솝 앤 글로리Soap & Glory, 바이오 오일Bio Oil, E45 크림E45 Cream, 유시몰Euthymol 치약, 탱글 티저Tangle Teezer 빗 등의 아이템이 있다.

명품 아웃렛 매장

명품을 좋아한다면 꼭 방문해야 할 곳이 있다. 우리나라의 여주, 파주 아웃렛처럼 런던에도 대규모 쇼핑 단지인 비스터 빌리지가 있다. 말 그대로 상점들이 마을을 이루고 있는 곳이다. 또 다른 추천 아웃렛은 팩토리 아웃렛이다. 런던 하면 떠오르는 전통 깊은 브랜드인 버버리의 공장을 방문하자! 단, 사람들이 몰리는 주말은 피하길!

비스터 빌리지 Bicester Village

런던 근교에 있는 대형 아웃렛으로 영국을 대표하는 명품부터 세계의 브랜드가 구비되어 있는 명품 쇼핑 마을이다. 기본 30~50% 이상 할인되며 세일 기간에는 70~80%까지 가격이 할인된다. 먼저 인포메이션에서 사용 가능한 쿠폰이 있는지 체크하고 지도를 얻자.

주소 50 Pingle Drive, Bicester, Oxfordshire OX26 6WD
위치 기차 Marylebone 역에서 Bicester Village역까지 50분
운영 월~토 09:00~21:00, 일 10:00~19:00
전화 018 6936 6266

버버리 공장 Burberry Factory

영국을 대표하는 버버리의 아웃렛. 최신 상품을 살 수는 없지만, 최저가격의 버버리 제품을 구매할 수 있다. 런던 시내에서 좀 떨어진 Hackney Central역에서 도보로 약 10분 거리에 있다. 피커딜리 부근에서 38번 버스를 타는 방법도 있다. 이곳에 도착하면 입구에서 가방을 맡기고 번호표를 받은 후 입장을 한다.

주소 29~53 Chatham Place, Hackney, London, E9 6LP
위치 튜브 Hackney Central역
전화 020 8328 4287

주말에는 스트리트 마켓

주말에 런던을 여행한다면 빼놓지 말아야 할 곳이 바로 스트리트 마켓이다. 평일에도 문을 여는 곳이 있지만 스트리트 마켓의 진면목을 보려면 주말이 좋다. 화창한 토요일이나 일요일에 여유 있게 스트리트 마켓을 경험해보자. 운이 좋다면 런던만의 매력을 지닌 물건을 득템할 수 있다.

이건 꼭 사야 해!
런던 여행 기념품 리스트

세계적으로 유명한 영국의 홍차

홍차 전문점에서 파는 훌륭한 품질의 홍차부터 마트에서 파는 저렴한 홍차까지 다양한 종류의 홍차를 고를 수 있다. 홍차 전문점의 티포트와 잔 세트까지 구매한다면 여행 후에도 런던의 애프터눈 티를 즐길 수 있을 것이다. 홍차의 카페인이 두렵다면 마트에서 다양한 디카페인 차를 고를 수 있다.

스트리트 마켓의 빈티지 아이템

화창한 주말 오후에 스트리트 마켓으로 향한다면 런던을 제대로 경험하는 것이다. 온갖 종류의 물건들을 구경하며 런더너의 삶을 느낄 수도 있고 운이 좋다면 세상에서 하나밖에 없는 나만의 아이템을 구할 수 있다. 취향을 제대로 저격하는 빈티지 숍도 다양하게 있으니 관심이 있다면 꼭 들러보자.

화려한 영국 왕실 기념품

영국 왕실의 고유 문양이 새겨진 기념품으로 왕실 행사 때마다 더욱 다양한 기념품이 제작되고 있다. 2023년 9월 10일, 엘리자베스 2세 여왕의 아들인 찰스 3세가 국왕으로 즉위식을 올려 한정 상품으로 나온 대관식 콜렉션Coronation Collection과 여전히 엘리자베스 여왕 2세의 기념품이 인기다.

록의 본고장 런던의 오리지널 음반

음악에 관심이 많은 사람이라면 록의 본고장 런던의 음반가게를 방문해 보자. 신세계를 경험할 수 있을 것이다. 록뿐만 아니라 브릿팝이라 불리는 영국 대중음악 앨범도 들어보고, 직원의 추천 음악도 꼭 들어보길!

놓치지 말아야 할 박물관·미술관 기념품

대부분 무료 관람인 런던의 박물관과 미술관을 방문하면 이곳에서만 볼 수 있는 기념품을 발견할 수 있다. 예술 작품이 담긴 고급 기념품부터 저렴한 문구용품까지 다양한 제품들을 구경하는 재미도 있다.

드러그 스토어에서 꼭 사야 할 것!

영국의 드러그 스토어는 약뿐만 아니라 가성비 좋은 뷰티 제품을 판매하고 있다. 대표적인 드러그 스토어 부츠Boots는 최근 우리나라에도 입점하였으며 런던 어디서든 쉽게 찾아볼 수 있다. 우리나라 매장보다 20%에서 최대 50% 이상 싸게 살 수 있으니 후회 없는 쇼핑을 위해 꼭 사야 하는 몇 가지 품목을 소개해본다.

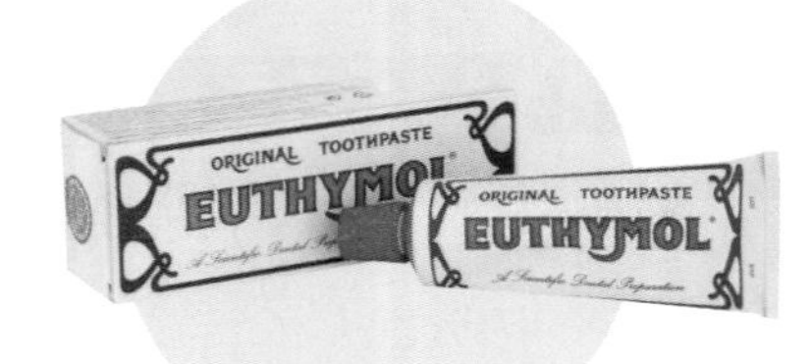

유시몰 Euthymol

영국 여왕이 사용한다고 유명해진 영국 전통의 치약

바이오 오일 Bio-Oil

머리부터 발끝까지 필수 멀티 오일

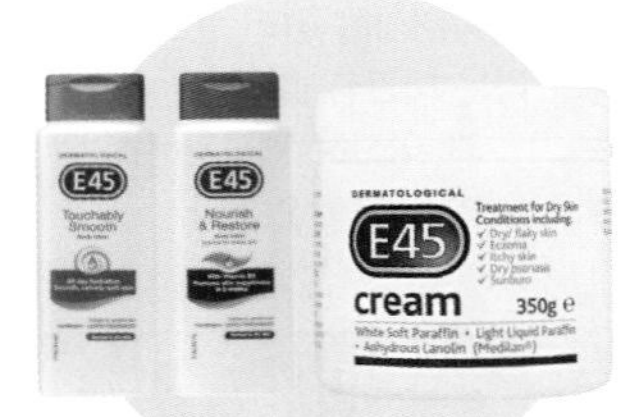

E45 크림 E45 Cream

영국에서 꼭 사야 하는 멀티 크림

탱글 티저 Tangle Teezer

케이트 미들턴 웨일스 공작 부인의 빗으로 유명하다.

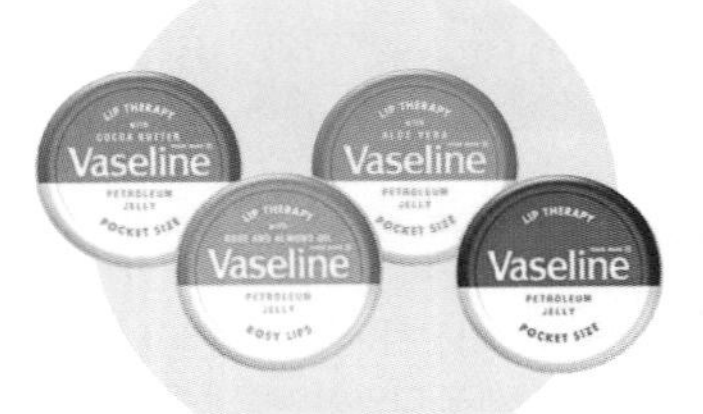

바세린 Vaseline

선물용으로 좋은 다양한 종류의 바세린 립밤

비타민 Vitamin

영국은 비타민이 꽤 좋은 편이며 연령과 성별, 체질에 따라 다양하게 구분되어 있다.

넘버 7 No.7

넘버 7의 주름 개선 제품은 고가의 화장품보다 효과가 좋기로 소문났다.

솝 앤 글로리 Soap & Glory

핑크빛 패키지처럼 사랑스러운 향기의 보디 제품이 인기 있다.

심플 Simple

영국의 국민 브랜드라고 불린다. 가볍게 사용하기 좋은 저자극 스킨케어 제품으로 가성비도 좋다.

현지에서 저렴하게 사자! 영국 브랜드

우리나라에도 매장이 많은 인기만점 영국 브랜드가 있다. 정직한 재료로 만드는 핸드메이드 입욕제와 보디제품으로 유명한 러쉬Lush, 합리적인 가격의 자연주의 화장품 전문점인 더 바디 숍The Body Shop, 화사한 꽃무늬와 예쁘고 다양한 무늬의 프린트가 인상적인 의류브랜드 캐스 키드슨Cath Kidston, 런던을 대표하는 고급스러운 향기로 유명한 조 말론Jo Malone이다. 영국 여행을 하다보면 쉽게 만날 수 있는 4개의 브랜드에서 선물용으로 살 만하거나 직접 써보기를 추천하는 베스트셀러 제품을 소개한다.

러쉬

러쉬의 인기 아이템인 워시 오프 팩,
일명 슈렉 팩과 수많은 입욕제들

더 바디 숍

누구나 부담 없이
사용할 수 있는 더 바디 숍의
대표적인 향기
화이트머스크 핸드크림

캐스 키드슨

부피가 작아 여행 중 활용하기도 좋으며
화사한 무늬가 돋보이는 숄더백

조 말론

남녀불문 좋아하는 영국의 향수
조 말론에서 가장 인기 있는 향수인
블랙베리 앤 베리

그 시절 우리가 열광한 영국의 뮤지션

영국은 세계에서 가장 유명한 뮤지션인 비틀스가 탄생한 국가다. 최근 영화 〈보헤미안 랩소디〉로 싱어롱 영화 관람 붐을 일으킨 퀸, 1960~1980년에 활동한 그룹 레드 제플린, 1962년에 결성되어 현재까지 활동 중인 롤링스톤스, 데이비드 보위, 1965~1996년에 활동했던 핑크 플로이드, 여성그룹으로는 세계에서 가장 많은 앨범판매를 기록한 스파이스 걸스, 2000년대를 대표하는 콜드플레이, 최근에는 〈Hello〉의 아델까지 영국은 다양한 뮤지션을 배출해내고 있다. 여기서는 비틀스, 퀸과 관련된 런던의 핫 스폿을 소개한다.

퀸 Queen

2018년 가을에 개봉한 영화 〈보헤미안 랩소디〉 열풍을 계기로 영국 록그룹인 퀸에 대한 관심이 높아졌다. 노래 〈보헤미안 랩소디〉는 'Mama, Just Killed A Man(사람을 죽였다)'로 시작하는 가사 때문에 국내에서는 89년까지 금지곡으로 지정되기도 했다. 1971년부터 현재까지 활동하고 있다.

◯ 프레디 머큐리 메모리얼 Freddie Mercury Memorial

히스로 공항 근처 프레디 머큐리 가족이 살았던 집에 영국 헤리티지의 블루 플라크Blue Plaque가 붙어 있다.

주소 22 Gladstone Avenue, Feltham, London, TW14 9LL

◯ 켄살 그린 묘지 Kensal Green Cemetery

프레디 머큐리의 가족묘가 있다. 묘비에는 '파로크 불사라Farrokh Bulsara'라는 본명이 새겨져 있다. 언론에 노출된 후 유골은 다른 곳으로 옮겨졌다.

주소 Kensal Green Cemetery, Harrow Road, W10 4RA

◯ 프레디 머큐리의 집 Freddie Mercury's House

프레디 머큐리가 1991년 사망 전까지 살았던 집이다.

주소 28 Logan Place, London, W8 6QN

프레디 머큐리의 집

비틀스 Beatles

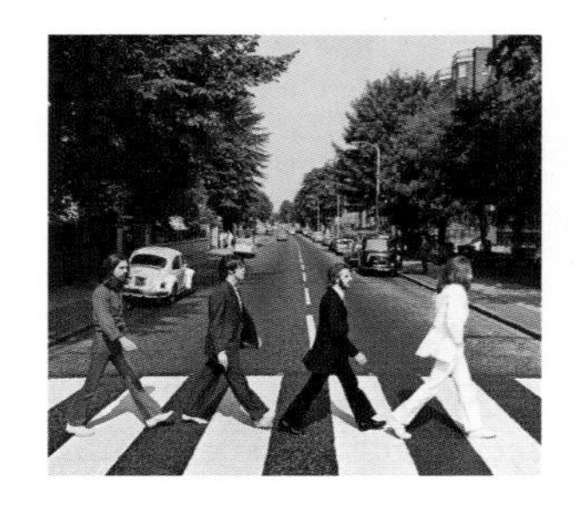

존 레논, 폴 매카트니, 조지 해리슨, 링고스타로 구성된 4인조 록밴드이다. 1963년 리버풀에서 데뷔해 1960년대를 대표하는 그룹으로 1970년까지 활동했다. 〈I Want To Hold Your Hand〉의 히트를 시작으로 대표곡으로는 〈Let It Be〉, 〈Yesterday〉, 〈All You Need Is Love〉 등이 있다. '영국 침공British Invasion'이라는 말이 나올 정도로 영국 최고의 뮤지션으로 평가받으며 전 세계에서 가장 많은 앨범이 판매된 그룹이다.

○ 애비 로드 스튜디오 Abbey Road Studio

비틀스의 음반이 녹음된 역사적인 장소다. 스튜디오 지하에는 기념품점이 있고 스튜디오 바로 앞 횡단보도에서 앨범 재킷을 찍었다(p.210 참조).

영화에서만 보던 런던 만나기!
런던의 영화 촬영지

킹스맨 Kingsman

〈킹스맨: 시크릿 에이전트The Secret Service〉는 새로운 스파이물로 개봉과 동시에 순식간에 전 세계 팬들을 끌어 모았다. 킹스맨의 상징처럼 나오는 양복점은 영국 여행을 하는 마니아들의 필수 코스로 자리 잡았다.

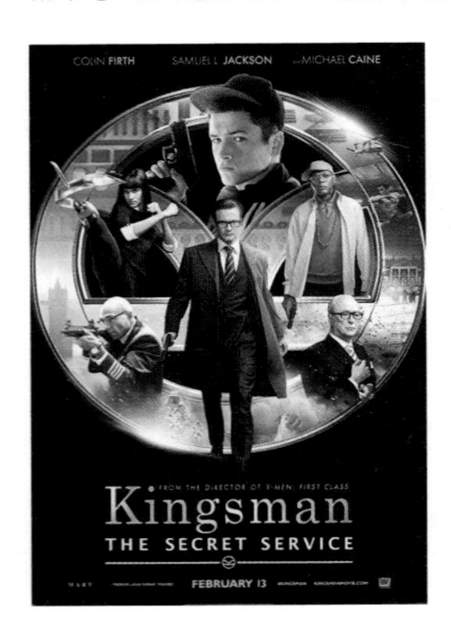

○ Huntsman & Sons
킹스맨들의 양복점으로 등장하는데 실제로 1849년부터 운영해오는 유서 깊은 곳이다(p.110 지도 참조).

주소 11 Savile Row, London W1S 3PS

○ Lock & Co. Hatters
영화 속 악당 발렌타인이 모자를 샀던 가게로 1676년에 문을 연 세계에서 가장 오래된 모자가게다(p.82 지도 참조).

주소 6 St James's Street, London SW1A 1EF

○ The Black Prince
'매너가 사람을 만든다(Manner Maketh Man)'라는 명언이 탄생한 곳이다. 영화 속 해리 하트가 건달들에게 매너를 가르치며 싸웠던 술집으로 여행자들은 맥주를 한 잔씩 마시고 온다(p.82 지도 참조).

주소 6 Black Prince Road, London SE11 6HS

셜록 Sherlock

영국 BBC에서 만든 드라마로 2010년에 시작해 현재 시즌4까지 방영됐다. 현대적으로 해석한 셜록 홈스와 왓슨 박사, 최첨단 사건이 흥미롭고 영국 배우 베네딕트 컴버배치의 매력이 넘쳐흐른다. 런던 아이와 트라팔가 광장 등 런던 시내 곳곳이 등장 하는데 그중 필수 방문지는 셜록의 집이다.

○ Speedy's Sandwich Bar & Cafe
드라마 상에는 베이커가 221B로 나오지만 실제로는 실제 촬영지는 이곳이다. 드라마 〈셜록〉 마니아라면 모두 이곳에서 아침이나 브런치를 먹는다(p.207 지도 참조).

주소 187 N Gower Street, London NW1 2NJ
운영 월~금 06:30~15:30, 토 07:30~13:30 **휴무** 일요일

해리 포터 Harry Potter

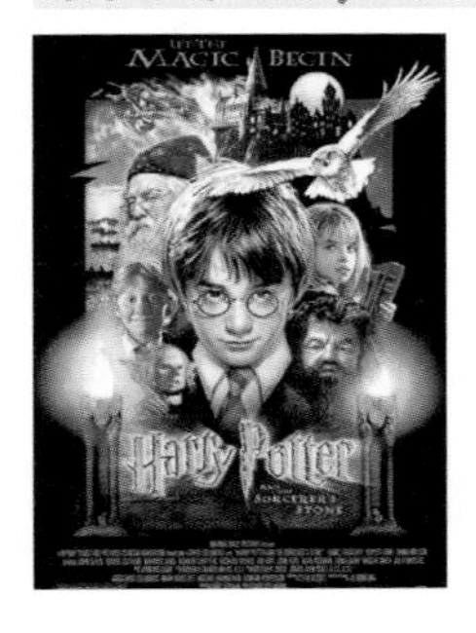

〈해리 포터〉의 광팬이라면 워너 브라더스 스튜디오(p.240 참조)와 옥스퍼드Oxford(p.249 참조)를 가야 한다. 영화 속 등장한 런던의 장소는 킹스 크로스역의 9와 3/4 플랫폼과 밀레니엄 브리지다. 킹스 크로스역에는 마니아들을 위해 9와 3/4를 그대로 만들어 놓아 배경으로 사진을 찍을 수 있다. 일찍 가지 않으면 긴 줄을 서야 한다. 해리 포터 숍에서 몇 가지 소품과 함께 유료 사진 촬영도 해준다.

노팅 힐 Notting Hill

1999년에 나온 로맨틱 코미디 영화로 이 영화 때문에 노팅 힐은 런던 여행자들의 필수 코스가 된 적이 있었다. 윌리엄의 집으로 나온 파란 대문 집과 서점으로 나오는 노팅 힐 서점이 유명하다(p.155 지도 참조). 윌리엄이 안나의 영화 촬영 장소를 방문했을 때 배경으로 나온 아름다운 장소는 햄프스테드 히스의 켄우드 하우스다. 기자회견장에서 안나에게 프러포즈 했던 장소는 사보이 호텔이다.

어바웃 타임 About Time

시간을 되돌릴 수 있는 능력을 가진 팀이 첫눈에 반한 메리와 사귀기 위해 고군분투한다. 팀과 메리가 처음 만나게 된 어둠 속에서Dans Le Noir 식당 밖 촬영지인 메리의 집은 브릭 레인에 있다(**주소** 226 Brick Lane, London, E1 6SA)(p.221 지도 참조). 팀과 메리가 매일 다양한 모습으로 지나친 지하철역은 Maida Vale역이고 팀과 메리가 함께 살았던 집은 포토벨로 마켓에 있다(**주소** 102 Golborne Road, London, W10 5RZ).

브리짓 존스의 일기 Bridget Jones's Diary

브리짓의 집은 버로우 마켓 근처의 The Globe Tavern(**주소** 8 Bedale St, London SE1 9AL) 건물이다(p.182 지도 참조). 바로 옆의 버로우 마켓과 거리도 모든 편에 등장한다. 인권 변호사인 마크 다시와 함께 나왔던 왕립 재판소(p.158 지도 참조), 2편 오프닝에 나온 프림로즈 힐도 직접 볼 수 있다. 브리짓과 마크 다시가 헤어지는 장면이 촬영된 곳은 타워 브리지, 3편에서 출산에 임박한 브리짓을 마크 다시와 패트릭이 업고 지나가는 곳 역시 타워 브리지다.

러브 액츄얼리 Love Actually

매년 크리스마스 때마다 빠지지 않고 방영되는 영화다. 다양한 사람들의 이야기를 다룬 만큼 히스로 공항에서 사람들이 만나는 장면을 시작으로 런던 곳곳이 나온다. 줄리엣이 결혼식을 올리고 친구들이 비틀스의 〈All You Need Is Love〉 연주를 했던 곳은 그로스배너 교회Grosvenor Chapel(p.110 지도 참조), 앨런이 비서를 위한 목걸이를 사던 셀프리지스 백화점Selfridges(p.110 지도 참조), 다니엘과 아들이 사랑하는 사람에 대한 이야기를 나눴던 벤치, 마크의 작업실, 그리고 비록 내부는 세트장이지만 영국 총리의 관저인 다우닝가 10번지10 Downing Street(p.82 지도 참조)가 있다.

축구 팬들을 위한 여행
런던의 프리미어 리그

영국의 프리미어 리그는 상업적으로 가장 성공한 리그이며 유럽 리그 중에서도 인지도가 높다. 마니아층이 두터워 축구 경기를 즐기기 위해 영국여행을 오는 여행객도 많이 생기고 있다. 런던을 여행 중인 축구 팬들을 위해 런던이 연고지인 구단을 소개한다.

잉글랜드의 프리미어 리그 English Premier League(EPL)

스페인의 라리가, 이탈리아의 세리에A, 독일의 분데스리가와 함께 세계 4대 프로 축구 리그 중의 하나로 잉글랜드의 프로 축구 1부 리그를 가리킨다. 박지성이 한국인 최초로 2005년 프리미어 리그에 입단하여 큰 활약을 펼쳤고 2023년 현재는 황희찬과 손흥민이 있다. 지금까지 15명의 우리나라 선수들이 프리미어 리그에 진출했다. 총 20개 구단이 있으며 매년 8월 말부터 이듬해 5월까지 열리며 홈 앤드 어웨이 방식으로 팀당 38경기를 치른다. 최근 우승팀은 맨체스터 시티 FC이고, 최다 우승팀은 13회 우승을 한 맨체스터 유나이티드 FC이며, 그 외 아스널 FC, 첼시 FC, 리버풀 FC, 토트넘 홋스퍼 FC의 경기는 티켓을 구하기 힘들 정도로 인기 있다. 경기 관람을 하려면 프리미어 리그 홈페이지와 각 구단 홈페이지를 통해서 미리 티켓을 구입할 수 있다.

홈피 www.premierleague.com

울버햄튼의 황희찬 ©Wolverhampton

©Nathan Rogers on Unsplash

런던의 축구장

홈구장을 방문하고 싶은 축구 팬을 위해 런던이 연고지인 토트넘 홋스퍼 FC와 아스널 FC의 경기장을 소개한다. 투어는 현장에서도 가능하지만 홈경기가 있거나 간혹 시간이 변동되기도 하니 사전 예매 후 방문하자.

토트넘 홋스퍼 스타디움 Tottenham Hotspur Stadium : 토트넘 홋스퍼 FC

1882년에 창단한 구단으로 아스날과 함께 같은 런던 북부의 토트넘을 연고지로 하고 있다. 우리에게는 2015년에 입단한 손흥민이 활약하는 구단으로 잘 알려져 있다. 2019년 4월 기존의 홈구장을 리모델링해 새로 열었는데 62,062석으로 영국에서 3번째로 큰 규모다. 손흥민이 뛰는 경기를 관람하고 기념품을 사기 위해 많은 한국인들이 방문하고 있다.

©Tottenham Hotspur

주소 782 High Road, Tottenham, London N17 0BX
위치 **버스** 149, 259, 279, 349번 Tottenham Hotspur Football Club 정류장
오버그라운드 White Hart Lane역
운영 **투어** 10:30~16:00
스토어 월~토 09:30~17:30, 일 12:00~18:00 (※경기가 있는 날은 변동되니 홈페이지 확인 필수)
전화 034 4844 0102
홈피 www.tottenhamhotspur.com

토트넘의 손흥민 선수
©Tottenham Hotspur

에미레이트 스타디움 Emirates Stadium : 아스널 FC

아스널은 1886년에 창단되어 지금까지 명문 클럽을 유지하고 있다. 이곳 홈구장은 축구팬들의 성지가 되고 있다. 2006년에 신축한 6만 석 규모의 경기장으로 아랍에미레이트 항공사의 스폰서 계약 조건으로 구장 이름이 에미레이트가 되었다. 구단의 역사를 볼 수 있는 박물관이 있으며 기왕 이곳까지 온다면 홈페이지를 통해 다양하게 마련된 투어 중 하나를 선택해보자. 혼자서 셀프 오디오 가이드를 들으며 다닐 수도 있다.

©Antonia Elek on Unsplash

주소 Hornsey Road, London N7 7AJ
위치 튜브 Arsenal, Holloway Road역
운영 **투어** 여름 월~토 10:00~18:00, 일 10:00~16:00, 이외 시즌은 월~금 10:00~17:00, 토 09:30~18:00, 일 10:00~16:00 (※ 행사에 따라 문을 닫기도 하니 홈페이지 확인 필수)
전화 020 7619 5003
홈피 www.arsenal.com

Enjoy London

런던을 즐기는 가장 완벽한 방법

①

버킹엄 궁전에서 **트라팔가 광장**까지

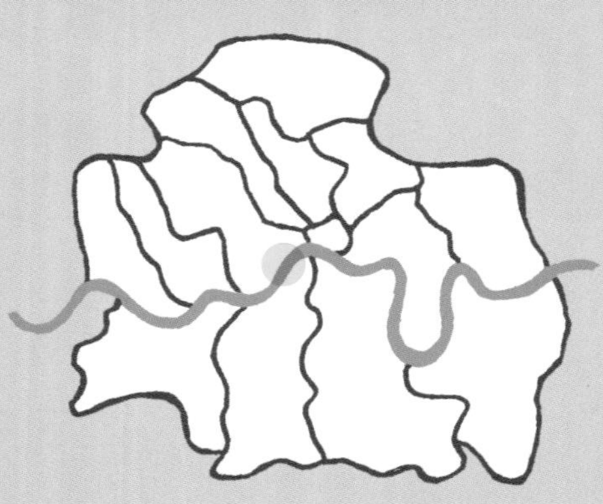

비가 내리지 않는 화창한 날씨에 돌아보기 좋은 루트다. 버킹엄 궁전 개방 기간이라면 09:30 오픈 시간에 맞춰 내부를 구경하고 개방 기간이 아니라면 로열 뮤를 추천한다. 11:00 근위병 교대식을 본 후, 세인트 제임스 파크 또는 빅토리아역 근처에서 점심식사를 한다. 이후에는 웨스트민스터 사원, 국회의사당, 테이트 브리튼 등 관심사에 따라 돌아보면 된다. ❶은 명소 위주의 루트(3.5km), ❷는 4km로 사진 찍기 좋은 루트이고 ❸은 2.4km로 가장 빠른 루트다. 비가 온다면 웨스트민스터 사원, 테이트 브리튼, 처칠 워 룸, 내셔널 갤러리 등 실내 관람을 하는 것을 추천한다.

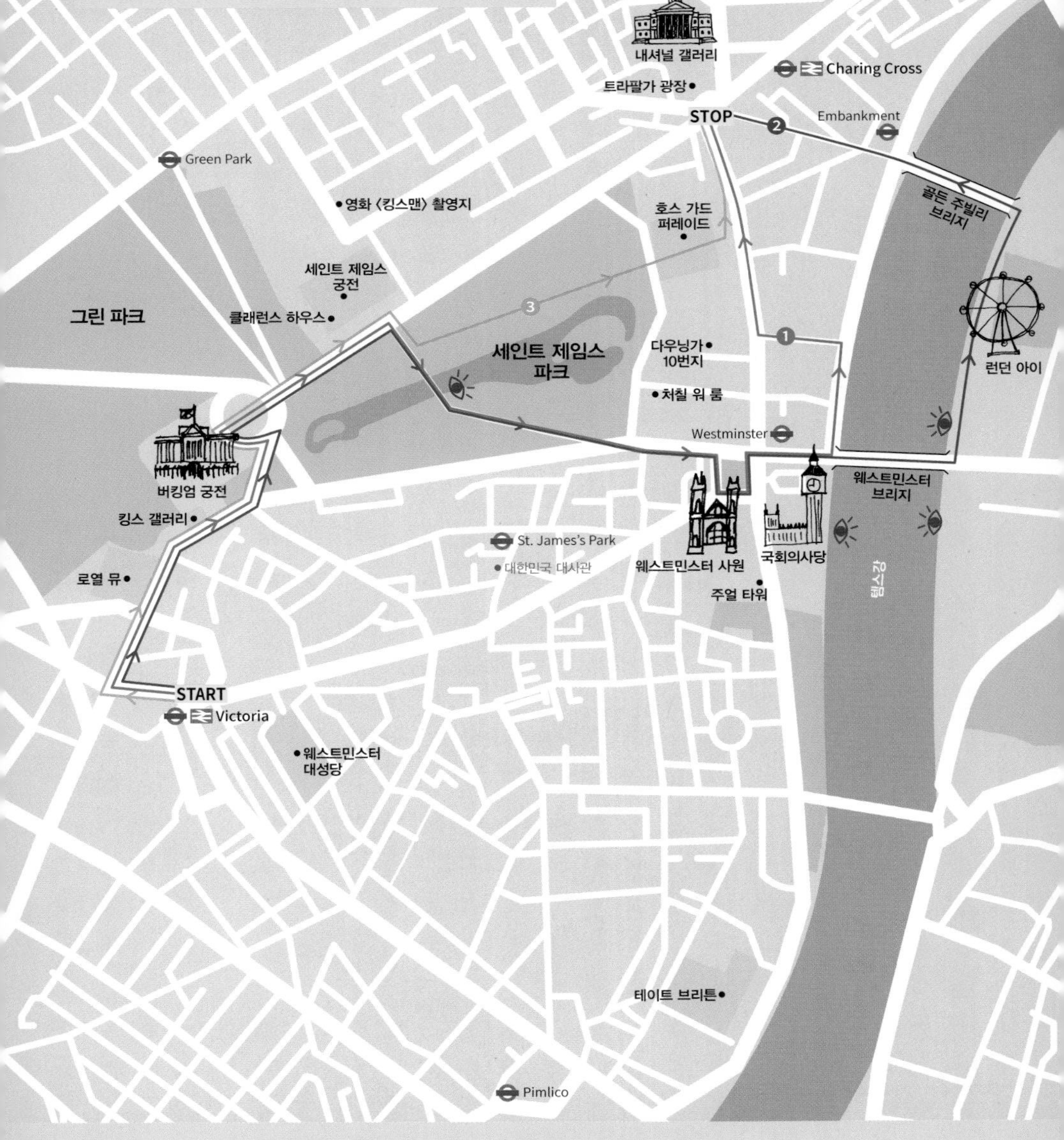

내셔널 갤러리
Charing Cross
트라팔가 광장
STOP
Embankment
Green Park
영화 〈킹스맨〉 촬영지
호스 가드 퍼레이드
골든 주빌리 브리지
세인트 제임스 궁전
그린 파크
클래런스 하우스
세인트 제임스 파크
다우닝가 10번지
런던 아이
처칠 워 룸
Westminster
버킹엄 궁전
웨스트민스터 브리지
킹스 갤러리
St. James's Park
대한민국 대사관
웨스트민스터 사원
국회의사당
로열 뮤
템스강
주얼 타워
START
Victoria
웨스트민스터 대성당
테이트 브리튼
Pimlico

웨스트민스터 지역
N
Piccadilly Circus
(지하)
요리 Yori
TESCO
조말론 Jo Malone
리뎀션 커피 로스터스 Redeption Coffee Rosters
포트넘 앤 메이슨 Fortnum & Mason
Sainsbury's
허 메저스티 극장 (뮤지컬 〈오페라의 유령〉)
TESCO
Piccadilly
세인트 제임스 스퀘어 St James's Square
M&S
더 리츠 런던 The Ritz
St. James's Street
Green Park
Pall Mall
록 앤 코(《킹스맨》 촬영지) Lock & Co.
Piccadilly
세인트 제임스 궁전 St James's Palace
바이런 동상
포시즌스 호텔 Four Seasons Hotel
그린 파크 Green Park
클래런스 하우스 Clarence House
Tha Mall
세인트 제임스 카페 St. James's Cafe
인터콘티넨탈 런던 파크 레인 Intercontinental London Park Lane
세인트 제임스 파크 St. James's Park
Constitution Hill
빅토리아 기념비 Victoria Memorial
버킹엄 궁전 Buckingham Palace
Grosvenor Place
Birdcage Walk
입구
입구
킹스 갤러리 The King's Gallery
난도스
지지
와가마마
파이브 가이즈
록시땅
액세서라이즈
클락스
자라
부츠
버킹엄 암스 Buckingham Arms
버킹엄 궁전 기념품점 Buckingham Palace Shop
로열 뮤 기념품점 Royal Mews Shop
St. James's Park
허브 바이 프리미어 인 Hub by Premier Inn
로열 뮤 The Royal Mews
입구
Buckingham Gate
위타드 Wittard
올 앤 스틴
프랑코 만카
크로스타운 도넛
셰이크 쉑
노트 커피 로스터스 앤 바
더 잉글리시 로즈 카페 The English Rose Cafe
대한민국 대사관
더 앨버트 The Albert
Victoria Street
피자 필그림 Pizza Pilgrims
카디널 플레이스 Cardinal Place
M&S
노바 빅토리아 Nova Victoria
허밍버드 베이커리 The Hummingbird Bakery
빅토리아 팔라스 극장
부츠
카페 누보 Cafe Nuvo
더 래핑 할리버트 The Laughing Halibut
Eaton Square
리틀 벤 시계탑 Little Ben
Buckingham Palace Road
M&S
아폴로 빅토리아 극장
웨스트민스터 대성당 Westminster Cathedral
와사비
웨더스푼
러쉬
부츠
빅토리아역 Victoria Station
라임 오렌지(한식) Lime Orange
Sainsbury's
B+B 벨그라비아 B+B Belgravia
Ebury Street
푸알란 Poilâne
빅토리아 팰리스 Victoria Palace
리젠시 커피 Regency Coffee
난도스
파리세리 발레리
Sainsbury's
Sainsbury's
그린라인 코치역 Greenline Coach Station
빅토리아 코치 스테이션 Victoria Coach Station
시프레시 Seafresh
Vauxhall Bridge Road
베스트 웨스턴 빅토리아 팰리스 Best Western Victoria Palace

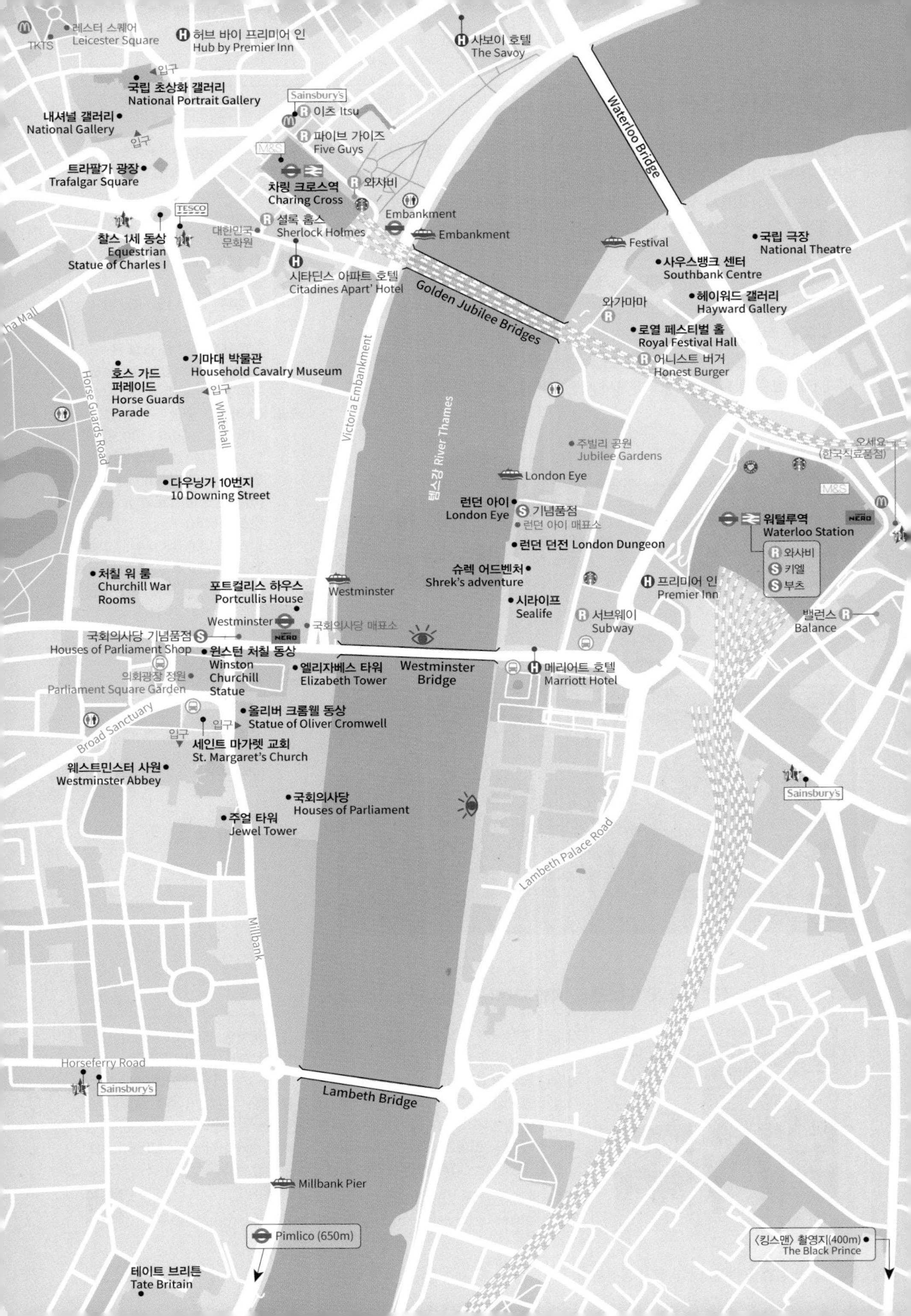

레스터 스퀘어
Leicester Square
TKTS
허브 바이 프리미어 인
Hub by Premier Inn
사보이 호텔
The Savoy
입구
국립 초상화 갤러리
National Portrait Gallery
Sainsbury's
이츠 Itsu
내셔널 갤러리
National Gallery
입구
파이브 가이즈
Five Guys
M&S
Waterloo Bridge
트라팔가 광장
Trafalgar Square
차링 크로스역
Charing Cross
와사비
TESCO
Embankment
셜록 홈스
Sherlock Holmes
대한민국 문화원
Embankment
Festival
국립 극장
National Theatre
찰스 1세 동상
Equestrian
Statue of Charles I
시타딘스 아파트 호텔
Citadines Apart' Hotel
사우스뱅크 센터
Southbank Centre
Golden Jubilee Bridges
와가마마
헤이워드 갤러리
Hayward Gallery
로열 페스티벌 홀
Royal Festival Hall
어니스트 버거
Honest Burger
기마대 박물관
Household Cavalry Museum
호스 가드 퍼레이드
Horse Guards Parade
입구
Horse Guards Road
Whitehall
Victoria Embankment
템스강 River Thames
주빌리 공원
Jubilee Gardens
오세요 (한국식료품점)
다우닝가 10번지
10 Downing Street
London Eye
M&S
런던 아이
London Eye
기념품점
런던 아이 매표소
워털루역
Waterloo Station
런던 던전 London Dungeon
처칠 워 룸
Churchill War Rooms
포트컬리스 하우스
Portcullis House
Westminster
슈렉 어드벤처
Shrek's adventure
프리미어 인
Premier Inn
와사비
카엘
부츠
시라이프
Sealife
Westminster
서브웨이
Subway
밸런스
Balance
국회의사당 매표소
국회의사당 기념품점
Houses of Parliament Shop
윈스턴 처칠 동상
Winston Churchill Statue
엘리자베스 타워
Elizabeth Tower
Westminster Bridge
메리어트 호텔
Marriott Hotel
의회광장 정원
Parliament Square Garden
Broad Sanctuary
입구
올리버 크롬웰 동상
Statue of Oliver Cromwell
입구
세인트 마가렛 교회
St. Margaret's Church
웨스트민스터 사원
Westminster Abbey
Sainsbury's
국회의사당
Houses of Parliament
주얼 타워
Jewel Tower
Lambeth Palace Road
Millbank
Horseferry Road
Sainsbury's
Lambeth Bridge
Millbank Pier
Pimlico (650m)
〈킹스맨〉 촬영지(400m)
The Black Prince
테이트 브리튼
Tate Britain

★★★

GPS 51.501424, -0.141880

버킹엄 궁전 Buckingham Palace

버킹엄 궁전은 1837년 빅토리아 여왕Queen Victoria 때부터 영국 왕과 가족들의 공식 거주지와 사무실로 사용되고 있다. 나라의 중요한 손님이나 국빈 방문 시 이곳에서 맞는데 우리나라의 고(故) 노무현 대통령과 박근혜 전 대통령이 국빈으로 초대되었다. 왕이 궁전에 머물 때에는 건물 중앙의 로열 스탠더드The Royal Standard에 깃발이 나부낀다. 궁전 내부는 왕이 정기적으로 스코틀랜드에서 지내는 7월 말부터 약 2달간 개방된다. 버킹엄 궁전은 크게 궁전 내부인 스테이트 룸State Room과 정원, 주변에 왕실 소유의 예술 작품들을 전시한 킹스 갤러리, 그리고 왕실의 마차들을 전시한 로열 뮤로 구성된다. 각각의 입장권을 사는 것보다 통합 티켓이 저렴하며 아래 QR 코드를 통해 홈페이지에서 사전 예약한 후에 방문할 수 있다.

주소 Buckingham Palace, London, SW1A1 AA
위치 **튜브** Victoria, Green Park, Hyde Park Corner역
기차 Victoria역
버스 11, 211, C1, C10번
운영 **궁전의 내부**
2024년 7월 11일~8월 말
09:30~19:30(입장 마감 17:15)
2024년 9월 1일~9월 말
09:30~18:30(입장 마감 16:15)
휴무 화·수요일
요금 **❶ 버킹엄 궁전**
일반 £32, 18~24세 £20.50, 5~17세 £16.00, 5세 미만 무료
❷ Royal Day Out (버킹엄 궁전 & 로열 뮤 & 킹스 갤러리)
일반 £61.20, 18~24세 £39.10, 5~17세 £30.60, 5세 미만 무료
(※ 당일 현장 구매 시 구입도 거의 불가능하지만 가격도 £1~3 더 비싸니 반드시 예약하자)
전화 0303 123 7300
홈피 www.rct.uk/visit/buckingham-palace
예약

Tip | 버킹엄 궁전 안을 못 본다면, 근위병 교대식(Changing the Guard)

버킹엄 궁전에서 가장 인기 있는 구경거리다. 근위병들은 세인트 제임스 궁전St James's Palace과 웰링턴 배럭Wellington Barracks에서 10시 30분에 행진을 시작해 버킹엄 궁전에 11시에 도착한다. 교대식은 11시부터 45분간 진행된다. 잘 보이는 자리를 원한다면(빅토리아 메모리얼 앞 또는 궁전 입구 바로 옆) 최소 1시간 전에 가는 것이 좋은데 그늘이 없기 때문에 여름 시즌에는 일사병에 주의해야 한다. 날씨에 따라 행사 15분 전 취소 여부를 알려주니 아래 홈페이지에서 체크하자. 마지막 15분 동안에는 007 영화 주제곡 등 영국과 관련된 음악을 연주한다.

운영 월·수·금·일
홈피 householddivision.org.uk/changing-the-guard-calendar

more & more **궁전의 주인 찰스 3세와 윈저 가문**

엘리자베스 2세Elizabeth II가 2022년 9월 사망함에 따라 2023년 5월 6일 찰스 3세Charles III와 카밀라Camilla가 웨스트민스터 사원에서 대관식을 치르며 영국의 왕과 왕비가 되었다. 1953년 엘리자베스 2세 이후 70년 만에 열린 대관식이자 유럽에서 21세기에 열린 최초의 대관식으로 기록됐다. 찰스 3세는 고(故) 다이애나 공작 부인 사이에 윌리엄 왕자와 해리 왕자를 낳았다. 윌리엄 왕자와 케이트 미들턴이 2011년에 결혼식을 올리고 세 자녀가, 2018년에는 해리 왕자와 미국 출신 메건 마클이 결혼해 2명의 자녀가 있다.

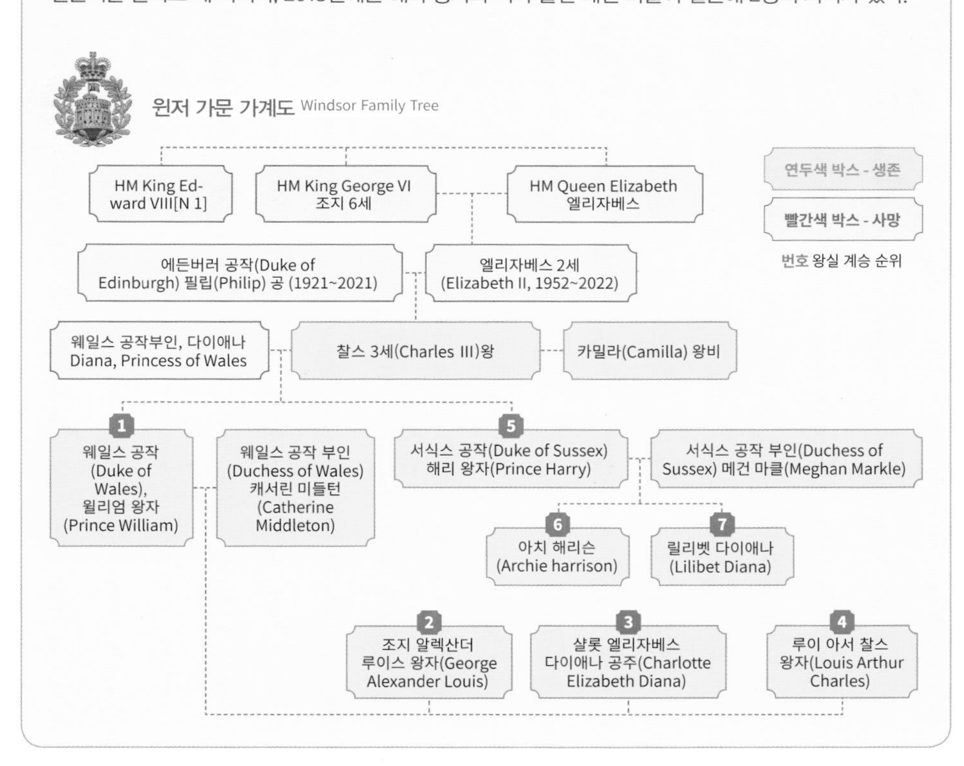

▶▶ 왕실 공식 기념품점

찻잔, 옷, 인형, 쿠키, 차, 문구류, 열쇠고리 등 영국 왕실의 공식 기념품을 살 수 있는 곳이다. 왕실 공식 기념품점은 버킹엄 궁전, 킹스 갤러리, 로열 뮤 내부와 버킹엄 궁전 로드 숍까지 런던 내에 총 4곳이다. 입장료를 내지 않고 들어갈 수 있는 상점은 로열 뮤와 버킹엄 궁전 로드 숍이다. 왕실 공식 기념품의 가격은 일반 기념품보다 두 배 이상 비싼 편이나 품질이 좋아 기념품으로 추천한다.

버킹엄 궁전 로드 숍 (Buckingham Palace Road Shop)
주소 7 Buckingham Palace Road, London, SW1W 0PP
운영 10:00~17:30
홈피 www.royalcollectionshop.co.uk

more & more 버킹엄 궁전 제대로 보기!

정원에서 바라보는 버킹엄 궁전

궁전의 외부, 정원과 테라스

약 5만 평의 정원으로 런던의 개인 정원 중 가장 넓다. 1년에 3번 정도 가든 파티가 열리는데 회당 약 3천여 명이 초대된다. 궁전 내부 관람 후 테라스로 나가면 간단한 음식과 음료를 판매하는 가든 카페Garden Café가 있고, 800m 거리에 있는 출구까지 가는 길에 왕실 기념품점과 화장실이 있다. 유일하게 궁전에서 사진 촬영이 가능한 곳이다.

버킹엄 궁전의 역사

궁전 건물은 버킹엄 공작 존 셰필드John Sheffield의 저택으로 1703년에 만들어졌다. 버킹엄 하우스Buckingham House라 불리었다. 1761년 조지 3세George III가 샬롯 왕비Queen Charlotte를 위해 구입하면서 왕실 건물이 됐다. 조지 4세George IV는 왕위에 오르자 건물을 궁전으로 사용하기 위해 대대적인 공사를 시작했다. 존 내시John Nash가 공사를 맡았으나 끝났을 때는 이미 조지 4세가 사망한 뒤였다. 궁전 디자인의 평판과 하자 문제로 존 내시는 해고되고, 1830년부터 에드워드 블로어Edward Blore가 궁전 보수 작업을 맡았고 1837년 빅토리아 여왕Queen Victoria이 즉위하면서 왕의 주거지로 사용되기 시작해 오늘날까지 이어지고 있다. 제2차 세계대전 때 왕실 예배당 등이 파괴되기도 했고, 1913년에는 애스톤 웹Aston Webb에 의해 리모델링 됐다.

궁전의 내부

궁전의 방은 모두 775개로 19개의 스테이트 룸과 52개의 왕실, 손님용 침실, 188개의 직원 침실, 92개의 사무실, 78개의 화장실 등이 있다. 이 중 하이라이트는 여왕의 알현실이고, 무도회장은 왕실의 음악회나 공연 장소로 이용된다. 궁전 안에는 반 다이크, 카날레토의 그림들과 카노바의 조각, 세브레스Sèvres의 도자기 등 수집품들을 볼 수 있다. 모두 돌아보는 데 2시간~2시간 30분을 예상해야 한다. 홈페이지에서 사전에 예약하는 것을 추천하며 예약 시간에 맞춰 입구에 도착해야 한다. 내부에서는 사진 촬영이 금지된다. 궁전 내부와 로열 뮤, 킹스 갤러리 3곳을 모두 돌아볼 경우 최소 4시간 30분~5시간이 소요된다. 11:00에 근위병 교대식을 본 후 킹스 갤러리(12:00) → 로열 뮤(13:15) → 스테이트 룸(14:15) → 관람 완료(16:30)를 예상하면 된다.

가든 카페

버킹엄 궁전 내부 둘러보기

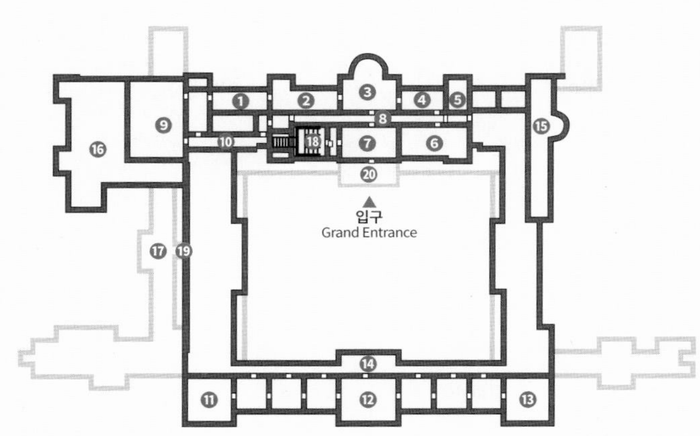

2층 1층

❶ 응접실 State Dining Room
❷ 푸른 응접실 Blue Drawing Room
❸ 음악의 방 Music Room
❹ 하얀 응접실 White Drawing Room
❺ 왕의 옷장 Royal Closet
❻ 알현실 Throne Room
❼ 녹색 응접실 Green Drawing Room
❽ 회화 갤러리 Picture Gallery
❾ 무도회장 Ballroom
❿ 동쪽 갤러리 East Gallery
⓫ 노란 응접실 Yellow Drawing Room
⓬ 발코니 룸 Centre/Balcony Room
⓭ 중국식 오찬 룸 Chinese Luncheon Room
⓮ 회랑 Principal Corridor
⓯ 개인 거주지 Private Apartments
⓰ 만찬장 Ball Supper Room
⓱ 서비스 지역 Service Areas
⓲ 입구 계단 The Grand Staircase
⓳ 대사의 입구 Ambassador's Entrance
⓴ 그랜드 홀 Grand Hall

❷ 푸른 응접실

1856년 조지 4세가 연회장으로 만든 방이다. 빅토리아 여왕 때 연회장을 새로 만들면서 지금은 오찬 파티나 외교 행사 전에 특별한 손님을 모시는 장소로 사용된다. 아메리카 대륙의 선물들이 전시되어 있다.

❸ 음악의 방

엘리자베스 여왕의 네 자녀들이 영국국교회의 주교로부터 세례를 받았던 방이다. 고 다이애나 왕비의 사진과 왕세손들의 개인 소장품들이 전시되어 있다. 로열 가든 파티Royal Garden Parties에 초대된 손님들이 파티 전에 머무는 장소로 쓰인다.

❹ 하얀 응접실

붉은 카펫과 황금색으로 꾸며진 화려한 방으로 조지 5세George V와 메리 여왕Queen Mary의 초상화가 걸려 있다. 여왕과 왕실 사람들이 주요 행사 전에 모이는 장소 등 다용도로 사용되며 응접실 중 가장 크다.

❻ 알현실

붉은색과 황금 장식으로 꾸며진 방으로 중요한 왕실 행사가 열린다. 과거에는 엘리자베스 여왕과 필립 공의 이니셜이 적힌 핑크색 왕좌가 중앙에 자리해 있었지만 지금은 찰스 3세 왕과 카밀라 여왕의 이니셜로 바뀌었다. 엘리자베스 2세 여왕의 주빌리 행사가 열렸고, 왕가의 결혼식 기념촬영을 하는 곳이다.

❽ 회화 갤러리

47m 길이의 방에 17세기까지의 회화 작품들이 수집되어 있다. 대표적인 화가로 레오나르도 다 빈치Leonardo da Vinci, 티치아노Tiziano, 루벤스Rubens, 뒤러Dürer, 반 다이크Van Dyck, 베르메르Vermeer 등의 작품을 감상할 수 있다. 촬영은 불가능하나 홈페이지에서 작품을 볼 수 있다(www.rct.uk/collection).

❾ 무도회장

빅토리아 여왕 시절에 1855년 크림 전쟁이 끝난 것을 기념하며 지었다. 무도회장은 아시아와 중동 지역의 선물들로 꾸며져 있다.

영어, 일어, 중국어 등의 오디오 가이드가 제공된다(한국어 없음)

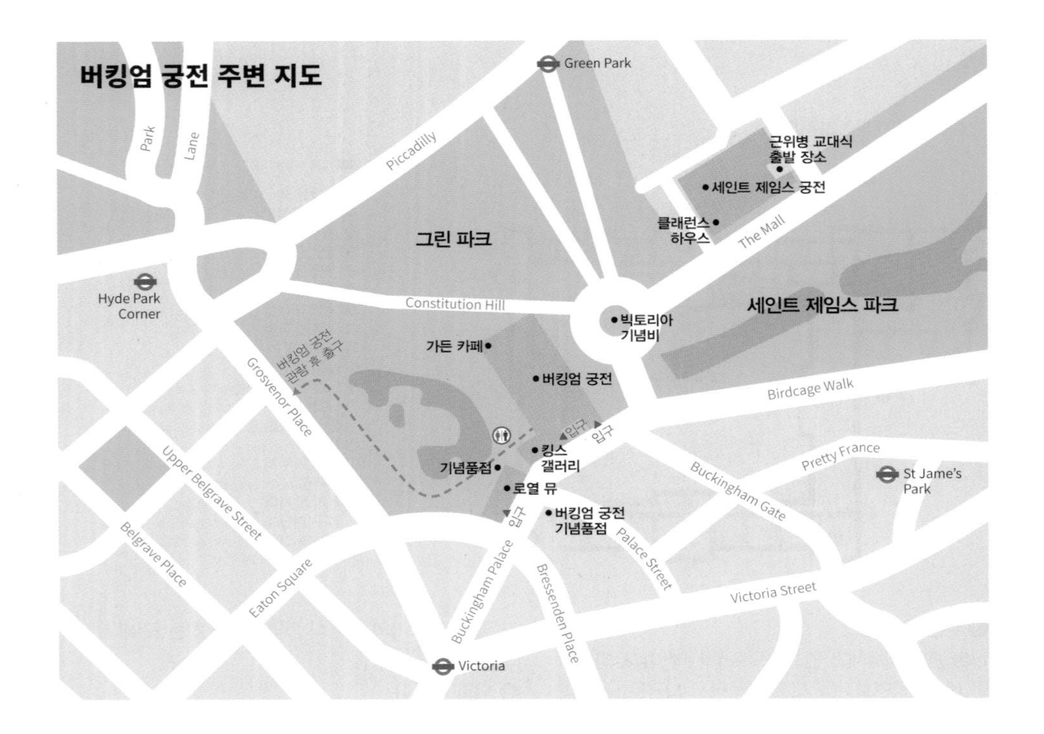

★★☆

GPS 51.499777, -0.142495

킹스 갤러리 King's Gallery

영국 왕실이 소장한 예술 작품을 모아놓은 곳으로 존 내시가 설계했다. 제2차 세계대전 때 파괴된 왕실 예배당 자리에 세워졌다. 갤러리 안에는 역대 왕과 왕비 등 왕실가가 500년간 개인 취향으로 수집한 회화, 조각, 도자기, 시계, 보석, 가구, 책 등의 소장품이 있다. 시간에 따라 관람 인원 수가 한정되어 있어 성수기라면 사전 예매는 필수다. 오디오 가이드 포함, 관람 소요 시간은 1시간 15분 정도 예상해야 한다.

주소 The King's Gallery, Buckingham Palace, London, SW1A 1AA
운영 **4월 1일~10월 31일** 09:30~17:30(입장 마감 16:15) **11월 1일~3월 31일** 09:30~16:30(입장 마감 15:30) **휴무** 화·토요일
요금 (전시에 따라) 일반 £19.00, 18~24세 £12.00, 5~17세 £9.50, 5세 미만 무료
홈피 www.rct.uk/visit/the-kings-gallery-buckingham-palace

★★☆

GPS 51.498789, -0.144611

로열 뮤 Royal Mews

왕실의 주요 운송 수단인 말과 마차, 자동차 등을 전시해 놓은 곳이다. TV에서 보아온 왕실 마차와 자동차들을 볼 수 있다. 이곳의 하이라이트는 1821년 조지 4세 때부터 대관식에서 사용해 온 황금 마차Gold State Coach로, 마지막 전시관에 있으니 이를 놓치지 말자. 마구간 맞은편에서는 하루 7번 45분간 진행되는 무료 가이드 투어를 들을 수 있으며 내부에서 사진 촬영이 가능하다. 관람에는 1시간이 소요된다.

주소 The Royal Mews, Buckingham Palace, London, SW1W 1QH
운영 **3월 1일~11월 3일**
월·목~일 10:00~17:00
(입장 마감 16:00)
휴무 화·수요일
(※시즌별 상이, 홈페이지 확인)
요금 일반 £17, 18~24세 £11, 5~17세 £8.5, 5세 미만 무료

우리나라 대통령들이 탄 마차
1762년에 제작된 4명의 트리톤이 이끄는 황금 마차

입구

★☆☆

GPS 51.504172, -0.138506

클래런스 하우스 Clarence House

영국 왕실의 저택으로 존 내시가 설계해 1825~1827년에 지어졌다. 클래런스 공작 윌리엄 4세William IV가 1830년 왕위를 계승하기 전까지 살았던 저택이어서 클래런스 하우스라는 이름이 붙었다. 1953~2002년 엘리자베스 여왕이 거처하였으며, 2003년부터는 찰스 3세 왕과 카밀라 왕비가 살고 있으며 버킹엄 궁전의 공사가 마무리될 때까지 머물 예정이다. 현재는 관람이 불가하다.

주소 Clarence House, St. James's Palace, London, SW1 1BA
위치 튜브 Green Park역

★★★

웨스트민스터 사원 Westminster Abbey

웨스트민스터 성공회 대성당으로 웨스트민스터 로마 가톨릭 대성당과 구별하기 위해 '웨스트민스터 사원'이라 부른다. 960년 무렵 베네딕트 수도사들이 이곳에 작은 수도원을 지어 정착해 생활한 것이 시작이다. 에드워드Edward 왕에 의해 사도 성 베드로를 기리는 성당으로 증축됐고, 동쪽의 세인트 폴 대성당, 이스트민스터Eastminster와 구별하기 위해 웨스트민스터란 이름이 붙었다. 안타깝게도 에드워드 왕은 완공되던 해에 사망했다. 1066년 정복왕 윌리엄 1세William I 이후로 2023년 찰스 3세까지 40명의 왕들의 대관식과 엘리자베스 2세 여왕의 장례식이 열렸다.
현재의 웅장한 모습은 헨리 3세HenryIII 때 지어진 고딕 양식이다. 1550년 성공회 성당으로 바뀌어 왕실의 주요 행사를 치르는 곳이 됐다. 고 다이애나 왕세자비의 결혼식과 장례식이 열린 곳으로 잘 알려져 있으며 17명의 왕들과 영국 유명 인사들이 이곳에 잠들어 있다. 영국 문인들의 무덤과 기념비가 있는 '시인의 코너Poet's Corner'(화장실 가는 곳 바로 옆)를 놓치지 말자. 중정을 제외한 내부에서는 사진 촬영이 금지된다.
사원 내부에는 추가 입장료를 내고 들어가는 퀸즈 다이아몬드 주빌리 갤러리Queen's Diamond Jubilee Galleries가 있다. 이곳에 사원의 성물과 엘리자베스 1세Elizabeth I 등 역대 왕의 조각상 등이 전시되어 있다. 사원 앞의 세인트 마가렛 교회St. Margaret's Church는 무료로 입장 가능하다. 입구를 바라보고 양쪽으로 긴 줄이 서 있는데 왼쪽은 일반, 오른쪽은 런던 패스 소지자 줄이다. 한국어 설명서가 있으며 내부에서는 사진 촬영이 금지된다.

Tip | 셀라리움 카페 (Cellarium Cafe)

웨스트민스터 사원 지하에는 셀라리움 카페가 있다. 아침 식사로 풀 잉글리시 브렉퍼스트, 에그 베네딕트 등을 제공하고, 10시부터 비교적 저렴하게 크림 티와 애프터눈 티를 즐길 수 있다.

운영 월~금 08:00~16:00, 토 09:00~16:00 **휴무** 일요일 (※ 행사로 인해 닫을 때가 있으니 홈페이지를 참고하자)

주소 Westminster Abbey, 20 Dean's Yard, London, SW1P 3PA
위치 **튜브** St. James's Park, Westminster역
기차 Victoria역
운영 **웨스트민스터 사원**
월~금 09:30~15:30, 토 09:00~15:00 **휴무** 일요일
웨스트민스터 기념품 숍
월~토 09:15~18:25, 일 10:30~17:30
퀸즈 다이아몬드 주빌리 갤러리
월~금 10:00~15:00, 토 09:30~14:30 **휴무** 일요일
세인트 마가렛 교회
월~토 10:30~15:30 **휴무** 일요일
(※ 사원 상황에 따라 운영시간이 변동되니 방문일 홈페이지를 통해 확인하자)
요금 일반 £29, 65세 이상·학생 £26, 6~17세 £13, 5세 미만 무료, 가족(어른 1명&아이 1명) £29
퀸즈 다이아몬드 주빌리 갤러리 일반 £5, 17세 미만 무료(※ 오디오 가이드 포함, 한국어 없음)
홈피 westminster-abbey.org

성당지기 가이드 투어
20명 규모로 90분 동안 사원 곳곳을 설명해 주는 영어 투어다.
운영 월~토 10:30/11:00/11:30/14:00
전화 020 7654 4832
요금 £10

사원의 중정

more & more **웨스트민스터 사원에 잠든 유명 인사들과 시인의 코너**

찰스 디킨스

사원 안에는 영국의 공화정 수립에 기여한 올리버 크롬웰Oliver Cromwell, 물리학자이자 수학자인 아이작 뉴턴Isaac Newton, 의사이자 물리학자인 토머스 영Thomas Young, 진화론의 찰스 다윈Charles Darwin, 노예제 폐지와 도덕성 회복에 앞장선 윌리엄 윌버포스William Wilberforce, 배우 최초로 '경Sir' 칭호를 얻은 헨리 어빙Henry Irving 등이 잠들어 있다.

웨스트민스터 사원의 또 다른 명소는 바로 시인의 코너다. 원래 극작가나 시인, 작가들의 무덤으로 만들어진 곳은 아니었으나 근대 영시英詩의 아버지 제프리 초서Geoffrey Chaucer(17번)가 최초로 묻히고, 에드먼드 스펜서Edmund Spenser가 묻힌 후 전통이 되었다. 로버트 브라우닝Robert Browning, 새뮤얼 존슨Samuel Johnson, 찰스 디킨스Charles Dickens, 작곡가 헨델George Frederic Handel 등이 이곳에 잠들어 있다.

이곳에 묻히진 않았지만 기념비를 볼 수 있는 유명인들도 있다. 낭만주의 시인 바이런Baron Byron은 생전의 스캔들로 묻히진 못했지만 1969년 기념비가 세워졌고, 윌리엄 워즈워스William Wordsworth, 윌리엄 셰익스피어William Shakespeare(18번) 역시 스트랫퍼드 어폰 에이번Stratford Upon Avon의 홀리 트리니티 교회Holy Trinity Church에 묻혀 있지만 이곳에 기념비가 있다.

★★★　GPS 51.500555, -0.124316

국회의사당과 엘리자베스 타워 Houses of Parliament & Elizabeth Tower

국회의사당은 과거에 웨스트민스터 궁전Palace of Westminster이었던 곳으로 윌리엄 2세William II 가 짓기 시작했다. 1097년 웨스트민스터 홀Westminster Hall을 만든 이래로 1363년 성 스테판 예배당St. Stephen's Chapel이, 1365년에 주얼 타워가 세워지는 등 중세 시대부터 역대 왕들을 거치며 건물들이 덧대어졌다. 1834년 런던 대화재로 불에 탔고, 현재의 고딕 양식으로 대대적인 재건을 한 때가 1860년이다. 1940~1941년 제2차 세계대전 당시 공습으로 일부가 파괴되었다가 다시 복구됐다. 빅벤Big Ben이라 불리는 국회의사당의 시계탑은 96m 높이의 신고딕 양식으로 1859년에 지어졌으며 15분마다 종이 울린다. 엘리자베스 여왕의 다이아몬드 주빌리를 맞아 엘리자베스 타워로 이름이 바뀌었다. 국회의사당 전체를 카메라에 담으려면 템스강 건너편으로 가야 한다.

주소 Houses of Parliament, London, SW1A 0AA
위치 튜브 Westminster역
홈피 www.parliament.uk

의회 광장 공원에는 넬슨 만델라, 에이브러햄 링컨, 윈스턴 처칠 등 세계 정치인들의 동상이 세워져 있다

Tip | 국회의사당 무료 관람하기

1. 국회의사당의 Public Gallery에서는 상시 무료 전시회가 열리고 있으며 Cromwell Green 입구를 통해 누구나 들어갈 수 있다.
2. 매주 수요일 12시에 열리는 총리의 질의 응답 시간Prime Minister's Questions Time(PMQ)에 관람할 수 있는 무료방청권은 영국 거주자만 사전 신청 가능하나 외국인들도 방청 공간이 남아 있으면 관람할 수 있다.
3. 영국은 매년 특정일에 주요건축물들을 대중들에게 공개하는 오픈 하우스Open House를 열고 있다. 2024년은 9월 4~15일(10:00~17:00)에 개방된다.

★★☆　GPS 51.498511, -0.126419

주얼 타워 Jewel Tower

1365년, 금 · 은 · 보물들을 보관하기 위해 만든 건물이다. 약탈을 피하기 위해 두꺼운 돌과 창살로 튼튼하게 지어졌다. 이후에 웨스트민스터 궁전 벽과 연결시켰으나 현재는 주얼 타워만 남아 있다. 벽면에 이어졌던 흔적과 과거 궁궐터를 볼 수 있다.

주소 Abingdon Street, London, SW1P 3JX
위치 튜브 Westminster역
운영 **11월~3월** 토·일 10:00~16:00,
4월~9월 10:00~18:00, **10월** 10:00~17:00
휴무 1월 1일, 12월 24~26·31일
요금 일반 £5.90, 65세 이상·학생 £5, 5~17세 £3.10,
가족(어른 1명&아이 3명) £9,
(어른 2명&아이 3명) £14.90, 5세 미만 무료
전화 020 7222 2219
홈피 www.english-heritage.org.uk/visit/places/jewel-tower

more & more 국회의사당 투어

국회의사당은 영국의 민주주의를 엿볼 수 있는 장소다. 보통 외관만 보고 지나치지만 고풍스러운 내부를 돌아볼 수 있는 투어를 추천한다. 투어는 셀프 멀티미디어 투어, 90분간 진행되는 가이드 투어와 빅벤 투어 등이 있다. 아래 QR 코드를 통해 홈페이지에서 사전 예약하거나 전화로 예약하고 Portcullis House 매표소(**운영** 월~토 09:00~18:00, **위치** p.83 지도 참조)에서 입장권을 찾은 뒤 크롬웰 녹색 방문자 입구Cromwell Green Visitor Entrance로 들어가면 된다. 입구에는 올리버 크롬웰 동상이 서 있는데 올리버 크롬웰은 17세기 왕과 의회가 대립했던 청교도 혁명의 리더로 1649년 1월 30일 찰스 1세를 처형했다. 이후 영국 최초로 공화정이 실시되었으며 올리버 크롬웰은 대통령격인 호국경으로 취임한다. 크롬웰이 죽은 후 1688년 명예혁명으로 의회가 승리를 거두면서 입헌군주제 시대가 되었다.

입장 후에는 웨스트민스터 홀에서 피켓 앞에 줄을 서면 된다. 센트럴 로비Central Robby를 중심으로 붉은 소파가 있는 상원의 방House of Lords Chamber, 초록색 소파가 있는 하원의 방House of Commons Chamber, 역대 왕과 왕비들의 초상화가 전시된 왕자의 방Prince's Chamber, 넬슨제독의 죽음과 웰링턴과 블뤼허의 만남이 그려진 로열 갤러리Royal Gallery 등을 볼 수 있다. 대부분 사진 촬영이 금지되어 있다. 내부가 궁금하다면 홈페이지를 참고하자.

운영 09:20/10:00~16:30
(운영 간격 15~20분)

요금 **셀프 멀티미디어 투어(영어)**
일반·어른 1명 & 5~15세 1명 £26, 16~24세 £19, 5~15세 £9, 5세 미만 무료
90분 가이드 투어(영어)
일반 £33, 16~24세 £27, 5~15세 £17, 5세 미만 무료
빅벤 투어
엘리자베스 타워를 돌아보는 90분 투어로 시계 빅벤까지 334개의 계단을 올라가야 한다.
일반 £26, 11~15세 £11

전화 020 7219 4114

홈피 www.parliament.uk/visiting/visiting-and-tours

예약

Portcullis House(매표소)

투어 입장 줄

국회의사당 기념품

세인트 스테펜스 홀(St. Stephen's Hall)

★★☆

GPS 51.502491, -0.135102

세인트 제임스 파크 St. James's Park

웨스트민스터에 위치한 왕립 공원으로, 버킹엄 궁전과 호스 가드 퍼레이드를 잇는 더 몰The Mall 거리를 따라 위치한 23만m² 규모의 공원이다. 아이들을 위한 놀이터, 레스토랑, 스낵바가 있으며 블루 브리지Blue Bridge에서 바라보는 경관도 좋다. 매일 14:30~15:00는 펠리컨 먹이를 주는 시간이니 구경하러 가도 좋다. 볕이 좋은 날에는 간단한 샌드위치를 사서 점심을 먹는 직장인들을 볼 수 있다. 런더너들의 평화로운 분위기를 즐기기 가장 좋은 때는 여름철 주말 오후다.

주소 St. James's Park, London, SW1A2BJ
위치 **튜브** St. James's Park, Westminster역
버스 12, 87, 88, 159, 453번
운영 05:00~24:00
홈피 www.royalparks.org.uk/parks/st-jamess-park

공원은 사람들의 휴식처

more & more 영국의 정원이 궁금한다면? 왕실의 식물원 큐 가든(Kew Garden)

영국의 정원 사랑은 세계 어느 곳보다 유명하다. 그러니 왕실에서 가꾸는 정원이라면 말할 필요도 없을 것이다. 250년 역사를 간직한, 세계에서 가장 아름다운 식물원인 큐 가든은 2003년에 유네스코가 지정한 세계유산으로 등재되는 영예를 얻기도 하였다.
세계에서 가장 많은 식물(약 3만여 종)을 보유중이며 121ha(40만평) 규모에서 정성껏 관리하여 아이들은 물론 봄을 느끼고 싶은 사람이라면 누구나 사랑하는 장소일 것이다. 이곳에는 식물원뿐 아니라 식물을 테마로 한 그림이 전시된 마리안 노스 갤러리Marianne North Gallery, 붉은 벽돌로 지어진 규모가 작은 큐 궁전Kew Palace도 있다. 숲 전체 모습을 볼 수 있는 나무 위 트리톱 산책로Treetop Walkway도 꼭 올라가보자. 서머셋 하우스를 디자인한 건축가 윌리엄 체임버스William Chambers가 설계한 중국식 10층탑Chinese Pagoda은 큐 가든의 가장 대표적인 건축물이다. 튜브 Embankment역에서 Kew Gardens역까지 40분이 소요된다. 엄청난 규모이므로 지도를 꼭 챙기고, 꼬마열차Kew Explorer Train(**요금** 일반 £6.5, 4~15세 £2.5)를 이용해 관람해도 좋다.

주소 Royal Botanic Gardens, Kew, Richmond, Surrey TW9 3AB
위치 **튜브·기차** Kew Gardens역 **버스** 65번
운영 10:00~15:00/16:00/18:00 (※ 폐장 시간이 계절별로 다르니 홈페이지 확인 필수), **휴무** 12월 24·25일
요금 **2월~10월** 일반 £20~22, 4~15세 £5, 4세 미만 무료, **11월~1월** 일반 £12~14, 4~15세 £4, 4세 미만 무료 (※ 48시간 사전 예약 시 요금이며 당일 구매 시 £2 더 비싸다)
홈피 www.kew.org

Special Tour 1 런던의 왕립 공원 Royal Parks

런던에는 8개의 왕립 공원(하이드 파크Hyde Park, 리치몬드 파크Richmond Park, 리젠트 파크Regent's Park, 켄싱턴 가든Kensington Garden, 그리니치 파크Greenwich Park, 세인트 제임스 파크St. James's Park, 부쉬 파크Bushy Park, 그린 파크Green Park)이 있다. 이 중 런던의 3대 공원으로 꼽히는 곳은 그린 파크, 하이드 파크, 세인트 제임스 파크로 런던 여행자라면 한 곳 정도는 찾아가 공원의 분위기를 즐겨보는 것도 좋다.

홈피 www.royalparks.org.uk

런더너의 여유를 느껴보자! 덱 체어(Deck Chair)

런던의 왕립 공원에서는 1인용 간이 의자인 덱 체어를 대여해 준다. 공원에서 편안한 휴식을 즐기는 런더너가 되어보자!

요금 1시간 £3, 2시간 £4, 3시간 £5
홈피 www.parkdeckchairs.co.uk

① 하이드 파크

헨리 8세Henry VIII가 사슴과 멧돼지를 사냥하던 전용 사냥터로 1637년 대중들에게 공원으로 공개되었다. 1851년에는 박람회장으로 쓰였다. 현재 런던에서 가장 큰 공원이다. 약 142만m²로 런던의 허파 역할을 한다. 하이드 파크에 관한 자세한 정보는 p.147 참조.

주소 Hyde Park, London, W2 2UH
위치 튜브 Lancaster Gate, Marble Arch, Hyde Park Corner, Knightsbridge역
운영 05:00~24:00

② 그린 파크

8개의 왕립 공원 중에서 가장 작은 공원으로(그래도 19만m²) 과거에는 세인트 제임스 병원 근처에 있어 나환자들의 묘지로 사용되기도 했다. 지금은 버킹엄 궁전 바로 옆에 위치해 관광객들이 가장 많이 찾는 공원 중 하나다.

주소 Green Park, London, SW1A 2BJ
위치 튜브 Green Park, Hyde Park Corner역
운영 05:00~24:00

★★★

GPS 51.491082, -0.127810

테이트 브리튼 Tate Britain

영국 작가들의 작품에 관심이 있다면 1,500년간의 영국 예술품을 볼 수 있는 테이트 브리튼을 방문해 보자. 테이트 브리튼에서 가장 유명한 작품은 셰익스피어 작품 『햄릿』의 한 장면을 그린 존 에버렛 밀레이John Everett Millais의 〈오필리아Ophelia(1851~1852)〉다. 영국의 대표 화가라 할 수 있는 조지프 말로드 윌리엄 터너Joseph Mallord William Turner의 전시실만 11개 규모로 수많은 그의 작품을 감상할 수도 있다. 테이트 브리튼이 있는 핌리코Pimlico역 안의 벽화도 아름다우니 튜브를 이용해 찾아가 보는 것도 좋다.

주소 Tate Britain, Millbank, London, SW1P 4RG
위치 **튜브** Pimlico, Vauxhall역
기차 Vauxhall역
버스 87, 88, C10, 2, 36, 185, 436번
운영 10:00~18:00(입장 마감 17:30)
휴무 12월 24~26일
요금 무료(※ 기획 전시 유료)
전화 020 7887 8888
홈피 www.tate.org.uk

오필리아

Tip | 터너상 (Turner Prize)

테이트 브리튼이 1984년 제정한 50세 미만의 영국 미술가에게 수여하는 대표적인 현대 미술상이다. 매해 5월에 4명의 후보를 선정하고, 10~12월 초까지 테이트 브리튼에서 전시를 통해 최종 수상자를 결정한다. 현대 미술계에서 가장 권위 있는 상이면서 현대 미술의 대중화에도 큰 역할을 하고 있다.

more & more 테이트 브리튼에서 테이트 모던까지 보트로!

RB2는 테이트 브리튼(Millbank 선착장) ↔ 테이트 모던(Bankside 선착장)을 운행하는 우버 보트Uber Boat로 템스강 크루즈보다 저렴하게 크루즈를 타며 이동도 할 수 있는 실용적인 보트다. 테이트 브리튼에서 테이트 모던까지 이동 시간은 약 15~20분 정도이며 배 안에서는 간단한 차를 팔고, 와이파이 사용도 가능하다. 하루 동안 무한정으로 사용할 수 있는 자유이용권Roamer도 있지만, 편도가 실용적이다. 보트 티켓은 무인매표기나 어플 Uber Boat 또는 Uber로도 구입 가능하다.

Uber Boat by thames clippers

편도 (현금)	편도 (오이스터 · 컨택리스 카드)	편도 (트래블 카드 할인)
£9	1일 상한선 £8.5	£7.6

운영 월~금 10:05~17:53
토·일·공휴일 08:08~20:17
(운영 간격 30분)
요금 일반 왼쪽 표 참고,
5~15세 £4.50
(트래블 카드 할인 £4.15),
5세 미만 무료
홈피 www.thamesclippers.com

★★★

GPS 51.503340, -0.119601

런던 아이 London Eye

템스강변에 위치한 135m 높이의 대관람차다. 관람차에는 360도 조망 가능한 32개의 캡슐이 매달려 있다. 이곳에 관광객을 태우고 30분간 한 바퀴 돈다. 날씨가 좋을 때는 주변 40km까지 구경할 수 있다. 학생이라면 홈페이지를 통해 35% 할인 티켓을 구입할 수 있으며 성수기 긴 줄을 서기 싫다면 비싸지만 우선 탑승Fast Track 티켓을 구입하는 것을 추천한다. 런던 아이를 포함해 리버 크루즈River Cruise, 해양박물관 시라이프Sea Life, 마담 투소Madame Tussauds, 런던 던전London Dungeon, 슈렉 테마파크인 슈렉 어드벤처Shrek's Adventure 중 1~3가지를 선택해 관람하는 멀티-어트랙션 티켓은 20% 이상 할인된다.

주소 Riverside Building, County Hall, Westminster Bridge Road, London, SE1 7PB
위치 **튜브** Westminster, Embankment역
기차 Waterloo, Charing Cross역
버스 12, 159, 381, 453, C10번
운영 월~금 11:00~18:00,
토·일 10:00~20:30,
12월 24일 10:00~17:30,
12월 31일 10:00~15:00
휴무 12월 25일
(※ 시기별 상이, 홈페이지 참조)
요금 일반 £29~44(요일과 시간에 따라 상이, 우선 탑승 £50~),
2~16세 £26~31,
2세 미만 무료(※ 성·비수기·요일별 상이, 홈페이지 참조)
홈피 www.londoneye.com

★★☆

GPS 51.502508, -0.118602

런던 던전 London Dungeon

런던 역사상에 실제 있었던 잔인한 사건(희대의 살인마 잭 더 리퍼Jack the Ripper, 이발사 살인마 스위니 토드Sweeney Todd, 피의 메리Bloody Mary 등)이나 감옥, 마녀사냥, 고문 모습 등을 재현해 놓은 테마파크다. 단순히 구경만 하는 곳이 아니라 연기자들의 재연을 보고 놀이기구를 타기도 하는 90분 투어 형식이다. 여행자들보다 런더너들에게 더 인기인 곳으로 런던 아이, 마담 투소, 시라이프, 슈렉 어드벤처 등과 함께 패키지 구입 시 좀 더 저렴하다. 연휴에는 더 늦게까지 운영하니 홈페이지를 확인해 보자.

주소 Westminster Bridge Road, London, SE1 7PB
위치 **튜브** Westminster, Embankment역 **기차** Waterloo, Charing Cross역
버스 12, 159, 381, 453, C10번
운영 **성수기** 월·화·금·일 10:00~18:00, 수 11:00~18:00, 토 10:00~19:00
비수기 월~금 11:00~16:00, 토 10:00~18:00, 일 10:00~16:00
휴무 12월 25일
요금 일반 £26.50~, 5~15세 £22~ **홈피** www.thedungeons.com

Special Tour 2 그리니치 Greenwich

본초자오선

런던의 2존에 위치한 마을로 세계 시간의 표준이 된 GMT Greenwich Mean Time와 1675년 찰스 2세에 의해 만들어진 왕립 천문대가 자리한 곳이다. 주요한 볼거리로는 1869년에 만들어 중국과 인도 무역에 사용하다 현재는 박물관으로 사용되는 커티 삭Cutty Sark호와 그리니치 왕립 천문대Greenwich Royal Observatory가 있다. 천문학 센터Astronomy Centre, 관측소인 플램스티드 하우스Flamsteed House, 지구의 서경 · 동경을 나누는 본초자오선Meridian Line도 있고, 왕립 천문대 체험Historic Royal Observatory Experience, 플라네타륨 쇼Planetarium Show를 경험할 수 있다. 관측소 지붕에는 붉은색 시간 공Time Ball이 있는데 1833년부터 매일 12:55에 위로 올라갔다가 13:00에 정확하게 아래로 떨어진다. 천문대 아래쪽에는 1616년에 앤 왕비의 휴양소로 만든 여왕의 집Queen's House이, 그 바로 옆에는 세계에서 가장 큰 국립 해양 박물관National Maritime Museum 등이 있다. 홈페이지 예매 시 가장 저렴하며, 여러 곳을 둘러본다면 통합티켓을 추천한다.

위치 도클랜드 경전철DLR(※ 오이스터·트래블 카드 이용 시 가장 많이 할인되며 일반 티켓은 왕복으로 끊어야 교통비를 아낄 수 있다)을 이용해 커티 삭역에 내리거나, 템스강의 리버 버스 또는 시티 크루즈City Cruise를 이용해 그리니치 항구에 내려 걸어갈 수 있다. 도보 약 20분.
운영 그리니치 왕립 천문대·커티 삭 10:00~18:00, 여왕의 집·국립 해양 박물관 10:00~17:00 **휴무** 12월 24일~26일
요금 **천문학 센터·여왕의 집·국립 해양 박물관** 무료 **커티 삭** 일반 £20, 16~24세 £24, 4~15세 £10, 4세 미만 무료
왕립 천문대 체험 일반 £20, 16~24세 £24, 4~15세 £10, 4세 미만 무료
Royal Museums Greenwich Day Pass(커티 삭+왕립 천문대) 25세 이상 £30.00, 16~24세 £20.00, 4~15세 £15.00, 4세 미만 무료
홈피 www.rmg.co.uk

▶▶ 런던 아이에서 그리니치까지 보트로

런던 아이 이후의 루트에 관심이 없거나 그리니치를 방문할 예정이라면 저렴하게 템스강 크루즈를 즐기며 그리니치까지 가보는 것은 어떨까? 템스강의 대중교통 수단인 리버 버스는 템스강 크루즈보다 저렴하며 동시에 그리니치까지 보트를 타고 이동하는 특별함까지 맛볼 수 있다. 돌아올 때는 도클랜드 경전철을 타고 시내로 오거나 해가 진 이후라면 런던의 야경을 즐기며 같은 방법으로 와도 된다.

운영 **❶ 런던 아이 선착장 → 그리니치 선착장**
월~금 09:26~22:42, 토·일·공휴일 09:43~21:30 (운영 간격 15~30분)
❷ 그리니치 선착장 → 런던 아이 건너편 웨스트민스터 선착장 월~금 09:26~22:42, 토·일·공휴일 09:36~22:05(운영 간격 15~30분)
요금 일반 편도 £10.25, 트래블 카드 할인 £8.95, 학생·5~15세 일반의 50%, 5세 미만 무료
홈피 www.thamesclippers.com

★★☆

GPS 51.504937, -0.128099

호스 가드 퍼레이드와 기마대 박물관

Horse Guards Parade & Household Cavalry Museum

기마 근위병Cavalryman은 1661년 샤를 2세Charles II에 의해 만들어진 후 현재까지 영국 왕실을 보호하고 왕실 행사를 수행한다. 기병대는 영국 왕실을 수호하는 임무 외에도 국제 평화 유지 업무를 동시에 수행한다. 호스 가드 퍼레이드는 1750년에 지어진 (구)영국 육군 총사령부 안마당에서 진행하며 무료로 볼 수 있다. 여왕 친위대Queen's Life Guard의 세리머니는 월~일 11:00에 마당에서 30분간 열린다. 호스 가드 퍼레이드 내부에는 기마대 박물관이 있다. 아래는 기마대 박물관의 운영 시간과 입장료에 대한 정보다.

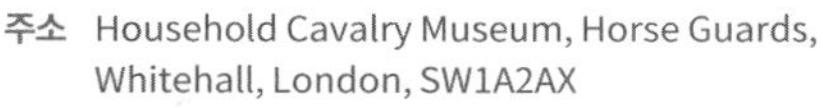

주소 Household Cavalry Museum, Horse Guards, Whitehall, London, SW1A2AX
위치 튜브 Charing Cross, Embankment, Westminster역
운영 **4~10월** 10:00~18:00(입장 마감 17:00)
11~3월 10:00~17:00(입장 마감 16:00)
휴무 마라톤의 날(2025년은 4월 27일), 성 금요일(2025년은 4월 25일), 12월 24~26일
요금 일반 £10, 5~16세 £8, 5세 미만 무료
전화 020 7930 3070
홈피 householdcavalrymuseum.co.uk

★★☆

GPS 51.503376, -0.127637

다우닝가 10번지 10 Downing Street

런던에서 가장 유명한 주소가 된 다우닝가 10번지는 1680년 조지 다우닝George Downing 경에 의해 지어졌다. 1732년 조지 2세George II가 영국 초대 수상 겸 재무장관이었던 로버트 월폴Robert Walpole에게 하사한 이후 영국 총리의 공식 관저가 됐다. 한때는 낡고 위험해져 방치되기도 했지만 영국 역사의 의미 있는 인물과 역사적 사건이 함께한 곳으로 재평가되며 기존 재료를 이용하여 재건축됐다. 평범한 거리에 자리한 작은 건물에 불과하지만 1985년 수상 마거릿 대처Margaret Thatcher는 '국가유산 중 가장 귀중한 보물 중 하나'라고 말하기도 했다.

입구에서 안으로 들어갈 수는 없다

주소 10 Downing Street, London, SW1A2AA
위치 튜브 Charing Cross, Embankment, Westminster역
홈피 www.number10.gov.uk

Tip | 영화 〈러브 액츄얼리〉 속 다우닝가 10번지

영국의 총리 역할을 한 주인공 휴 그랜트와 여주인공의 주요 에피소드가 다우닝가 10번지에서 촬영됐다. 관저 내부 모습을 볼 수 있어 흥미롭다.

★★☆

GPS 51.502178, -0.129368

처칠 워 룸 Churchill War Rooms

제2차 세계대전 당시 영국의 총리였던 윈스턴 처칠Winston Churchill은 공습을 피하기 위해 지하에 전시 내각의 방을 만들어 생활했다. 처칠 워 룸은 전시 내각의 방Cabinet War Rooms, 언더커버: 지하 벙커에서의 삶Undercover: Life in Churchill's Bunker, 처칠 박물관Churchill Museum 3곳으로 구성되어 있다. 전쟁 당시 회의했던 테이블, 주방과 통신실, 화장실, 침실 등 지하 벙커에서의 생활상과 제2차 세계대전의 과정을 꼼꼼하게 볼 수 있다. 처칠 박물관에는 당시에 입던 옷과 생활용품, 일기, 데드마스크 등이 있다. 지하에 있고 전쟁 당시를 느낄 수 있도록 내부가 어두워 폐소 공포증이 있다면 돌아보기 힘들 수도 있다. 전쟁을 설명한 안내판과 제2차 세계대전 영상과 기록들이 방대하기 때문에 관심 있는 사람은 여유 있게 시간을 배분하자. 짧게 돌아보기에는 입장료가 꽤 비싼 편이니 2차 세계대전 당시의 영국에 관심 있는 사람에게 추천한다.

전시 내각의 방

주소 Clive Steps, King Charles Street, London, SW1A 2AQ
위치 튜브 Westminster역
운영 09:30~18:00(입장 마감 17:00)
휴무 12월 24~26일
요금 일반 £32.00, 5~15세 £16.00, 65세 이상·학생 £28.80, 5세 미만 무료
전화 020 7416 5000
홈피 www.iwm.org.uk

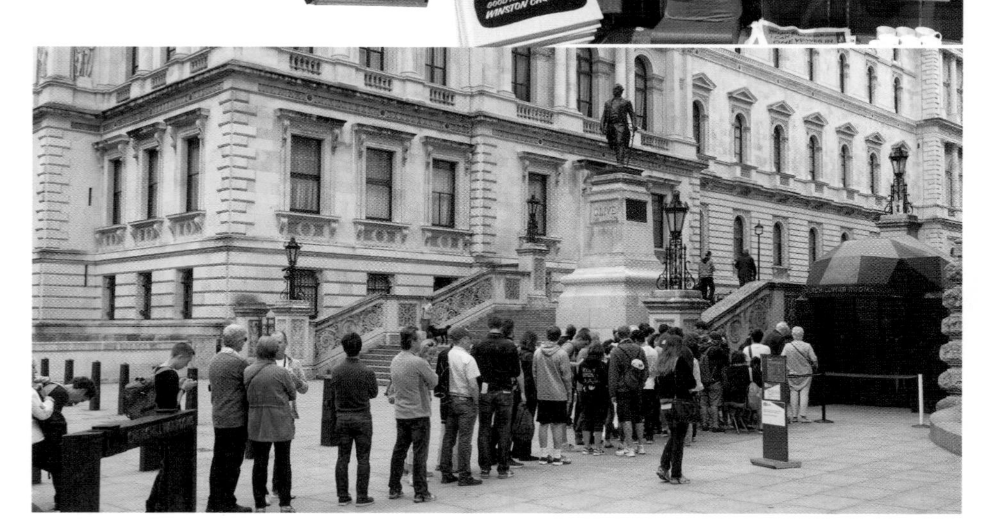

★★★

GPS 51.508057, -0.128044

트라팔가 광장 Trafalgar Square

내셔널 갤러리 앞에 펼쳐진 광장으로 과거에는 왕실 마구간 자리였다. 원래 광장의 이름은 '윌리엄 4세 광장'이었으나 건축가인 조지 리드웰 테일러George Ledwell Taylor의 제안으로 트라팔가 해전Battle of Trafalgar에서의 승리를 기념해 트라팔가 광장이 되었다. 중앙에는 1840~1843년에 세워진 넬슨 제독 기념탑이 있다. 광장은 1844년에 문을 열었다. 기념탑 주변의 청동사자상은 1867년에 세워졌다. 이곳은 친구와 연인들의 약속 장소로, 시위와 집회의 장소로, 또는 이벤트 장소로 많이 이용된다. 1947년부터 매년 크리스마스에는 제2차 세계대전 참전에 감사하는 뜻으로 노르웨이 오슬로에서 크리스마스트리를 제공하고 있다.

위치 **튜브** Charing Cross역
버스 9, 12, 15, 23, 87, 88, 91, 139, 159번

올리버 크롬웰에 의해 사형당한 찰스 1세의 동상

GPS 51.497396, -0.143187

프랑코 만카 Franco Manca

1983년 브릭스톤 마켓에서 시작해 수십 개의 체인점을 둔 이탈리안 화덕 피자 전문점이다. 큼직한 피자 한 판에 £7~12 정도로 가격도 착하고 맛도 좋아 1인 1피자에 콜라나 맥주를 겸해 유쾌한 식사를 즐길 수 있는 곳이다.

주소 7 Sir Simon Milton Square, Victoria Street, London, SW1E 5DJ
위치 튜브 Victoria역
운영 월~목·일 12:00~22:00, 금·토 12:00~23:00
요금 £~££
전화 020 3026 6327
홈피 www.francomanca.co.uk

GPS 51.497551, -0.140173

난도스 Nando's

포르투갈 스타일 치킨 요리 전문점이다. 런던에만 100여 개가 있는데 그중 카디널 플레이스에 입점한 깔끔한 분위기의 지점이다. 수많은 소스를 셀프로 가져다 먹으며 색다른 맛을 즐길 수 있다. 메뉴에는 다양한 치킨 요리와 구운 옥수수, 샐러드 등이 있다. 그중 우리 입맛에 맞는 매콤한 그릴 치킨인 페리페리 치킨을 추천한다.

주소 Cardinal Place, 17 Cardinal Walk, London, SW1E 5JE
위치 튜브 Victoria역
운영 11:30~22:00
요금 ££
전화 020 7828 0158 홈피 nandos.co.uk

more & more 쇼핑과 식사를 한번에! 카디널 플레이스와 노바 빅토리아

카디널 플레이스
노바 빅토리아의 셰이크 쉑 버거

버킹엄 궁전의 근위병 교대식을 보고 주변에서 브런치나 점심을 먹기에 좋은 곳으로 쇼핑 매장과 레스토랑이 밀집된 카디널 플레이스Cardinal Place와 빅토리아역 맞은편의 노바 빅토리아Nova Victoria를 추천한다.

카디널 플레이스에는 이탈리안 체인점 지지, 일본 음식 체인점 와가마마, 포르투갈 닭 요리 체인점 난도스, 파이브 가이즈, 이 외에도 프레타 망제와 같은 샌드위치 체인점이 있다.

노바 빅토리아에는 셰이크 쉑, 커피전문점 노트 커피 로스터스 앤 바Notes Coffee Roasters & Bar, 덴마크 베이커리 올 앤 스틴, 이탈리안 레스토랑 프랑코 만카, 일본 음식점 스틱스 앤 스시Sticks'n'Sushi, 크로스타운 도넛을 비롯해 다양한 음식을 판다.

GPS 51.495079, -0.144348

웨더스푼 Wetherspoons

1979년 첫 번째 펍이 문을 연 이후 현재 1,000여 개의 매장을 가진 영국과 아일랜드 최대의 펍 체인이다. 맛보다는 푸짐한 양과 저렴한 가격이 특징이다. 메인 메뉴에 음료를 포함한 가격이 £10 미만으로 부담 없는 식사가 가능하다.

주소 Unit 5, Victoria Station, London, SW1V 1JT
위치 튜브 Victoria역(기차역 내 2층)
운영 월~토 06:00~24:00, 일 08:00~23:00
요금 ££
전화 020 7931 0445
홈피 jdwetherspoon.com

GPS 51.497062, -0.143830

올 앤 스틴 Ole & Steen

덴마크에서 온 베이커리다. 오픈 이후 여행자들과 런더너들의 사랑을 듬뿍 받고 있다. 입구에서 번호표를 뽑고 직원이 번호를 부르면 주문하는 형식으로 새치기 당할 걱정이 없어 좋다. 모든 빵이 인기 있으니 취향에 맞는 빵과 커피를 주문해 보자.

주소 Unit 3, Nova South, 1 Sir Simon Milton Square, London, SW1E 5DJ
위치 튜브 Victoria역
운영 월~토 07:00~20:30, 일 08:00~19:00
요금 £ 전화 020 3908 8555
홈피 oleandsteen.co.uk

GPS 51.497301, -0.143860

크로스타운 도넛 Crosstown Doughnuts

고급스러운 도넛을 경험해 보고 싶다면 이곳을 방문해 보자. 도넛 하나 가격이 무려 £4대로 사악하지만 건강한 재료로 속을 채워 넣은 도넛을 맛볼 수 있다.

주소 14 Sir Simon Milton Square, London, SW1E 5DJ
위치 튜브 Victoria역
운영 월~목·토 09:30~20:00, 금 09:00~20:00, 일 09:30~19:00
요금 £ 전화 020 7821 0778
홈피 www.crosstowndoughnuts.com

GPS 51.493528, -0.141268

노트 커피 로스터스 앤 바 Notes Coffee Roasters & Bar

노바 빅토리아에 있는 커피 체인점으로 직접 로스팅한 원두를 이용해 커피를 내린다. 간단한 빵뿐만 아니라 브렉퍼스트, 다양한 재료를 활용한 올 데이 브런치를 4시까지 판매한다. 저녁 메뉴와 와인도 판다.

주소 10 Sir Simon Milton Square, London, SW1E 5DJ
위치 튜브 Victoria역
운영 월 07:30~16:00, 화~금 07:30~21:00, 토·일 10:00~17:00

GPS 51.496889, -0.144361

셰이크 쉑 Shake Shack

뉴욕에서 시작한 버거 체인점으로 국내에 들어왔을 때 한동안 줄 서서 먹는 진풍경을 연출하기도 했다. 부드러운 빵과 속재료들의 조화가 인기 비결이다. 런던에서는 국내보다 훨씬 여유 있게 주문할 수 있어 좋다. 북적이는 코벤트 가든 지점보다 넓고 쾌적한 빅토리아 노바 지점을 추천한다.

주소 172 Victoria Street, London, SW1E 5LB
위치 튜브 Victoria역
운영 월~목 · 일 11:00~24:00, 금 · 토 11:00~01:00
요금 £
전화 019 2355 5188
홈피 www.shakeshack.co.uk

GPS 51.496400, -0.142228

프레타 망제 Pret A Manger

런던에서 가장 많이 볼 수 있는 패스트푸드 카페 체인점이다. 수프, 샐러드, 샌드위치, 파니니와 다양한 음료가 비치되어 있다. 아침부터 점심, 저녁까지 부담 없이 앉아서 식사할 수 있는 것이 장점이다.

주소 Victoria Station, Unit 36B Wilton Rd, London, SW1V 1JU
위치 튜브 Victoria역
운영 월·화·목·금 06:00~21:00, 수 06:00~19:00, 토·일 06:00~20:00
요금 £
전화 020 7932 5318
홈피 pret.co.uk

GPS 51.501461, -0.111206

밸런스 Balance

런던 아이나 워털루 기차역을 이용할 때 들르기 좋은 카페 겸 식당이다. 아침 · 점심 식사를 하기에도, 간단한 빵과 커피를 함께하기에도 좋다. 특히 다양한 샐러드가 시선을 사로잡는데 식용 꽃이 들어간 샐러드가 특색 있다.

주소 42-43 Lower Marsh, London, SE1 7AB
위치 **튜브** Waterloo역
버스 59, 76번 **기차** Waterloo역
운영 월~금 07:30~18:00, 토 · 일 08:00~18:00
요금 ££
전화 020 3903 6983
홈피 www.balancekitchen.co.uk

©Hyun So Young

©Hyun So Young

추천

GPS 51.495431, -0.145055

와사비 Wasabi

2003년에 한국인이 만든 아시아 음식 체인점으로 비슷한 잇츠Itsu나 회전초밥집인 요 스시Yo! sushi보다 낫다(한국과 비슷한 초밥 수준을 기대해서는 안 된다). 메뉴로는 초밥, 덮밥, 카레, 국수, 샐러드 등이 있는데 추천할 만한 메뉴는 달콤 칠리 치킨Sweet Chilli Chicken, 돼지 불고기Pork Bulgogi, 연어 데리야키Salmon Teriyaki 등의 덮밥이다. 빅토리아역 내의 지점을 추천하나 런던 곳곳에서 쉽게 만날 수 있다.

주소 Unit 31, Victoria Station, Buckingham Palace Road, London, SW1V 1JU
위치 튜브 Victoria역(기차역 내 G층)
운영 월~금 10:00~23:00, 토 10:30~23:00, 일 10:00~22:00
요금 £
전화 020 7630 0311
홈피 www.wasabi.uk.com

GPS 51.492518, -0.140097

시프레시 Seafresh

빅토리아역 주변에서 피시 앤 칩스 메뉴를 찾고 있다면 이곳을 가장 추천한다. 대구Cod, 해덕대구Haddock, 광어Halibut, 가자미Plaice 단어를 참고해 주문하면 된다. 가장 추천할 만한 대표 메뉴는 대구튀김이나 비싼 광어튀김이다. 빅토리아역에서 걸어갈 만한 거리다.

주소 80-81 Wilton Road, London, SW1V 1DL
위치 튜브 Victoria역

운영 월~금 11:30~15:00/ 17:00~22:30, 토·일 11:30~22:30
요금 ££
전화 020 7828 0747
홈피 sfdining.co.uk

추천

GPS 51.496614, -0.133809

더 래핑 할리버트 The Laughing Halibut

세인트 제임스 파크역 근처 먹자골목인 스트러튼 그라운드Strutton Ground에 위치한 피시 앤 칩스 전문점이다. 런던의 피시 앤 칩스 맛집 순위에도 올랐다. 매장에서 먹는 것보다 테이크아웃 했을 때 더 저렴하다.

주소 38 Strutton Ground, London, SW1P 2HR
위치 튜브 St. James's Park역
운영 월~금 11:15~20:00, 토 11:15~16:00 **휴무** 일요일
요금 £
전화 020 7799 2844
홈피 laughinghalibut.com

GPS 51.497355, -0.144632

허밍버드 베이커리 Hummingbird Bakery

2004년에 오픈한 미국 스타일의 베이커리로 런던에 노팅 힐, 사우스 켄싱턴, 소호, 스피탈필즈 등 5개의 지점이 있다. 이 중 버킹엄 궁전 근처의 지점을 소개한다. 각종 케이크와 브라우니, 파이, 머핀 등이 있으며 특히 예쁜 모양의 컵케이크가 유명하다. 그중 '레드벨벳 컵케이크'는 크림치즈가 올라간 빨간색의 귀여운 모양과 달콤하고 촉촉한 감촉까지 단연 허밍버드의 베스트셀러 메뉴다. 단 것을 싫어하는 사람이라도 커피나 홍차와 함께 맛보길 권한다.

주소 40 Buckingham Palace Road, London, SW1W 0RE
위치 **튜브** Victoria역
버스 6, 13, 38, 52, 390번
운영 월~금·일 10:00~18:00, 토 10:00~18:30
요금 £
홈피 www.hummingbirdbakery. com

GPS 51.497712, -0.135588

더 앨버트 The Albert

모던한 빌딩 사이의 고풍스러운 외관이 눈길을 끄는 더 앨버트는 1862년에 세워진 대형 펍으로 태극기가 걸려있어 더 정겹다. 365일 영업하며 런던의 상징적인 전통 영국식 펍 중 한 곳이다. 다양한 음식(p.52 참고)과 맥주가 있어 든든한 한 끼를 즐길 수 있다. 음식 주문은 영업시간 30분~1시간 전에 마감하니 늦게 방문 시 주의해야 한다(대부분의 런던 펍은 마감 시간과 음식 주문 시간이 다르다).

주소 52 Victoria Street, London, SW1H 0NP
위치 튜브 Victoria역
운영 월~토 08:00~24:00, 일 08:00~22:30
요금 ££
전화 020 7222 5577
홈피 www.greeneking-pubs.co.uk/pubs/greater-london/albert

GPS 51.499213, -0.136821

버킹엄 암스 Buckingham Arms

버킹엄 궁전과 주변을 관광하다 식사할 곳을 찾는다면 이곳을 추천한다. 버킹엄 궁전에서 2분여 거리에 있으며 전통적인 빅토리아 양식의 건물에서 영국 에일 맥주와 펍 음식을 즐길 수 있다.

주소 62 Petty France, Westminster, SW1H 9EU
위치 튜브 St. James's Park역
운영 월~토 11:00~23:00, 일 12:00~18:00
요금 ££
전화 020 7222 3386
홈피 www.buckinghamarms.com

GPS 51.503971, -0.131682

세인트 제임스 카페 St. James's Café

버킹엄 궁전 주변 관광을 마치고 세인트 제임스 파크에서 잠시 쉬어갈 예정이라면 이곳을 기억해 두자. 아름다운 공원과 조화를 이루는 목조 건물에 자리한 카페 겸 레스토랑이다. 호수를 바라보며 영국식 풀 브렉퍼스트Full Breakfast를 즐겨보는 것도 좋다.

주소 St. James's Park, London, SW1A 2BJ
위치 튜브 Charing Cross역
운영 가을·겨울 09:00~16:00, 봄·여름 08:00~18:00
요금 ££ 전화 020 7839 1149
홈피 www.benugo.com/sites/cafes/st-jamess-cafe

추천

GPS 51.498075, -0.144478

더 잉글리시 로즈 카페 The English Rose Cafe

버킹엄 궁전에서 가장 가까운 티룸이다. 애프터눈 티와 크림 티뿐만 아니라 잉글리시 브렉퍼스트 메뉴가 있어 아침 일찍 근위병 교대식 전이나 또는 교대식 후에 영국 분위기를 물씬 느끼기 좋다. 친구와 함께 이야기하기에 더할 나위 없이 좋은 장소다.

주소 4 Lower Grosvenor Place, London, SW1W 0EJ
위치 **튜브** Victoria역
버스 2, 16, 36, 38, 52, 73, 82, 148, 436, C2번
운영 09:00~17:00
요금 ££ 전화 020 7976 6280
홈피 theenglishrosecafe.co.uk

GPS 51.499186, -0.143030

버킹엄 궁전 숍 Buckingham Palace Shop

왕실 공식 기념품 상점이다. 버킹엄 궁전에 들어가지 않더라도 방문하기 편한 위치에 있어 기념품을 구입하기 좋다. 이 외에도 바로 길 건너 맞은편의 로얄 뮤 숍Royal Mews Shop 역시 숍만 이용할 수 있다.

주소 47 Buckingham Palace Rd, London SW1W 0PP
위치 튜브 Victoria역
운영 10:00~18:30
전화 020 7839 1377
홈피 www.rct.uk/visit/buckingham-palace

추천

GPS 51.498525, -0.143411

위타드 Whittard

1886년에 창업한 영국을 대표하는 차 브랜드 중 하나다. 차와 커피, 그리고 달콤한 핫 초콜릿을 판매한다. 다양한 차뿐만 아니라 이상한 나라의 앨리스 시리즈 차와 다기용품, 찻주전자와 찻잔이 함께 있는 티 포원Tea for One도 구입할 수 있다. 두고두고 영국 여행을 기억하는 기념품으로 손색이 없다.

주소 29 Buckingham Palace Road, London, SW1W 0PP
위치 **튜브** Victoria역
버스 2, 3, 6, 13, 38, 46, 52, 185, 390번
운영 10:00~18:00
전화 020 7821 9698
홈피 www.whittard.co.uk

②

내셔널 갤러리에서 **코벤트 가든**까지

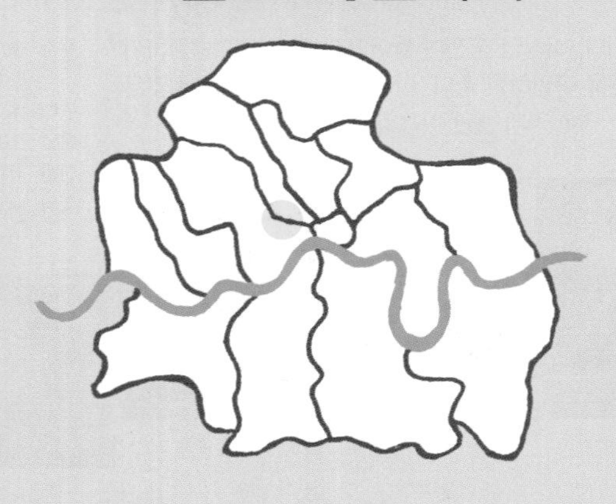

내셔널 갤러리, 국립 초상화 갤러리, 코벤트 가든이 주가 되는 루트로 대부분 실내에서 돌아보기 때문에 날씨가 안 좋거나 비가 오는 날에도 추천하는 루트다. 짧은 구간 ❶ 루트는 1.9km, 쇼핑 스트리트를 추가한 ❷ 긴 구간은 3.5km다. 걷는 거리가 얼마 안 되어 보이지만 내셔널 갤러리를 관람하는 동안 은근히 많이 걷기 때문에 피곤할 수도 있다. 그럴 때는 영국의 티타임을 경험해 보며 쉬어가자. 저녁 식사 후에는 세계적인 뮤지컬 메카인 웨스트엔드의 뮤지컬을 즐겨보자.

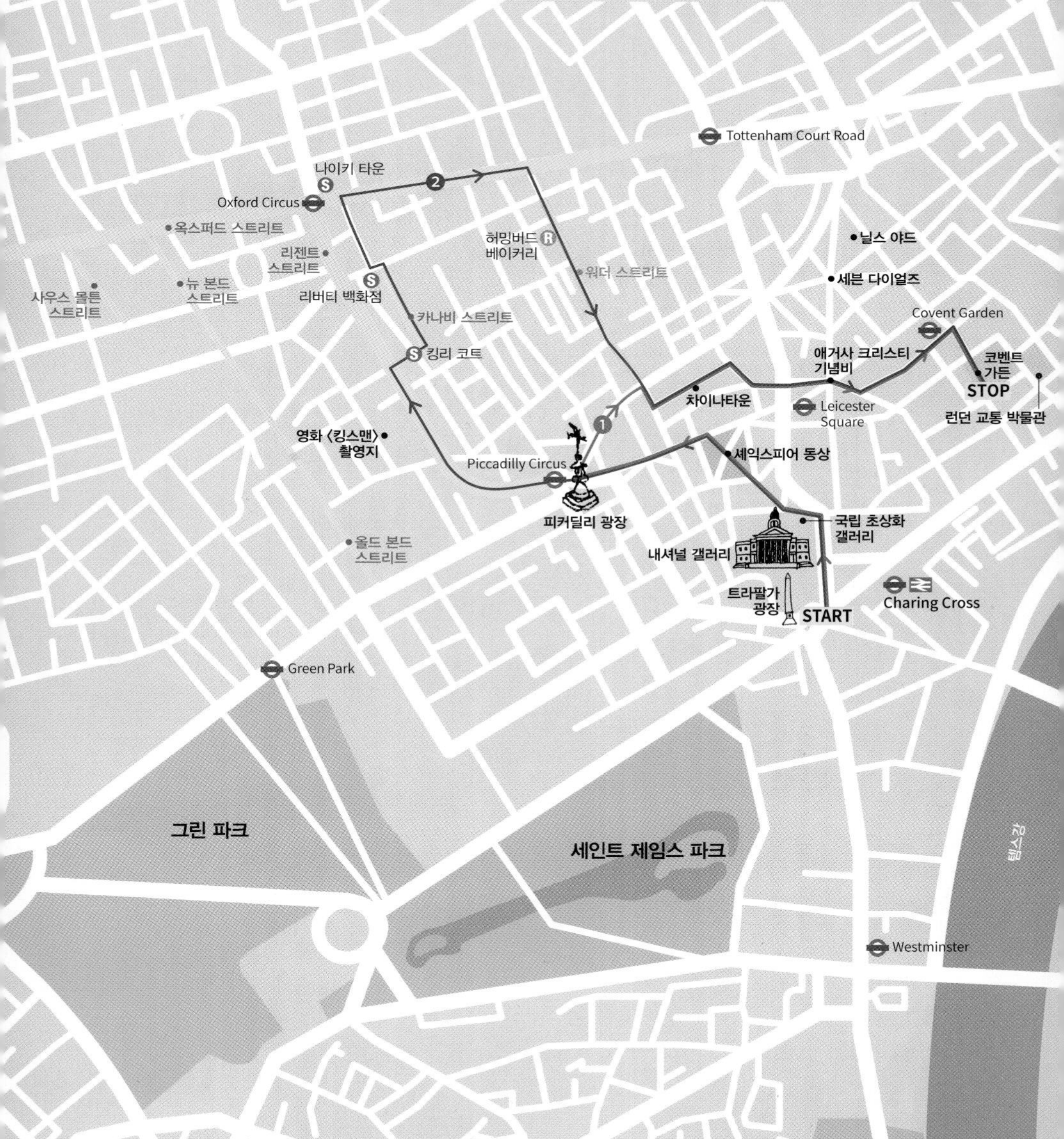

소호 지역

N
어텐던트 커피 로스터스 Attendant Coffee Roasters
킨 카페 Kin Cafe
카페인 Kaffeine
Cavendish Place
Wigmore Street
올 앤 스틴 Ole & Steen
홈슬라이스 피자 Homeslice Pizza
플랫 아이언 Flat Iron
James Street
셀프리지스 백화점 Selfridges
멀버리
더 바디 숍
닥터마틴 Dr. Matens
M&S
부츠
Bond Street
노트 커피 로스터스 앤 바 Notes Coffee Roasters & Bar
디즈니 스토어 Disney Store
백화점 Jone Lewis & Partners
클락스
Oxford Circus
Oxford Street
통신사 Three
이케아 IKEA
티케이 맥스 TK Maxx
통신사 Three
나이키 타운 Nike Town
어반 아웃피터스
러쉬 Lush
막스 앤 스펜서 Marks & Spencer
앤 아더 스토리즈
포토그래퍼스 갤러리 The Photographer's Gallery
테드 베이커 Tad Baker
애플
파이즈 가이즈 Five Guys
H & M
다이슨 Dyson
앤 아더 스토리즈
쇼핑몰 West One
South Molton Street
몰튼 브라운 Molton Brown
리버티 백화점 Liberty
Regent Street
카나비 스트리트
Carnaby Street
어반 아웃피터스 Urban Outftters
버거 앤 로브스터 Burger & Lobster
빅토리아 시크릿
헨델의 집 박물관 Handel House Museum
어텐던트 커피 로스터스 Attendant Coffee Roasters
마더 매시 Mother Mash
진주 Jinju (한식당)
조 말론 Jo Malone
New Bond Street
햄리스 장난감 백화점 Hamleys
브라운 Browns
폴 스미스
스케치 Sketch
킹리 코트 Kingly Court
매리어트 호텔 Marriott Hotel
베르사체
랄프 로렌
플랫 아이언 Flat Iron
고든 램지 바 앤 그릴 Gorden Ramsay Bar & Grill
비비안 웨스트우드
명가 Myung Ga(한식당)
Upper Brook Street
Grosvenor Street
그로스베너 스퀘어 Grosvenor Square
발렌시아가
샌크텀 소호 호텔 Sanctum Soho Hotel
미우미우
버버리
에르메스
루이비통
New Bond Street (명품 거리)
Mount Street
겐조
샤넬
헌츠맨 앤 선즈 (《킹스맨》 촬영지) Huntsman & Sons
버버리
디오르
더 바디 숍
조 말론 Jo Malone
버클리 스퀘어 Berkeley Square
스텔라 매카트니
그로스베너 교회 (영화 〈러브 액츄얼리〉 촬영지)
프라다
와사비 Wasabi
Old Bond Street
구찌
까르띠에
해처즈 서점 Hatchards
포트넘 앤 메이슨 Fortnum & Mason
Sainsbury's
TESCO
M&S
더 리츠 런던 The Ritz
Green Park
Piccadilly
록 앤 코(《킹스맨》 촬영지) Lock & Co.

영국 박물관
The British Museum
입구
Bloomsbury Street
Tottenham Court Road
란타나
Lantana
세이크 쉑
Shake Shack
New Oxford Street
파이브 가이즈
Five Guys
프라이막
Primark
더 바디 숍
클락스
Sainsbury's
난도스
한국 식료품점
Centre Point
자라
ZARA
위타드 Whittard
Tottenham
Court Road
액세서라이즈
Accessorize
High Holborn
바이런
프랑코 만카
Franco Manca
TESCO
타이거 Tiger
소호 스퀘어
Soho Square
카나다야
Kanada-Ya
홈슬라이스 피자
Homeslice Pizza
더 브렉퍼스트 클럽
The Breakfast Club
플랫 아이언
Flat Iron
Charing Cross Road
록 앤 솔 플레이스
Rock & Sole Plaice
YHA 옥스퍼드
스트리트점
YHA Oxford Street
Hostel(유스호스텔)
홉슨스 피시앤칩스 소호
Hobson's Fish & Chips
티케이 맥스
TK Maxx
닐스 야드
닐스 야드 레메디스
Neal's Yard Remedies
리뎀션
커피 로스터스
Redemption
Coffee Roasters
레토 커피
L'ETO Coffee
몬머스
Monmouth
닐스 야드 데어리
Neals Yard Dairy
Endell Street
키엘 Kiehl's
플랫 화이트
Flat White
버거 앤 로브스터
Burger & Lobster
프린스 에드워드 극장
(뮤지컬 〈알라딘〉)
케임브리지 극장
(뮤지컬 〈마틸다〉)
어반
아웃피터스
포
Pho
혹스무어
Hawksmoor
더 브렉퍼스트 클럽
The Breakfast Club
Wardour Street
메종 베르토
Maison Bertaux
팔라스 극장
(뮤지컬 〈해리포터〉)
부츠
Covent Garden
세인트 존스 베이커리
St.John's Bakery
리스
Reiss
몰튼 브라운
Molton Brown
웍 투 웍
비 베이글
B Bagel
오세요
(한국식료품점)
폴 스미스
멀버리
분식
Bunsik
앤 아더
스토리즈
애플
티케이 맥스
TK Maxx
바이런
애거사 크리스티 기념비
Agatha Christie memorial
코벤트 가든
Covent Garden
Shaftesbury Avenue
블랙록
Blacklock
차이나 타운
China Town
파이브
가이즈
Five Guys
런던 교통 박물관
London Transport Museum
Leicester Square
라이시엄 극장
(뮤지컬 〈라이언 킹〉)
W 런던
W London
TESCO
파이브 가이즈
Five Guys
마더 매시
Mother Mash
피커딜리 광장
Piccadilly Circus
엠 앤 앰 런던
M & M's London
세이크 쉑
Shake Shack
블랙록 Blacklock
와사비
Wasabi
부츠
레고 스토어 Lego
네스프레소
Nespresso
Piccadilly
Circus
(지하)
레스터 스퀘어
Leicester Square
허브 바이 프리미어 인
Hub by Premier Inn
난도스
앵거스
스테이크
하우스
Angus
Steak
House
위타드 Whittard
트와이닝 티
TWG Tea Leicester Square
노트 커피 로스터스 앤 바
Notes Coffee Roasters & Bar
Strand
릴리 화이트
Lillywhites
혹스무어
Hawksmoor
요리
(한식당)
Yori
국립 초상화 갤러리
National Portrait Gallery
입구
카페 인 더 크립트
Cafe in the Crypt
TESCO
Sainsbury's
피커딜리 마켓
Piccadilly Market
Haymarket
내셔널 갤러리
National Gallery
홉슨스 피시앤칩스 차링 크로스점
Hobson's Fish & Chips
Regent Street St.James
입구
분식
Bunsik
M&S
허 메저스티 극장
(오페라의 유령)
트라팔가 광장
Trafalgar Square
차링 크로스역
Charing Cross
와사비
Wasabi
찰스 1세 동상
Equestrian
Statue of Charles I
Embankment
세인트 제임스 스퀘어
St James's Square
Pall Mall
TESCO
셜록 홈스
Sherlock Holmes
대한민국
문화원
Embankment
The Mall
기마대 박물관
Household Cavalry Museum
호스 가드 퍼레이드
Horse Guards Parade
입구

★★★

GPS 51.509982, -0.134967

피커딜리 광장 Piccadilly Circus

런던의 주요 쇼핑 거리인 리젠트 스트리트와 피커딜리 스트리트를 잇기 위해 1819년에 만든 원형교차로다. 주요 쇼핑 거리의 중심에 있기 때문에 런던에서 가장 번화하다. 우리나라 대기업 광고를 포함한 현란한 네온사인과 차, 음악, 사람들 소리에 정신없는 거리로 런던을 처음 방문한 여행자들의 혼을 쏙 빼놓는다. 소매치기를 조심해야 하는 곳이기도 하다.

피커딜리 광장 가운데의 샤프츠베리 기념 분수Shaftesbury Memorial Fountain에는 1893년 알프레드 길버트Alfred Gilbert가 조각한 안테로스Anteros의 동상이 세워져 있다. 보통 천사 날개와 화살 때문에 에로스라 알려져 있는데 안테로스는 아프로디테와 아레스 사이에 태어난 에로스의 동생이다.

위치 튜브 Piccadilly Circus역

★★☆

GPS 51.511815, -0.131031

차이나타운 China Town

중국인들이 영국에 첫발을 내딛은 것은 18세기 동인도 회사를 통해서다. 중국인들이 런던의 이스트엔드East End 쪽에 살며 작은 가게들을 내기 시작한 것이 차이나타운의 시초다. 현재의 차이나타운 자리는 과거 군사 훈련 지역으로 사용되었다가 사유지로 넘어가면서 시장이 됐다. 이곳에 이민자들이 정착한 때는 1950년대로 중국인들이 값싼 제품들을 팔면서부터다. 이후 급속하게 성장했고 1960년 말에는 중국인 커뮤니티를 형성해 오늘날에 이르렀다. 차이나타운은 런던 속에 굳건하게 자리 잡은 중국인들의 커뮤니티를 엿볼 수 있고, 무엇보다 중국 음식을 저렴하게 배불리 먹을 수 있어 좋다.

주소 Gerrard Street, London, W1D 5QA
위치 튜브 Piccadilly Circus, Leicester Square역
홈피 chinatown.co.uk

★★★

GPS 51.509456, -0.128127

국립 초상화 갤러리 National Portrait Gallery

1865년에 문을 연 갤러리로 16세기부터 현재까지의 초상화와 사진을 모아 놓은 흥미로운 곳이다. 소장하고 있는 초상화만 해도 21만여 점이 넘는다. 우리 교과서나 책에 나오는 영국 초상화들 대부분이 이곳에 있다고 생각하면 된다. 2층에는 1485~1714년의 초상화가, 1층에는 빅토리아 여왕부터 현재까지의 초상화가 전시되어 있다. 최근에는 해리 왕자와 메건 마클 왕세자비의 웨딩 사진이 추가됐다. 아쉽지만 내부에서는 사진 촬영이 금지된다.

주소 St. Martin's Place, London, WC2H 0HE
위치 **튜브** Piccadilly Circus, Charing Cross, Leicester Square역
기차 Charing Cross역 **버스** 24, 29, 176번
운영 월~목 10:30~18:00, 금·토 10:30~21:00 **휴무** 12월 24~26일
요금 무료(※ 시기에 따라 특별 전시관은 유료)
홈피 www.npg.org.uk

Tip | 초상화 레스토랑 (Portrait Restaurant)

국립 초상화 갤러리의 꼭대기 층에는 초상화 레스토랑이 있다. 런던 시내의 뷰를 즐기며 점심, 저녁 또는 티 타임을 즐길 수 있으며 〈Pre Theatre〉라는 뮤지컬을 보기 전에 먹는 메뉴도 있다.

위치 국립 초상화 갤러리 Floor 4
운영 월~수·일 10:00~18:00, 목~토 10:00~20:00

초상화 레스토랑에서 전망을 즐겨보자!

엘리자베스 1세(1588)

★★★

GPS 51.508949, -0.128310

내셔널 갤러리 National Gallery

1824년에 개관한 런던 최초의 미술관으로 16세기부터 20세기까지 유럽 회화 약 2,300여 점을 소장하고 있다. 세계적인 수준의 미술관을 무료로 볼 수 있으니 부담 없이 들어가보자. 한국어 안내서(£1)와 오디오 가이드를 적극 추천한다. 반 고흐, 모네, 르누아르 등의 인상주의 화가의 작품과 17~18세기 루벤스, 렘브란트, 베르메르, 반 다이크, 벨라스케스 등의 작품, 17세기 이전으로는 라파엘로, 레오나르도 다 빈치의 회화 등이 소장되어 있다. 갤러리를 바라보고 왼쪽은 현장 방문줄, 오른쪽은 예약 줄이다.

주소 Trafalgar Square, London, WC2N 5DN
위치 **튜브** Piccadilly Circus, Charing Cross역
기차 Charing Cross역
버스 3, 6, 11, 13, 15, 23, 24, 87, 91, 139, 176번
운영 월~목·토·일 10:00~18:00, 금 10:00~21:00
휴무 1월 1일, 12월 24~26일
요금 무료(※ 시기에 따라 특별 전시관은 유료)
전화 020 7747 5958
홈피 www.nationalgallery.org.uk
예약

more & more 내셔널 갤러리의 주요 작품과 화가

빈센트 반 고흐 Vincent van Gogh **43번방**

네덜란드 태생의 후기 인상주의 화가로 세계에서 가장 사랑받는 화가 중 한 명이다. 내셔널 갤러리는 ❶〈해바라기Sunflowers(1888)〉, 〈의자〉, 〈사이프러스 나무〉 등을 소장하고 있다.

구스타프 클림트 Gustav Klimt **41번방**

오스트리아의 대표적인 화가다. ❷〈헤르민 갈리아의 초상Portrait of Hermine Gallia(1904)〉 속의 풍성한 레이스가 아름다운 흰색 드레스는 클림트가 직접 디자인한 것이다.

폴 세잔 Paul Cézanne **41번방**

근대 회화의 아버지로 불리며 인상주의 화가와 큐비즘 화가들에게 큰 영향을 끼쳤다. 세잔은 1894~1905년 동안 수많은 목욕하는 사람들을 그렸는데 이는 그리스 신화에서 님프들의 목욕장면을 자신만의 스타일로 표현했다. 이 작품은 ❸〈목욕하는 사람들Bathers(1894~1905)〉이다.

클로드 모네 Claude Monet **41번방**

〈인상, 일출(1872)〉로 프랑스 인상주의를 창시한 화가로 주로 풍경화를 많이 그렸다. 청년 시절의 모네는 프로이센 프랑스 전쟁을 피해 가족들과 함께 런던에 잠시 머물렀다. 당시 런던은 산업혁명으로 유럽에서 가장 발전된 모습을 보이고 있었고 동시에 대기는 스모그로 오염되었다. 모네는 스모그로 뿌연 회색빛 런던을 아름답다고 했는데 그의 눈에 비친 런던의 모습인 ❹〈웨스트민스터 다리 밑 템스강The Thames below Westminster(1871)〉을 살펴보자. 이 외에도 시그니처인 ❺〈수련 연못The Water-Lily Pond(1899)〉도 만나볼 수 있다.

디에고 벨라스케스 Diego Velázquez **30번방**

17세기 스페인 회화의 거장으로 평생을 궁정화가로 지내며 수많은 초상화를 남겼다. 벨라스케스가 그린 유일한 여성의 누드화가 이곳 내셔널 갤러리에 있다. 당시 스페인은 누드화를 그리기 힘든 분위기여서 ❻〈거울 속의 비너스The Toilet of Venus(1647~1651)〉는 매우 희귀한 작품이다.

피터 폴 루벤스 Peter Paul Rubens **18번방**

플랑드르를 대표하는 화가로 유럽 왕실의 든든한 후원을 받으며 많은 작품 활동을 했다. 성서, 신화, 인물화를 주로 그렸는데 화려하고 역동적인 화풍이 특징이다. 내셔널 갤러리의 ❼〈파리스의 심판The Judgement of Paris(1597~1599)〉은 그리스 신화를 주제로 하고 있다. 루벤스는 〈파리스의 심판〉을 주제로 여러 그림을 그렸다. 아테나, 헤라, 아프로디테 앞에서 양치기인 파리스가 누가 가장 아름다운지를 고민하는 장면이다. 파리스는 아프로디테를 선택해 세상에서 가장 아름다운 헬레네와 사랑에 빠지게 되지만 훗날 트로이의 전투에서 독화살에 맞아 죽음을 맞게 된다.

7

렘브란트 Rembrandt van Rijn **22번방**

네덜란드의 대표화가로 황금시대에 힘입어 중산층의 초상화로 명성을 얻었다. 빛과 어둠을 극적으로 배합해 주제를 밝히는 '빛의 화가'라는 별명을 가지고 있다. 중요한 작품들은 네덜란드 암스테르담 국립 박물관이 소장하고 있으며 내셔널 갤러리에는 렘브란트의 ❽〈34세의 자화상Self Portrait at the Age of 34(1640)〉을 만날 수 있다.

8

얀 반 에이크 Jan van Eyck **28번방**

플랑드르 화파의 창시자로 종교적 신앙을 바탕으로 한 초상화를 많이 그렸다. 그의 대표작인 ❾〈아르놀피니 부부의 초상화Arnolfini Portrait(1434)〉이다. 이 작품은 부유한 상인 출신인 아르놀피니의 결혼을 의미하는 초상화로 그림 속에 많은 의미를 내포하고 있다. 부부의 등 뒤의 거울에는 부부의 뒷모습과 그림을 그리는 자신의 모습이 투영되어 있고, 샹들리에의 초가 남자 쪽에만 켜있는 것(아내의 사망을 의미), 발아래에 보이는 강아지(부부간의 신의), 벗겨진 신발(결혼은 새로운 시작을 의미), 남자와 여자가 서 있는 위치와 표정은 당시 부부의 역할을 보여주고 있다. 그림 속 아내는 아이를 낳다가 사망했으며 초상화는 아내의 사후에 그려진 것이다.

9

윌리엄 터너 Joseph Mallord William Turner **34번방**

영국을 대표하는 화가로 주로 풍경화를 그렸다. ❿〈전함 테메레르The Fighting Temeraire(1839)〉 그림 속 테메레르호는 넬슨 제독의 트라팔가 해전에서 승리하는 데 큰 공헌을 했다. 수명을 다한 전함이 1838년에 증기선에 예인되어 해체되기 전의 장면을 그렸다. 지는 노을과 함께 역사적인 순간을 담았다.

10

★★★

GPS 51.512003, -0.122768

코벤트 가든 Covent Garden

코벤트 가든은 원래 농지였던 곳으로 벨포드Bedford 백작이 왕으로부터 선물 받은 후 개발되기 시작했다. 건축가 이니고 존스Inigo Jones에게 광장과 건물을 짓게 한 것이 시초다. 당시 코벤트 가든에서는 인형극을 공연했고 사창가와 상점들이 밀집해 있었다. 그러다 런던 대화재 이후부터 1974년까지 영국 최대의 청과물 시장이 자리했다. 지금은 런더너들과 관광객들의 쇼핑과 휴식 장소로 이용되고 있다. 내부에는 작은 상점들이 빼곡하게 들어서 있는데 런던과 유럽의 유명 브랜드부터 앤티크 제품까지 있고 길에서는 음악 공연이 펼쳐진다. 유명한 카페와 레스토랑들이 모여 있어 공연을 보고 사람 구경하기에 좋은 장소다. 오드리 헵번 주연의 영화 〈마이 페어 레이디〉에서 주인공인 일라이자가 꽃을 파는 장소로 나왔다.

주소 Covent Garden, London, WC2E 9DP
위치 **튜브** Covent Garden역
기차 Charing Cross역
버스 Trafalgar Square정류장 9, 13, 15, 23, 139, 153번, Leicester Square정류장 24번
운영 월~토 10:00~20:00, 일 11:00~18:00
홈피 www.coventgarden.london

Tip | 코벤트 가든에서 식사하기!

코벤트 가든은 런던에서 여행자들로 가장 북적이는 장소 중 하나다. 식사 시간이라면 어느 곳이든 자리가 없어 꽤 오래 순서를 기다려야 하거나 바쁜 직원들이 주문을 받으러 오지 않아 불쾌감을 느낄 수도 있다. 되도록 코벤트 가든 이외의 곳에서 식사하기를 추천하고 대신 디저트나 음료를 즐기며 코벤트 가든 주변에서 펼쳐지는 공연을 감상하는 것도 좋다. 코벤트 가든 내에는 셰이크 쉑, 르 팽 코티디앵 등의 식당이 있고, 라뒤레Ladurée, 고디바Godiva, 모렐리스 젤라토Morelli's Gelato, 벤스 쿠키 등의 디저트 매장이 있다.

★★★

GPS 51.511906, -0.121572

런던 교통 박물관 London Transport Museum

1863년에 문을 연 교통 박물관으로 세계에서 가장 오래됐다. 내부에는 영국의 상징인 빨간색 2층 버스의 변천사뿐만 아니라 마차, 트롤리, 트램, 자동차, 기차 등 교통수단의 향연이 펼쳐진다. 3층 건물에 무려 45만여 점이 전시되어 있다. 성인이 보기에도 재미있고, 어린이를 동반한 가족 여행자라면 강력 추천한다. 단체로 견학 온 귀여운 현지 아이들도 종종 만날 수 있다. 관람을 마치고 나오면 카페에는 런던 튜브 로고를 응용한 컵케이크를 판매하고 있고, 기념품 가게에는 런던을 상징하는 예쁜 기념품들이 넘쳐나 발걸음을 떼기 힘들 정도다.

주소 Covent Garden Piazza, London WC2E 7BB
위치 **튜브** Covent Garden역
기차 Charing Cross역
버스 Trafalgar Square정류장 9, 15, 23, 26, 87, 91, 139, 176번
Leicester Square정류장 24번
운영 10:00~18:00 (입장 마감 17:00)
요금 일반 £24.50(1년간 유효), 60세 이상·학생증소지자 £23.50(1년간 유효), 17세 이하 무료
전화 020 7379 6344
홈피 www.ltmuseum.co.uk

기념품 가게

★★☆

GPS 51.511808, -0.127395

애거사 크리스티 기념비 Agatha Christie Memorial

튜브 레스터 스퀘어Leicester Square역에서 크랜본Cranbourn길을 따라가다 보면 파이브 가이즈가 있는 교차로에 애거사 크리스티의 기념비가 있다. 연극 〈쥐덫〉의 공연 25,000회를 기념하며 2012년에 세워진 것이다. 중앙에는 애거사 크리스티의 얼굴이, 양쪽에는 애거사 크리스티의 소설에서 명쾌하게 사건을 해결했던 탐정 에르퀼 푸아로와 미스 마플이 새겨져 있다. 애거사 크리스티의 추리소설을 좋아한다면 인증 사진 필수.

주소 Cranbourn Street, London WC2H 9JZ

★★☆

GPS 51.512971, -0.145922

헨델의 집 박물관 Handel House Museum

1685년 독일에서 태어나 1712년 런던에 정착해 영국의 바로크 작곡가로 활동했던 헨델George Frideric Handel이 살았던 집이다. 1723년부터 1759년까지 36년간 살다 이곳에서 세상을 떠났다. 이 집에서 〈알렉산더의 향연Alexander's Feast(1736)〉, 〈메시아Messiah(1742)〉와 같은 음악을 작곡했다. 헨델은 웨스트민스터 성당에 묻혔다. 박물관 안에는 악보, 피아노, 초상화를 비롯해 헨델이 살았던 분위기로 꾸며져 있다. 헨델의 집에서 기타리스트인 지미 헨드릭스Jimi Hendrix가 1968~1969년에 살기도 했다.

주소 25 Brook Street, London, W1K 4HB
위치 **튜브** Bond Street역
버스 7, 22, 94, 98, 139, 390번
운영 수~일 10:00~17:00 (입장 마감 16:00),
휴무 월·화요일
요금 일반 £14, 학생 £10, 16세 미만 무료
전화 020 7495 1685
홈피 www.handelhouse.org

★★☆

GPS 51.514932, -0.139067

포토그래퍼스 갤러리 The Photographer's Gallery

1971년에 개관한 사진 전문 갤러리로 현재의 건물은 2008년에 옮겨와 보수 후 2012년에 다시 오픈한 것이다. 영국을 비롯한 세계적인 사진작가들, 신진작가들의 작품을 전시하고 강의와 워크숍 등을 진행하고 있다. 지하에는 서점이, 1층에는 아기자기한 카페가 있다. 다양한 전시회가 열리고 있으니 홈페이지를 통해 미리 전시 내용을 확인하고 방문해 보자.

주소 16-18 Ramillies Street, London, W1F 7LW
위치 튜브 Oxford Circus역
운영 월~수·토 10:00~18:00, 목~금 10:00~20:00, 일 11:00~18:00
요금 일반 £8(온라인 예매 시 £6.50), 60세 이상·학생 £5 (온라인 예매 시 £4), 18세 미만 무료 (※ 금요일 5시 이후 무료)
전화 020 7087 9300
홈피 thephotographersgallery.org.uk

추천

GPS 51.514373, -0.126762

몬머스 Monmouth

런더너들이 가장 사랑하는 커피 전문점으로 3개의 지점(p.198 참조)이 있는데 그중 코벤트 가든 본점이다. 몬머스는 공정거래로 엄선한 원두를 사용한다. 커피의 맛이 훌륭하고 테이블마다 유기농 설탕까지 마련된 작지만 착한 카페이다.

주소 27 Monmouth Street, London, WC2H 9EU
위치 튜브 Covent Garden역
운영 월~토 08:00~18:00
휴무 일요일
요금 £
전화 020 7232 3010
홈피 www.monmouthcoffee.co.uk

GPS 51.514766, -0.135416

더 브렉퍼스트 클럽 The Breakfast Club

가게 이름처럼 이른 시간부터 문을 열며 아침과 점심, 브런치 메뉴를 파는 전문점이다. 소호, 스피탈필즈, 런던 브리지, 옥스퍼드 등 런던에 14개의 지점이 있는데 모든 지점이 인기다. 잉글리시 브렉퍼스트는 물론 다양한 서양식 아침 식사 메뉴를 저렴한 가격에 맛볼 수 있는 것이 최대 장점이다.

©Hyun So Young

©Hyun So Young

주소 33 D'Arblay Street, London, W1F 8EU
위치 **튜브** Bond Street역 **버스** 22, 94, 55, 73, 94, 98, 139, 159, 390번
운영 07:30~15:00
요금 ££
전화 020 7434 2571
홈피 thebreakfastclubcafes.com

GPS 51.512633, -0.133106

비 베이글 B Bagel

35여 년간 가족 레시피로 베이글을 구워 온 경험이 통했다. 베이글 안에 햄과 연어, 계란, 채소 등으로 속을 넣은 샌드위치가 인기다. 소호의 본점을 시작으로 매장을 점차 확대하고 있으며 토트넘 코트, 풀햄 외에도 캠든(2023년 11월 오픈)까지 총 4개의 매장이 있다.

주소 54 Wardour Street, London, W1D 4JF
위치 **튜브** Leicester Square역
버스 14, 19, 38번
운영 07:30~18:30
요금 £
전화 020 7287 0420
홈피 www.bbagel.co.uk

©Hyun So Young

©Hyun So Young

추천 GPS 51.509171, -0.125907

카페 인 더 크립트 Café in the Crypt

트라팔가 광장 바로 근처의 성 마틴 납골당을 개조해 만든 셀프서비스 카페테리아다. 납골당이었다는 장소적 특별함과는 달리 약간 학생식당 분위기이지만 착한 가격과 적당한 맛으로 30년간 운영되고 있다.

주소 Trafalgar Square, London, WC2N 4JH
위치 **튜브** Charing Cross역 **버스** 139, 176번
운영 월·수 10:00~17:00, 화·목~토 10:00~19:00,
일 11:00~19:00
전화 020 7766 1158
홈피 www.stmartin-in-the-fields.org/visit/cafe-in-the-crypt

©Hyun So Young

GPS 51.512045, -0.120656

바이런 Byron

런던에서 입소문난 수제 햄버거 가게다. 바이런은 런던에만 34개의 지점이 있는데 그중 코벤트 가든점은 런던의 멋이 느껴지는 빈티지한 모습의 햄버거 가게로 심플한 햄버거를 추구한다. 스코틀랜드 소고기로 만든 패티에 적은 토핑이지만 좋은 재료만을 사용한 훌륭한 햄버거를 만들고 있다.

주소 33-35 Wellington Street, London, WC2E 7BN
위치 튜브 Covent Garden역
운영 월~수 11:30~22:00, 목 11:30~23:00,
금·토 11:00~23:00, 일 11:00~22:00
요금 £
전화 020 4531 5941
홈피 byron.co.uk

GPS 51.509720, -0.126776

노트 커피 로스터스 앤 바 Notes Coffee Roasters & Bar

트라팔가 광장 근처의 훌륭한 카페로 커피를 마시거나 간단하게 크림티를 즐기기에도 좋다. £10 미만의 다양한 브런치 메뉴도 있어 식사를 하기에도 손색이 없다. 런던에 13개의 매장이 있다.

©Hyun So Young

주소 31 St Martin's Lane, London, WC2N 4DD
위치 **튜브** Charing Cross역
버스 139, 176번
운영 월 07:30~18:00, 화~금 07:30~21:00, 토 09:00~21:00, 일 10:00~18:00
요금 £
전화 020 7240 0424
홈피 notescoffee.com

GPS 51.514747, -0.133493

홉슨스 피시 앤 칩스 소호 Hobson's Fish & Chips

소호에서 가장 인기 있는 피시 앤 칩스 가게다. 가시를 제거한 생선을 통째로 튀겨 낸다. 두꺼운 감자튀김이 나오는데 바삭하지 않으며 이런 튀김에 소금과 후추를 치고 식초(테이블 위 갈색 병)를 뿌려 먹는 것이 영국 스타일이다. 런던 시내에 세 곳이 있는데 관광객들이 접근하기 쉬운 소호 점과 차링 크로스 점(p.110 지도 참고)이다.

주소 27 St Anne's Ct, London W1F 0BN
위치 튜브 Tottenham Court Road역
운영 12:00~23:00 요금 ££
전화 020 7287 3704
홈피 www.hobsonsfishandchips.com

GPS 51.514835, -0.125306

록 앤 솔 플레이스 Rock & Sole Plaice

피시 앤 칩스로 유명한 맛집으로 오래된 역사를 가지고 있다. 1850년에 문을 열었다. 다양한 종류의 피시 앤 칩스가 있는데 무난하게 먹을 수 있는 대구를 추천한다. 양이 많으니 먹다가 남으면 포장을 해도 좋다.

주소 47 Endell Street, London, WC2H 9AJ
위치 튜브 Covent Garden역
운영 월~토 12:00~22:00, 일 12:00~21:00
요금 ££
전화 020 7836 3785
홈피 www.rockandsoleplaice.com

GPS 51.512695, -0.141528

스케치 Sketch

런던에서 특별한 식사를 즐기고 싶다면 이곳을 추천한다. 평범해 보이는 외관이지만 문을 열고 들어서는 순간 반전의 묘미를 준다. 총 5개의 공간으로 나뉘며 1층에는 애프터눈 티와 저녁 식사를 할 수 있는 더 갤러리The Gallery와 아침과 점심, 간단한 스낵과 칵테일을 즐길 수 있는 글레이드The Glade와 더 팔로The Parlour가 있다. 2층에는 분자 요리의 창시자인 프랑스 셰프 피에르 가니에르의 예술적인 음식을 맛볼 수 있는 더 렉처 룸The Lecture Room과 모던 바 & 라운지인 더 이스트 바The East Bar가 있다. 인기 있는 곳이니 반드시 홈페이지 예약 후 방문하자.

주소 9 Conduit Street, London, W1S 2XG
위치 튜브 Oxford Circus, Piccadilly Circus역
운영 월·화·일 08:00~24:00, 수~토 08:00~02:00, **애프터눈 티** 11:00~16:30
요금 ££~£££
전화 020 7659 4500 홈피 www.sketch.london

GPS 51.513057, -0.139370

마더 매시 Mother Mash

영국 가정식 요리 체인점으로 미트파이와 매시드 포테이토를 판다. 먼저 포테이토에 첨가물을 결정하고, 파이 안에 들어가는 재료를 선택하고, 소스를 선택하는 방식이다. 이곳 외에도 코벤트 가든과 카나비 거리에 있다. 음식 맛에 너무 큰 기대는 하지 말자.

주소 26 Ganton St, Carnaby, London W1F 7QZ
위치 튜브 Oxford Circus역
운영 일~수 12:00~22:00, 목~토 12:00~22:30
요금 ££
전화 020 7494 9644
홈피 www.mothermash.co.uk

GPS 51.510053, -0.132836

앵거스 스테이크 하우스 Angus Steak House

런던 곳곳에 체인점이 있는 스테이크 전문 레스토랑이다. 물가 비싼 런던에서 스테이크를 먹으려면 비용이 만만치 않다. 이곳은 무난한 맛의 스테이크를 적당한 가격으로 즐길 수 있는 곳으로 메뉴도 다양하다.

주소 21-22 Coventry Street, London, W1D 7AE
위치 튜브 Piccadilly Circus역
운영 08:30~24:00
요금 ££
전화 020 7839 1059
홈피 www.angussteakhouse.co.uk

추천 GPS 51.511826, -0.126633

파이브 가이즈 Five Guys

최근에 국내에도 들어온 미국의 햄버거 체인점이다. 한국처럼 붐비지 않기 때문에 런던 여행자들에게 인기다. 음식을 기다리는 동안 땅콩을 가져다 먹을 수 있다.

주소 1-3 Long Acre, London, WC2E 9BD
위치 튜브 Leicester Square역
운영 월~목 10:30~23:30, 금·토 10:30~24:00,
일 10:30~22:30
요금 £
전화 020 7240 2057
홈피 restaurants.fiveguys.co.uk

추천 GPS 51.513509, -0.132276

버거 앤 로브스터 Burger & Lobster

런던에 12개의 지점이 있으며 그중 소호 지점을 소개한다. 로브스터를 편한 분위기에서 제대로 즐길 수 있다. 메인 메뉴도 심플하게 로브스터 롤, 버거, 로브스터 1마리(스팀 또는 그릴) 세 종류이며 감자튀김과 샐러드가 포함되니 음료만 추가로 주문하면 된다.

주소 36-38 Dean Street, London, W1D 4PS
위치 튜브 Piccadilly Circus, Leicester Square, Tottenham Court Road역
운영 월~목·일 12:00~22:00, 금·토 12:00~23:00
요금 £££
전화 020 7432 4800
홈피 www.burgerandlobster.com

추천 GPS 51.514572, -0.126429

홈슬라이스 피자 Homeslice Pizza

닐스 야드에서 인기 있는 화덕 피자 체인점이다. 런던에는 6곳이 있는데 셀프리지스 백화점 근처(50 James Street)와 함께 가장 편하게 방문할 수 있는 지점이다. 피자 1조각에 £5~6, 1판에 £26~32이며 좋아하는 재료를 선택하면 된다.

주소 13 Neal's Yard, London, WC2H9DP
위치 튜브 Covent Garden역
운영 일~수 12:00~22:00, 목~토 12:00~23:00
요금 £
전화 020 3151 7488
홈피 www.homeslicepizza.co.uk

추천 GPS 51.513484, -0.125721

혹스무어 Hawksmoor

여러 매체에서 뽑은 런던 최고의 레스토랑 중 한 곳. 스테이크가 주력이지만 간편하게 먹을 수 있는 핫도그와 햄버거도 있다. 스테이크 가격은 £30~40대이며 100g 단위로 판매하는 티본T-Bone스테이크부터 최고급 샤토브리앙Chateaubriand까지 100g당 £11~15로 판매한다.

주소 11 Langley Street, London, WC2H 9JG
위치 튜브 Covent Garden역
운영 월~목 12:00~15:00/16:00~22:00, 금 12:00~15:00/16:30~23:00, 토 12:00~23:00, 일 12:00~21:00
요금 £££
전화 020 7420 9390
홈피 www.thehawksmoor.com

GPS 51.512772, -0.128318

분식 Bunsik

한국의 길거리 음식을 파는 가게로 런던에 총 세 곳이 있다. 떡볶이, 김밥, 컵밥, 만두, 핫도그 등을 파는데 이 중 가장 핫한 것은 핫도그다. 가격은 한국보다 비싸지만(£4) 런던에서의 한국 음식 인기를 실감할 수 있다.

주소 62 Charing Cross Road, London, WC2H 0BU
위치 **튜브** Leicester Square역 **버스** 29, 176번
운영 월~목 11:00~20:30, 금·토 11:00~22:30, 일 11:00~20:00
요금 £ 홈피 www.bunsik.co.uk

©Hyun So Young

추천 GPS 51.512091, -0.138360

플랫 아이언 Flat Iron

런던의 인기 있는 스테이크 레스토랑이다. 가격이 합리적이고 맛도 있어 식사 시간에 가면 대기 시간이 길다. 야채와 함께 나오는 스테이크가 £13, 여기에 원하는 소스를 추가하고 샐러드, 감자 등의 사이드 메뉴를 주문하면 된다. 런던에만 총 13개의 가게가 있다. 여행자들이 쉽게 방문할 만한 곳으로는 소호의 다른 지점(9 Denmark Street), 코벤트 가든점(17/18 Henrietta Street), 런던 브리지점(112–116 Tooley Street) 등이 있다.

주소 17 Beak Street, London, W1F 9RW
위치 튜브 Piccadilly Circus역
운영 일~화 12:00~22:00, 수·목 12:00~23:00, 금·토 12:00~23:30
요금 ££ 홈피 www.flatironsteak.co.uk

GPS 51.508770, -0.124784

이츠 Itsu

1997년에 첼시 지역에 처음 문을 연 아시아 체인점으로 현재는 길에서 자주 마주치는 곳 중 하나다. 초밥, 만두, 덮밥, 우동, 아시안 스타일의 샐러드를 전병에 싼 도쿄 랩Tokyo wrap, 아보카도와 채소 샐러드, 태국식 볶음밥 등의 테이크아웃 음식을 판다.

주소 32-33 Strand, London, WC2N 6NA
위치 튜브 Charing Cross역
운영 월~금 10:00~22:00, 토·일 11:00~22:00
요금 £
전화 0203 764 0385
홈피 www.itsu.com

추천

포트넘 앤 메이슨 Fortnum & Mason

GPS 51.508239, -0.138060

런던에서 홍차를 구매하고 싶다면 꼭 방문해야 하는 곳이 포트넘 앤 메이슨이다. 1707년 영국 왕실의 관리자였던 윌리엄 포트넘William Portnum과 휴 메이슨Hugh Mason이 공동 설립하여 300년이 지난 지금까지 명성을 유지해 온 영국 최고의 식료품 백화점이라 할 수 있다. 전통을 그대로 유지하며 화려하고 고풍스러운 매장에 연미복을 갖춰 입은 직원의 모습이 영국 왕실에 차를 납품하는 곳임을 느끼게 해준다. 다양한 홍차는 물론 고급스러움이 느껴지는 식료품, 주방용품, 뷰티 제품 등에 눈이 호사스럽다. 4층의 티 살롱(p.177 참조)에서 즐기는 애프터눈 티가 유명하다.

주소 181 Piccadilly, London, W1A 1ER
위치 튜브 Piccadilly Circus, Green Park역
운영 월~토 10:00~20:00, 일 11:30~18:00
전화 020 7734 8040
홈피 www.fortnumandmason.com

추천

햄리스 장난감 백화점 Hamleys

GPS 51.512780, -0.140162

1층의 테디베어부터 꼭대기 7층의 레고까지 세상의 거의 모든 장난감이 있는 거대한 규모의 장난감 백화점이다. 곳곳에 직원들이 다양한 장난감을 체험할 수 있게 보여주고, 한국에서 구입할 수 없는 장난감을 만날 수 있어 비싼 가격에도 지나치기 어렵다. 아이들은 물론 어른들의 발길까지 잡아 건물 앞 좁은 보도는 늘 사람들로 붐빈다. 이곳 외에도 공항을 포함해 런던에 4개의 백화점이 더 있다.

주소 188-196 Regent Street, London, W1B 5BT
위치 튜브 Oxford Circus, Piccadilly Circus역
운영 월 11:00~21:00, 화~토 10:00~21:00, 일 12:00~18:00
전화 871 704 1977
홈피 www.hamleys.com

추천 GPS 51.508492, -0.138070

해처즈 서점 Hatchards

런던에 있는 2개의 해처즈 서점 중 본점이다. 1797년에 문을 연 이후 같은 자리를 지키고 있는 영국에서 가장 오래된 서점이다. 바로 근처에 있는 워터스톤즈Waterstones라는 현대적인 체인 서점과 비교해 보는 것도 좋다.

주소 187 Piccadilly, London, W1J 9LE
위치 튜브 Piccadilly Circus역
운영 월~토 09:30~20:00, 일 12:00~18:00
전화 020 7439 9921 **홈피** www.hatchards.co.uk

GPS 51.510345, -0.130934

TWG 티 레스터스퀘어 TWG Tea Leicester Square

2008년에 만들어진 싱가포르 고급 차 브랜드로 The Wellbeing Group의 약자를 따 TWG를 쓴다. 포장지에 쓰인 '1837'은 싱가포르가 차, 향신료 등의 교역 장소가 된 1837년을 기념하는 의미로 사용하고 있다. 규모가 크고 개방감 있어 쇼핑하기에 좋다. 다양한 차를 마음 편하게 시향할 수 있어 편리하다.

주소 48 Leicester Square, London WC2H 7LT
위치 튜브 Leicester Square역
운영 10:00~21:00
전화 020 3972 0202 **홈피** thewellnesstea.co.uk

추천 GPS 51.510676, -0.131287

엠 앤 엠 런던 M & M's London

1941년 미국에서 만들어진 캔디로 초콜릿에 다양한 색깔의 색소로 코팅된 버튼 모양이 시그니처다. 런던의 상점은 4층 건물 전체에 엠 앤 엠즈 초콜릿과 캐릭터를 활용한 다양한 굿즈로 가득 차 있으며 세계에서 가장 큰 규모다. 런던 외에 뉴욕, 베를린, 라스베가스, 상하이에 상점이 있다.

주소 Leicester Square, 1 Swiss Ct, London, W1D 6AP
위치 튜브 Leicester Square역
운영 월~토 10:00~23:00, 일 12:00~18:00
전화 020 7025 7171 **홈피** www.mms.com

GPS 51.510533, -0.130933

레고 스토어 LEGO ® Store Leicester Square

2층 규모의 거대한 레고 판매점으로 레고마니아들의 발길을 이끈다. 레고를 좋아하지 않더라도 내부에 해리포터와 스타워즈, 2층 버스, 세익스피어, 국회의사당 시계탑 등을 레고로 만들어 놓아 사진 찍기에도 좋다.

주소 3 Swiss Ct, London W1D 6AP
위치 튜브 Leicester Square역
운영 월~토 10:00~22:00, 일 12:00~18:00
전화 020 7839 3480
홈피 www.lego.com

Special Shopping 카나비 스트리트 Carnaby Street

리버티 백화점이 있는 곳이 카나비 스트리트의 시작점이다. 한때 런던 패션의 발상지라고 불리며 런던 트렌드를 전파했던 곳으로 지금도 많은 여행객과 런더너가 좋아하는 쇼핑 거리다. 명품 브랜드부터 신진 디자이너의 숍까지 있는 개성 있고 활기찬 이곳에서 쇼핑을 즐겨보자.

주소 Carnaby Street, London, W1
위치 **튜브** Oxford Circus, Piccadilly Circus역
버스 3, 6, 23, 53, X53, 88, 94, 139, 159, C2번
홈피 www.carnaby.co.uk

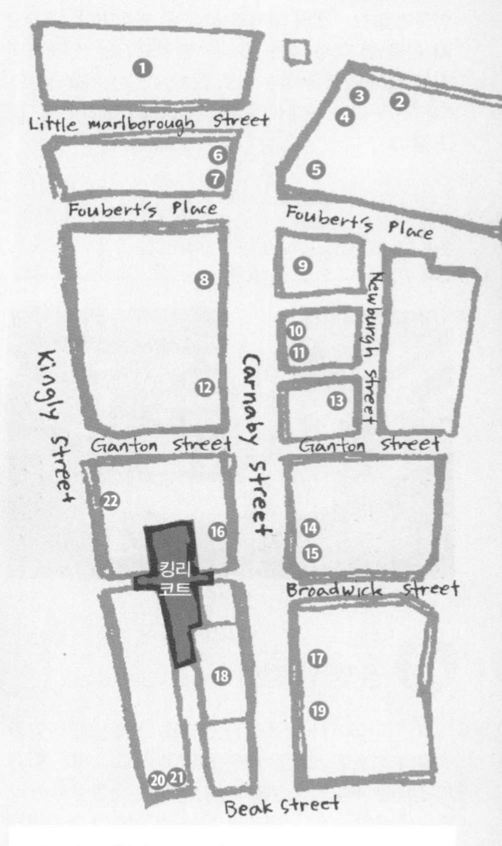

▸▸ 킹리 코트 Kingly Court

브랜드 매장이 늘어선 카나비 스트리트 메인 거리와는 다르게 유니크한 아이템을 발견할 수 있는 빈티지 숍이 그들만의 개성 있는 모습으로 자리하고 있다. 3층 건물로 가운데가 뚫려 둘러싸인 형태이며, 중앙의 정원 공간에는 테이블과 앉아서 쉴 수 있는 벤치가 놓여 있다.

1. 리버티 백화점 Liberty 쇼핑
2. 와가마마 Wagamama 레스토랑
3. 레온 Leon 카페
4. 스타벅스 Starbucks 카페
5. 맥 Mac 쇼핑
6. 프레타 망제 Pret'a Manger 카페
7. 더 셰익스피어스 헤드 The Shakespeare's Head 펍
8. 사이즈? Size? 쇼핑
9. 카나다야 Kanada-Ya 레스토랑
10. 페페 Pepe 쇼핑
11. 디젤 Diesel 쇼핑
12. 무지 Muji 쇼핑
13. 화이트 호스 퍼블릭 하우스 The White Horse 레스토랑
14. 스와치 Swatch 쇼핑
15. 베네피트 Benefit 쇼핑
16. 닥터마틴 Dr. Martens 쇼핑
17. 노스 페이스 North Face 쇼핑
18. 리바이스 Levis 쇼핑
19. 익스 파리 플래그십 IKKS Paris Flagship 쇼핑
20. 명가 Myung Ga 레스토랑(한식)
21. 플랫 아이언 Flat Iron 레스토랑
22. 진주 Jinju 레스토랑(한식)

추천

리버티 백화점 Liberty

GPS 51.513816, -0.140181

영국의 대표 백화점인 리버티는 1875년 오픈한 유서 깊은 백화점으로 아서 라센비 리버티Arthur Lasenby Liberty에 의해 설립되었다. 튜더Tudor 양식의 건축물로 클래식하고 아름다운 매장과 세련된 진열로 리버티만의 남다른 안목을 느끼게 해준다. 값비싼 명품들에 쉽게 지갑이 열리진 않지만 건물 자체만으로도 구경하는 재미가 있으며 유명한 리버티의 프린트 직물은 기념품으로 추천한다.

주소 Regent Street, London, W1B 5AH
위치 **튜브** Oxford Circus역 **버스** 22, 55, 73, 94, 98, 139, 390번
운영 월~토·뱅크 홀리데이 10:00~20:00, 일 12:00~18:00
전화 020 3893 3062
홈피 www.libertylondon.com

리버티의 프린트 직물

셀프리지스 백화점 Selfridges SELFRIDGES&Co

GPS 51.514582, -0.153096

1909년에 개장한 셀프리지스 백화점은 런던에서 해로즈 백화점 다음인 두 번째로 큰 규모를 자랑한다. 해로즈가 전통적인 영국식 백화점이라면 셀프리지스는 미국식 백화점으로 합리적이고 런던의 독특함을 살린 세련된 진열을 보여주며 사랑받고 있다. 다른 백화점과는 달리 중저가 브랜드부터 명품 브랜드까지 다양하게 모여 있어 쇼핑하기에 편리하다. 또한 엄선된 식품들로 유명한 식품 매장과 유럽 최대 규모의 화장품 매장도 인기다.

주소 400 Oxford Street, London, W1A1AB
위치 튜브 Bond Street역
운영 월~금 10:00~22:00, 토 10:00~21:00, 일 11:30~18:00
전화 020 7160 6222
홈피 www.selfridges.com

Tip | 영화 속 셀프리지스 백화점

영화 〈러브 액츄얼리〉에서 해리가 아내 몰래 비서의 선물을 사던 곳이다. 로완 앳킨슨(미스터 빈으로 유명한 코미디언)이 점원으로 등장한다.

GPS 51.512513, -0.144573

멀버리 Mulberry

영국을 대표하는 브랜드 중 하나로 최고급 가죽과 고유 기술로 정성들여 제작한 가방으로 유명하다. 뉴 본드 스트리트 지점은 멀버리의 베스트셀러 제품인 베이스 워터백은 물론 다양한 가방과 여성복, 남성복 컬렉션을 모두 갖추고 있다.

주소 11-12 Street, Christopher's Place, Gee's Court, London, W1U 1JN

위치 튜브 Bond Street역
운영 월~토 10:30~18:00, 일 12:00~18:00
전화 020 7629 3830
홈피 www.mulberry.com

GPS 51.509418, -0.141205

스텔라 매카트니 Stella Mccartney

영국의 대표 디자이너 중 한 명인 스텔라 매카트니의 최신 제품을 모두 만나볼 수 있다. 전설적인 영국 그룹 비틀즈 멤버 폴 매카트니의 딸이지만 아버지의 영향이 아닌 자신의 힘으로 브랜드를 성장시켰으며, 윤리적인 신념으로 가죽이나 모피를 사용하지 않아 에코 디자이너로 불리고 있다.

주소 23 Old Bond Street, London, W1S 4PZ
위치 튜브 Green Park, Piccadilly Circus역
운영 월~토 10:00~18:30, 일 12:00~18:00
전화 020 7518 3100
홈피 www.stellamccartney.com

GPS 51.510705, -0.138894

버버리 Burberry

더 이상의 설명이 필요 없는 영국의 대표 브랜드다. 버버리의 상징인 체크무늬와 테일러드 룩이라 부르는 정장 패션, 전통적인 아이템에 새로운 디자인을 반영한 신상품까지 모두 만나볼 수 있다. 런던 중심가에서 접근하기 쉬운 3개의 매장 정보는 오른쪽에 있다.

리젠트 스트리트점
주소 121 Regent Street, London, W1B 4TB
위치 튜브 Piccadilly Circus역
운영 월~토 10:00~20:00, 일 12:00~18:00
홈피 www.burberry.com

뉴 본드 스트리트점
주소 21-23 New Bond Street, London, W1S 2RE
위치 튜브 Bond Street역
운영 월~토 10:00~19:00, 일 12:00~18:00

슬론 스트리트점
주소 1 Sloane Street, London SW3 1ED
위치 튜브 Knightsbridge역
운영 월~토 10:00~19:00, 일 12:00~18:00

GPS 51.511841, -0.142188

비비안 웨스트우드 Vivienne Westwood

영국 패션의 대모로 불리며 1970년 런던 펑크 문화의 탄생에 중요한 역할을 한 디자이너다. 그녀는 지금도 대담하고 혁신적인 디자인으로 패션 트렌드를 주도하고 있다. 가장 영국적이면서 트렌디한 비비안 웨스트우드의 의류와 액세서리 등을 만날 수 있다.

주소 44 Conduit Street, London, W1S2YL
위치 튜브 Bond Street, Oxford Circus역
운영 월~토 10:00~18:00, 일 12:00~17:00
전화 020 7439 1109
홈피 www.viviennewestwood.com

GPS 51.510264, -0.138767

리스 Reiss

영국 왕실의 케이트 미들턴과 메건 마클이 착용해 주목을 받은 영국 브랜드다. 클래식한 모던 디자인으로 캐주얼한 옷도 있지만 정장 스타일의 옷차림을 좋아하는 사람이라면 방문해 보자.

주소 10-11 Vigo Street, London, W1S 3EJ
위치 튜브 Piccadilly Circus역
운영 월~토 10:00~20:00, 일 11:30~18:00
전화 020 7287 0690
홈피 www.reiss.com

GPS 51.515480, -0.138330

막스 앤 스펜서 Marks & Spencer

영국의 대중적인 의류 및 생활용품 매장으로 질이 좋고 심플한 디자인으로 사랑받는 브랜드다. 요즘에는 'M&S Simply Food'라는 식품 매장이 런던 곳곳에 많이 보인다. 이곳에도 지하에 큰 식품 매장이 있다. 보기 좋게 진열된 샌드위치 중 하나를 골라 사서 근처 공원에서 먹으면 저렴하고 맛있게 한 끼를 해결할 수 있다.

주소 173 Oxford Street, London, W1D2JR
위치 튜브 Oxford Circus역
운영 월~토 08:00~20:00, 일 11:00~17:00
전화 020 7437 7722
홈피 www.marksandspencer.com

GPS 51.512631, -0.124216

폴 스미스 Paul Smith

Paul Smith

디자이너 폴 스미스 특유의 위트를 표현한 대표적인 영국 브랜드다. 세련된 남성복과 유니섹스한 여성복 그리고 시계 등의 액세서리, 향수 등을 구입할 수 있는데 결코 하나도 평범한 상품이 없다.

주소 40-44 Floral Street, London, WC2E 9TB
위치 튜브 Covent Garden역
운영 월~토 10:30~18:30, 일 12:00~18:00
전화 020 7379 7133
홈피 www.paulsmith.com

추천

러쉬 Lush

GPS 51.515456, -0.138515

영국의 핸드메이드 코스메틱 브랜드 러쉬의 런던 매장 중 가장 큰 옥스퍼드 스트리트점이다. 우리나라에서도 인기 있는 다양한 천연비누 제품과 목욕용품, 입욕제 등을 국내보다 50% 이상 저렴하게 구입할 수 있다. 다양한 제품을 테스트할 수 있는 공간이 있어 편리하다.

주소 175-179 Oxford Street, London, W1D 2JS
위치 튜브 Oxford Circus역
운영 월~토 10:00~21:00, 일 12:00~18:00
전화 020 7789 0001
홈피 www.lush.com

추천

어반 아웃피터스 Urban Outfitters

GPS 51.513723, -0.125981

미국의 패션 브랜드지만 영국 스타일이 가미된 캐주얼 멀티 패션 매장이다. 자체 브랜드뿐만 아니라 영국의 디자이너 제품도 갖추어 영국만의 어반 아웃피터스를 만들고 있다. 매장 한편에 마련된 할인 상품 코너의 물건을 뒤지다 보면 저렴한 가격에 개성 있는 상품을 고를 수 있을 것이다. 옥스퍼드 서커스역에 가장 큰 매장이 있고 늦은 시간까지 운영한다.

코벤트 가든점
주소 42-56 Earlham Street, London, WC2H 9LJ
위치 튜브 Marble Arch, Bond Street역
운영 월~토 10:00~20:00, 일 12:00~18:00
전화 020 7408 1317
홈피 urbanoutfitters.com

옥스퍼드 서커스점
주소 200 Oxford Street, London, W1D1NU
위치 튜브 Oxford Circus역
운영 월~수 10:00~20:00, 목~토 10:00~22:00, 일 12:00~18:00
전화 020 3514 7175

GPS 51.513895, -0.155638

액세서라이즈 Accessorize

화사한 프린트가 인상적인 영국 브랜드 몬순. 귀여운 디자인에 색상도 예쁜 아동복이 엄마들에게 특히 인기다. 몬순과 같은 계열사인 액세서라이즈 또한 저렴한 가격대에 액세서리와 가방 등을 구입할 수 있어 많은 사람들이 찾는다. 카디널 플레이스와 아래의 옥스퍼드점에서 두 브랜드를 모두 만날 수 있다.

주소 55-59 Oxford Street, London, W1D 2EQ
위치 튜브 Tottenham Court Road역
운영 월~금 10:00~20:00, 토 09:00~20:00, 일 11:00~18:00
홈피 accessorize.com

GPS 51.514478, -0.126301

닐스 야드 레메디스 Neal's Yard Remedies

천연 오가닉 재료를 사용해 영국에서도 사랑받는 화장품 브랜드. 닐스 야드 레메디스의 상징인 파란 통은 방부제 없이 장시간 보관 가능하게 제작되었다. 코벤트 가든 지점이 본점이다.

주소 15 Neal's Yard, London, WC2H 9DP
위치 튜브 Covent Garden역
운영 월~금 10:00~19:30, 토 10:00~19:00, 일 10:30~18:30
전화 020 7379 7222
홈피 www.nealsyardremedies.com

GPS 51.514854, -0.141612

앤 아더 스토리즈 & Other Stories

H&M의 브랜드 중 하나로 순식간에 유럽 전역에 퍼졌다. 의류뿐 아니라 화장품과 잡화가 다양하게 갖춰져 있으며 유럽의 세련된 라이프 스타일을 한눈에 볼 수 있다. 중심가에는 옥스퍼드 스트리트점과 코벤트 가든점, 아래 소개하는 리젠트 스트리트점이 있다.

주소 256-258 Regent Street, London, W1B 3AF
위치 튜브 Oxford Circus역
운영 월~토 10:00~21:00, 일 12:00~18:00
전화 020 7660 3006
홈피 www.stories.com

추천 GPS 51.512575, -0.122679

몰튼 브라운 Molton Brown

1973년 영국에서 탄생한 친환경적인 철학을 가진 스킨케어, 향수, 향초 브랜드다. 세계 각지에서 공수한 허브를 포함해 식물 추출물을 주성분으로 하고 있다. 남녀 모두가 좋아하는 은은하면서 고급스러운 향으로 유명하며 최근 우리나라 백화점에도 입점했다.

주소 9B Royal Opera House Arcade, The Piazza London, WC2B 8HB
위치 튜브 Covent Garden역
운영 월~수 10:00~19:00, 목~토 10:00~20:00, 일 11:00~18:00
전화 020 7240 8383
홈피 www.moltonbrown.co.uk

GPS 51.513148, -0.140974

클락스 Clarks

1825년 영국 남부에 살던 클락 형제가 양모 슬리퍼를 만들면서 시작한 캐주얼 브랜드다. 편안한 발을 위해 캐주얼, 오리지널, 스포츠 3가지 라인의 신발을 생산한다. 런던의 쇼핑 거리라면 자주 눈에 띄일 만큼 매장이 많다. 세일 기간에 할인율이 높으니 그때를 이용하자.

주소 60 Oxford Street, London, W1C 1DN
위치 튜브 Oxford Circus역
운영 월~토 10:00~21:00, 일 11:00~19:00
전화 020 7499 0305
홈피 clarks.co.uk

GPS 51.511994, -0.125654

티케이 맥스 TK Maxx

미국에서 시작한 할인 매장으로 영국에는 1994년에 들어왔다. 점차 매장이 늘어 런던 곳곳에서 만날 수 있다. 직거래 구입, 이월, 반품 등의 이유로 돌아온 제품을 최소 60% 저렴한 가격에 팔아 인기를 얻고 있다. 마음에 드는 물건을 찾았는데 사이즈가 없거나, 묶음으로 구입했는데 하자가 있는 제품이 있을 수 있으므로 구입하기 전 꼼꼼히 살펴보는 것이 좋다.

주소 15-17 Long Acre, London, WC2E 9LH
위치 튜브 Covent Garden역
운영 월~토 09:00~20:00, 일 12:00~18:00
전화 020 7240 8042
홈피 www.tkmaxx.com

추천

GPS 51.510168, -0.137980

조 말론 런던 Jo Malone London

프리미엄 향수 브랜드로 우리나라에서 가장 인기 있는 영국 브랜드다. 리젠트 스트리트 외에도 런던 내 10개의 지점이 있고 셀프리지스 백화점, 포트넘 앤 메이슨 백화점, 존 루이스 백화점 등에도 입점해 있다.

주소 101 Regent Street, London, W1B 4EZ
위치 튜브 Piccadilly Circus역
운영 월~토 10:00~20:00, 일 12:00~18:00
전화 037 0192 5021
홈피 jomalone.co.uk

GPS 51.516563, -0.131192

프라이막 Primark

1969년 더블린에서 페니스Pennies라는 브랜드로 설립된 패션전문업체로 H&M처럼 뷰티, 홈웨어 및 액세서리뿐만 아니라 전 연령의 다양한 패션 제품을 저렴하게 구입할 수 있는 곳이다. 전 세계에 400개의 매장을 가지고 있다. 급하게 필요한 옷이 있다면 프라이막을 먼저 방문하는 것을 추천한다.

주소 14-28 Oxford Street, London, W1D 1AU
위치 튜브 Tottenham Court Road역
운영 월~토 08:00~22:00, 일 11:30~18:00
전화 020 7580 5510
홈피 www.primark.com

GPS 51.509760, -0.134358

릴리 화이트 Lillywhites

피커딜리 광장에 위치한 스포츠용품 가게로 축구 다른 매장보다 저렴한 편이다. 2층에서는 영국 프리미어 리그 클럽과 세계 유명 클럽의 유니폼을 판매하고 있다. 추가 요금을 내면 좋아하는 선수 이름을 프린트해 넣을 수도 있다. 하지만 짧게는 반나절, 길게는 하루 뒤에 찾을 수 있기 때문에 여유롭게 가는 것을 추천한다.

주소 24-36 Regent Street, London, SW1Y 4QF
위치 튜브 Piccadilly Circus역
운영 월~금 10:00~21:00, 토 09:30~21:00, 일 12:00~18:00
전화 034 4332 5602
홈피 lillywhites.com

추천

GPS 51.515480, -0.141841

나이키 타운 Nike Town

나이키의 본고장은 미국이지만 세계에서 가장 큰 나이키 매장은 바로 이곳, 나이키 타운이다. 나이키 브랜드를 좋아하는 사람에게는 최고의 쇼핑 명소가 아닐 수 없다. 국내에서 판매하지 않는 제품부터 최신 제품, 그리고 추가 요금을 내면 손흥민 등번호를 새긴 축구 유니폼까지 나이키의 모든 것을 모아놓은 장소다. 세일 기간을 제외하고는 정가판매를 하고 있어 다소 비싼 편이지만 우리나라 나이키보다 저렴하며 또한 다양하고 새로운 제품을 만날 수 있다.

주소 236 Oxford Street, London, W1C 1DE
위치 튜브 Oxford Circus역
운영 월~토 10:00~20:00, 일 10:00~18:00
전화 020 7660 4453
홈피 nike.com

Special Culture

오리지널로 즐기는 **런던 뮤지컬**

런던의 웨스트엔드 뮤지컬은 미국의 브로드웨이와 함께 세계 양대 뮤지컬 메카다. 웨스트엔드와 브로드웨이는 각각 뮤지컬을 생산하고 공연이 성공하게 되면 서로의 뮤지컬을 수출하기도 한다. 런던의 뮤지컬 공연은 우리나라에서도 번안되어 다양하게 소개되지만 런던에 왔다면 웨스트엔드 오리지널 뮤지컬을 보는 재미를 놓치지 말자.

뮤지컬 티켓 사는 법

코로나는 뮤지컬 티켓 구매에도 큰 영향을 끼쳤다. 과거에는 저렴한 티켓을 사기 위해 발품을 팔아야 했지만, 이제는 휴대폰 앱으로도 가능해졌다. '투데이틱스Todaytix' 어플을 통해 '데일리 더즌Daily Dozen', '러시 티켓Rush Tickets', '로터리 티켓Lottery Tickets'을 구입할 수 있다. 직접 극장을 찾아가야 했던 '데이시트Day Seats'의 디지털판인 '데일리 더즌Daily Dozen'과 '러시 티켓Rush Tickets', 그리고 '매지컬 먼데이Magical Monday'(매주 월요일에 2주간의 데이시트를 오픈해 원하는 날짜를 구입할 수 있는 티켓. 미리 일정을 계획해야 하는 여행자들에게 가장 유용하다)도 있다. 어플에서 보고 싶은 뮤지컬 알람을 활성화시키면('Unlock now' 클릭) 매일 10시 열리는 당일 선착순 한정 티켓을 30~60% 할인된 가격으로 구입할 수 있는 자격이 주어진다. 빨리 클릭하는 사람이 할인 티켓을 선점할 수 있다. 로터리 티켓은 복권처럼 운에 의해 당첨되는 방식으로 당일 또는 주간으로 시도해볼 수 있다. 물론 여전히 아날로그 방식도 가능하다. 데이시트는 공연장 맨 앞줄이나 시야 제한석, 또는 당일 남아 있는 좌석을 뜻하는데 전용 극장 매표소 오픈 시간부터(보통 10시) 판매한다. 보통 30분에서 1시간 정도 일찍 가서 줄을 서고 £5~30의 저렴한 가격에 남은 좌석 중에서 마음에 드는 좌석을 선택해 살 수 있다. 단, 모든 극장에서 데이시트를 판매하는 것은 아니기 때문에 홈페이지 또는 티켓 판매소에서 판매 여부를 알아보고 극장 오픈 시간에 맞춰가야 한다. 로터리 티켓도 직접 참여할 수 있다. 1인 최대 2장까지 써서 낼 수 있으며 당첨 여부를 알려준다. 보통 공연 시작 2~3시간 전에 극장 앞에서 열린다. 마지막으로 모든 뮤지컬 티켓을 판매하는 레스터 스퀘어의 TKTS 판매소를 통해 구입할 수도 있는데 데이시트보다는 가격이 좀 더 비싸다. 뮤지컬은 좌석의 위치에 따라 느끼는 감동의 차이가 크다. 1층 중앙석은 £100를 훌쩍 넘는다. 저렴하게 티켓을 구입하는 것보다 확실한 좋은 좌석을 원한다면 홈페이지나 앱을 통해 되도록 일찍 예매하면 된다.

뮤지컬 티켓 예약 사이트
- www.todaytix.com
- officiallondontheatre.com
- ticketmaster.co.uk

데이시트 구입하기

TKTS 매표소

극장들이 몰려 있는 Shaftesbury Avenue

* ABC순

1. Adelphi(백 투 더 퓨처)
2. Aldwych(티나)
3. Ambassadors
4. Apollo
5. Apollo Victoria(위키드)
6. Arts
7. Cambridge(마틸다)
8. Charing Cross
9. Chocolate Menier
10. Coliseum(위윌락유)
11. Criterion
12. Dominion
13. Donmar Watehouse
14. Royal Drury Lane (겨울왕국)
15. Duchess
16. Duke df Yorks
17. Fortune
18. Garrick
19. Gielgud
20. Harold Pinter
21. Haymarket
22. Her Majesty's (오페라의 유령)
23. Leicester Square
24. Lyceum(라이언 킹)
25. Lyric
26. National
27. New London
28. Noel Coward
29. Novello(맘마미아)
30. The Old Vic
31. Palace(해리 포터)
32. London Palladium
33. Peacock
34. Phoenix
35. Piccadilly (물랑루즈 더 뮤지컬)
36. Playhouse
37. Prince Edward (마이클 잭슨 더 뮤지컬)
38. Prince of Wales (더 북 오브 몰몬)
39. Sondheim(레 미제라블)
40. Royal Opera House
41. St. Martin's(쥐덫)
42. Savoy
43. Shaftesbury
44. Soho
45. Trafalgar Studios
46. Vaudeville
47. Victoria Palace(해밀턴)
48. Wyndham's

MAP 5 위키드 Wicked

그레고리 맥과이어의 소설 『위키드』가 원작이다. 『오즈의 마법사』 이전의 이야기를 다루고 있다. 도로시의 물벼락에 녹아버린 서쪽 나라의 초록 마녀 엘파바는 사람들에게 악한 마녀로 인식되어 있지만 사실은 오즈의 마법사의 독재에 대항하는 영웅이다. 허영심 많은 착한 마녀 글린다와 엘파바는 대학교 기숙사 룸메이트로 처음 만나게 된다. 독재에 투쟁하는 엘파바와 글린다의 우정, 그리고 엘파바와 피에로의 사랑에 대한 이야기다.

극장 Apollo Victoria
주소 17 Wilton Road, London, SW1V 1LL
위치 튜브 Victoria역
홈피 www.theapollovictoria.com

MAP 22 오페라의 유령 The Phantom Of The Opera

가스통 르루의 소설이 원작으로 파리의 '오페라 가르니에'가 배경인 뮤지컬. 오페라 하우스에 숨어 살던 얼굴 반쪽을 가린 천재 음악가 팬텀과 발레 단원이었던 프리 마돈나 크리스틴 그리고 그녀의 약혼자와의 삼각관계를 그린 뮤지컬이다.

극장 Her Majesty's
주소 Haymarket, St. James's, London, SW1Y 4QL
위치 튜브 Piccadilly Circus, Leicester Square역
홈피 lwtheatres.co.uk/theatres/his-majestys

MAP 29 맘마미아 Mamma Mia!

스웨덴의 인기 혼성그룹 아바의 히트곡으로 만들어진 뮤지컬. 아바의 낯익은 멜로디와 가사를 엮어 하나의 스토리로 만든 흥겨운 무대를 즐길 수 있다.

극장 Novello
주소 Aldwych, London, WC2B 4LD
위치 튜브 Covent Garden, Temple역
홈피 www.novellotheatrelondon.info

MAP 14 겨울왕국 Frozen

가족이 함께 보기 좋은 디즈니 뮤지컬이다. 엘사 여왕이 아렌델 왕국을 겨울로 뒤바꾸고 떠나자 동생 안나가 언니를 찾아 나선다. 놀라운 특수 효과와 탄탄한 스토리를 통한 감동을 느낄 수 있다. 세계적인 히트곡인 〈Let it Go〉가 나오면 관객들은 하나가 된다.

극장 Royal Drury Lane
주소 Catherine Street, London, WC2B 5JF
위치 튜브 Covent Garden역
홈피 lwtheatres.co.uk/theatres/theatre-royal-drury-lane

MAP 24 라이언 킹 The Lion King

대사보다는 몸짓이나 화려한 무대가 눈길을 끄는 〈라이언 킹〉은 자녀와 함께하는 여행객 혹은 영어 대사가 어렵게 느껴지는 여행객 등 모두가 편하게 즐길 수 있는 뮤지컬이다.

극장 Lyceum
주소 21 Wellington Street, London, WC2E 7RQ
위치 튜브 Covent Garden, Temple역
홈피 www.thelyceumtheatre.com

MAP 47 해밀턴 Hamilton

1787년 미국 독립전쟁 후 오늘날 미국의 건국에 중요한 역할을 했던 해밀턴의 일생을 다룬 뮤지컬이다. 2015년 미국 브로드웨이에서 초연된 이후 현재 최고의 인기를 누리고 있으며 런던으로 넘어와 공연되고 있다.

극장 Victoria Palace
주소 79 Victoria Street, London, SW1E 5EA
위치 튜브 Victoria역
홈피 www.victoriapalacetheatre.co.uk

MAP 7 마틸다 Matilda

무관심과 학대 속에서 자란 초능력 천재 소녀 마틸다가 기숙학교에 들어가 공포의 트런치불 교장 선생님과 만나게 된다. 다정한 담임 선생님인 허니 선생님과 만나 서로에게 영향을 끼치며 가까워지게 된다. 브로드웨이 토니상 4개 부문을 수상하며 국내에서도 공연되었다.

극장 Cambridge
주소 Earlham Street, London, WC2H 9HU
위치 튜브 Covent Garden역
홈피 lwtheatres.co.uk/theatres/cambridge

MAP 35 물랑루즈 더 뮤지컬 Moulin Rouge! The Musical

영화 물랑루즈를 웨스트엔드 무대에 재현한 뮤지컬로 화려한 무대와 춤, 음악으로 인기를 얻고 있다.

극장 Piccadilly
주소 16 Denman Street, London W1D 7DY
위치 튜브 Piccadilly Circus역
홈피 moulinrougemusical.co.uk

MAP 1 백 투 더 퓨처 Back to the Future

1987년 영화의 뮤지컬 판으로 타임머신 자동차를 타고 과거로 돌아가게 된 주인공의 이야기를 다루고 있다. 입소문을 타고 한국인들에게 가장 인기 있는 뮤지컬 중 하나로 레트로한 분위기와 로큰롤, 올드팝을 좋아한다면 더할 나위 없는 선택이다.

극장 Adelphi
주소 409-412 Strand, London, WC2R 0NS
위치 튜브 Charing Cross역
홈피 lwtheatres.co.uk/theatres/adelphi

MAP 38 더 북 오브 몰몬 The Book Of Mormon

런던에서 가장 인기 있는 뮤지컬 중 하나로 토니상 9개 부문을 수상했다. 아프리카로 간 몰몬 선교사들의 이야기를 담은 풍자 가득한 공연으로 국내에서 보기 힘든 작품을 찾는다면 놓치지 말자.

극장 Prince of Wales
주소 Prince of Wales Theatre, Coventry Street, London, W1D 6AS
위치 튜브 Piccadilly Circus 역
홈피 www.princeofwalestheatre.co.uk

MAP 39 레 미제라블 Les Miserables

〈캐츠〉, 〈오페라의 유령〉, 〈미스 사이공〉과 함께 세계 4대 뮤지컬이다. 대사가 많아 이해하기 어렵다지만 워낙 유명한 내용이라 감상하는 데 무리는 없다.

극장 Sondheim
주소 51 Shaftesbury Ave, London, W1D 6BA
위치 튜브 Piccadilly Circus, Leicester Square역
홈피 www.sondheimtheatre.co.uk

3

빅토리아 앨버트 박물관에서 **하이드 파크**까지

런던의 다양한 미술관 · 박물관과 켄싱턴 궁전, 하이드 파크를 돌아보는 루트다. 7개의 미술관 · 박물관 중 취향에 따라 선택해 하루 일정을 만들면 되는데 ❶번과 ❷번 루트 각각을 이틀에 걸쳐 돌아볼 수도 있다. ❶ 디자인 박물관에서 시작해 켄싱턴 궁전과 서펜타인 갤러리들을 둘러보고 다이애나 기념 분수를 마지막으로 들러보자. 도보 3.2km 또는 버스 + 도보 2.2km 거리다. ❷ 사치 갤러리를 돌아보고 버스 또는 도보로 이동해 빅토리아 앨버트 박물관, 자연사 박물관, 과학 박물관을 거쳐 하이드 파크의 볼거리들을 돌아볼 수 있다. 도보 시 3.6km, 버스를 탈 경우 2.1km를 걷게 된다. 해로즈 백화점은 21:00까지(일요일은 ~18:00) 운영하니 모든 관광지들을 돌아보고 쇼핑하는 것을 추천한다.

해리퍼드 로드
Hereford Road
포토벨로 마켓
더 노팅 힐 북 숍
휴 그랜트의 집
Queensway
Notting Hill Gate
다이애나 메모리얼 놀이터
Diana Memorial Playground
켄싱턴 가든
Kensington Gardens
처칠 암스
Churchill Arms
라운드 연못
Round Pond
켄싱턴 궁전
Kensington Palace
입구
빅토리아 여왕 동상
Queen Victoria Statue
칸델라 티 룸
Candella Tea Room
로얄 가든 호텔
Royal Garden Hotel
어반 아웃피터스
Urban Outfitters
티케이 맥스
TK Maxx
앨버트 메모리얼
The Albert Memorial
올 앤 스틴
Ole & Steen
홀 푸드 마켓
Whole Foods Market
Kensington Road
벤스 쿠키 Ben's Cookies
M&S
부츠
High Street Kensington
로열 앨버트 홀
Royal Albert Hall
디자인 박물관
Design Museum
쇼류 라멘
Shoryu Ramen
Kensington High Street
파이브 가이즈
Five Guys
미술용품점
Cass Art Kensington
난도스
스트리트 버거
Street Burger
Waitrose
The Muffin Man Tea Shop
Queen's Gate
여왕의 탑
Queen's Tower
Cromwell Road
Waitrose
부츠
Gloucester Road
TESCO
매리어트 호텔
Marriott Hotel
프레디 머큐리의 집
Freddie Mercury's House
West Cromwell Road
Sainsbury's
프리미어 인
Premier Inn
프랑코 만카
Franco Manca
바이런
Waitrose
고메 버거 키친
Gourmet Burger Kitchen
Trebovir Road
Earl's Court

켄싱턴 지역
N
하이드 파크
Hyde Park
피터팬 동상
Peter Pan Statue
West Carriage Drive
서펜타인 새클러 갤러리
Serpentine Sackler Gallery
서펜타인 갤러리
Serpentine Galleries
다이애나 기념 분수
Diana Memorial Fountain
더 로즈버리
The Rosebery
(애프터눈 티)
만다린 오리엔탈 하이드 파크
Mandarin Oriental Hyde Park
Hyde Park Corner
Knightsbridge
웰링턴 아치
Wellington Arch
Knightsbridge
백화점
Harvey Nichols
더 버클리
The Berkeley
프레타 포르티
Prêt-à-Portea
(애프터눈 티)
버버리
톰 포드
Tom Ford
루이비통
구찌
몽클레어
펜디
발렌티노
토즈
샤넬
프라다
에르메스
페트루스 By 고든 램지
Pétrus
Waitrose
더 칼튼 타워 주메이라
The Carlton Tower Jumeirah
치누아저리 티 룸
Chinoiserie Tea Room
(애프터눈 티)
Brompton Road
해로즈 백화점
Harrods Store
Waitrose
Sainsbury's
리스
REISS
Exhibition Road
과학 박물관
Science Museum
입구
자연사 박물관
Natural History
Museum
부출입구
빅토리아 앨버트 박물관
Victoria and
Albert Museum
부출입구
입구
입구
혹스무어
Hawksmoor
레토 커피
L'ETO Coffee
Sloane Street
브레드 어헤드 베이커리
Bread Ahead Bakery
파이즈 가이즈
Five Guys
South Kensington
벤스 쿠키 Ben's Cookies
와사비
허밍버드 베이커리
Hummingbird Bakery
TESCO
Cadogan Gardens
푸알란(100m)
Poilâne
브레드 어헤드 베이커리
Bread Ahead Bakery
조 말론
Jo Malone
티파니
백화점
Peter Jones
& Partners
보스
BOSS
Sloane Square
앤 아더 스토리즈
&Other Stories
부츠
요크 공작 광장 푸드 마켓
Duke of York Square Food Market
사치 갤러리 Saatchi Gallery
King's Road
아모리노
Amorino
고든 램지 식당(600m)
Restaurant Gordon Ramsay
폴 Paul

★★★

GPS 51.496721, -0.176384

자연사 박물관 Natural History Museum

영국 박물관의 시초가 된 한스 슬론Hans Sloane 경의 수집품 중 자연사와 관련된 수집품에 식물학자인 조셉 뱅크Joseph Banks의 수집품을 추가로 모아 자연사 박물관을 열었다. 영화 〈박물관이 살아있다〉의 현장으로 들어간 느낌이다. 거대한 규모의 공룡 전시장과 동물, 인체 등이 생생하게 전시되어 있다. 아이가 있다면 놓치지 말자.

주소 Cromwell Road, London, SW7 5BD
위치 **튜브** South Kensington역
버스 70, 360번
운영 10:00~17:50(입장 마감 17:30)
휴무 12월 24~26일
요금 무료
전화 020 7942 5000
홈피 www.nhm.ac.uk

현재 메인 홀 ©Ko Eun kyoung

과거 메인 홀

자연사 박물관 기념품점

★★★

GPS 51.497825, -0.174530

과학 박물관 Science Museum

과거부터 현재까지 자전거, 오토바이, 비행기의 변천사, 그리고 우주선과 심지어(!) 우주 식량도 볼 수 있는 과학과 관련된 박물관이다. 소소한 볼거리로는 텔레비전, 헤어드라이기, 오디오, 세탁기, 생활용품 등도 전시되어 과거의 일상 생활을 상상해 볼 수 있어 흥미롭다. 가장 위쪽에는 유료체험관이 있는데 다양한 종류의 게임도 할 수 있다. 과학자를 꿈꾸는 아이가 있는 여행자라면 꼭 들러보자.

주소 Exhibition Road, London, SW7 2DD
위치 **튜브** South Kensington역
버스 360번
운영 10:00~18:00(입장 마감 17:15)
(※1~11월 마지막 수요일 18:45~22:00 추가 운영)
휴무 12월 24~26일
요금 무료
전화 0870 8704 868
홈피 www.sciencemuseum.org.uk

★★★ GPS 51.496622, -0.172138

빅토리아 앨버트 박물관 Victoria and Albert Museum

영국 산업 미술의 중심에 있던 헨리 콜Henry Cole의 기획으로 1852년에 말버러 하우스 산업 박물관Museum of Manufactures을 오픈한 것이 그 시작이다. 이후 빅토리아 여왕이 남편인 앨버트 공의 유지를 이어 현재의 건물과 새 이름으로 1909년에 문을 열었다. 박물관의 주제는 장식 예술과 디자인으로 세계에서 가장 큰 규모다. 중세 시대에서 현대까지 대륙별, 나라별, 주제별 전시장이 있으며 전시물은 조각과 회화, 스테인드글라스, 도자기, 태피스트리, 사진과 가구, 금과 은으로 만든 장신구와 보석, 각 시대의 복장까지 280만여 점을 소장하고 있다. 작게나마 한국관도 있다. 인테리어와 디자인에 관심 있는 사람이라면 놓치지 말자.

주소 Cromwell Road, London, SW7 2RL
위치 **튜브** South Kensington역 **버스** 70, 345, 360번
운영 월~목·토·일 10:00~17:45, 금 10:00~22:00
요금 무료 **전화** 020 7942 2000
홈피 www.vam.ac.uk

Tip | 빅토리아 앨버트 박물관에서 점심을!

전시를 보다 보면 어느새 점심시간이 된다. 외부에서 식사를 할 수도 있지만 빅토리아 앨버트 박물관 내의 식당과 카페는 인테리어가 화려하고 아름다워 분위기를 즐기며 식사하기에 그만이다. 날씨가 좋다면 중정의 분수 주변에서, 비가 내린다면 인테리어를 감상하며 실내에서 식사를 즐기자. 가격도 비싸지 않고 맛도 괜찮다. 메인 카페Main Café(**운영** 10:00~17:00)와 겨울 시즌 주말에만 오픈하는 가든 카페Garden Café(날씨에 따라 운영)가 있다.

more & more 빅토리아 앨버트 박물관의 전시

0층 Level -1(터널 연결층)

빅토리아 앨버트 박물관의 출입구는 정문 외에도 터널로 연결되어 있는데, 이곳은 터널과 연결된 전시실이다. 중세 · 르네상스 시대(300~1500년)의 작품들과 1600~1815년의 유럽의 작품을 전시하고 있다.

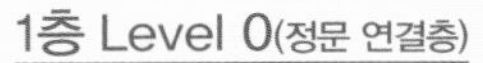

1층 Level 0(정문 연결층)

박물관의 정문과 연결된 층으로 화려한 유리공예 설치물이 있는 로비가 압권이다. 박물관의 하이라이트 대부분이 1층에 모여 있다. 중세 · 르네상스 시대(1350~1600년), 산지오 라파엘의 연작, 아시아(중동, 일본, 한국, 동남아)관, 패션관이 있다.

산지오 라파엘의 연작 Raphael Cartoon **48a번방**

교황 레오 X Leo X가 바티칸 궁전의 시스틴 예배당 Sistine Chapel을 위해 주문한 태피스트리로 총 10개의 작품 중 남아 있는 7개이다. 르네상스 시대의 위대한 유산으로 평가받고 있으며 성 베드로와 성 바울의 삶을 묘사한 작품이다.

물고기 잡이의 기적 The Miraculous Draught of Fishes, 1515~1516

블레셋인을 죽이는 삼손 Samson Slaying a Philistine **50a번방**

잠볼로냐 Giambologna의 대리석 조각상으로 찰나의 순간을 생생하게 표현했다. 삼손의 손에는 당나귀의 턱뼈가 들려 있는데 구약에 의하면 삼손은 당나귀의 턱뼈로 천 명을 죽였다고 한다.

한국관 **47g번방**

1층의 아시아관은 중국, 일본, 한국의 후원 규모를 느낄 수 있는데 한국관은 삼성이 후원하고 있다. 달항아리를 비롯해 이상봉 디자이너의 옷이 전시되어 있다. 북한의 선전 포스터도 볼 수 있다.

패션관 **40번방**

시대별 패션 변천사를 한눈에 볼 수 있다. 다양한 주제별로 의상이 전시되어 있으며 세계 유명 디자이너의 의상도 전시되어 있어 흥미롭다.

2층 Level 1

중세 · 르네상스 시대(300~1600년)의 작품들이 모여 있다.

트라야누스의 원주 Trajan's Column **46a번방**

트라야누스 황제의 승전을 기념한 기념비로 로마의 트라야누스 포룸 유적지에 있는 것을 복제해 전시하고 있다. 2개인 것 같으나 거대한 원주를 세울 수 없어 상단부와 하단부를 나누어 놓았다. 원주는 다마스커스의 아폴로도루스Apollodorus가 만든 것이다. 1층과 2층에서 모두 볼 수 있다.

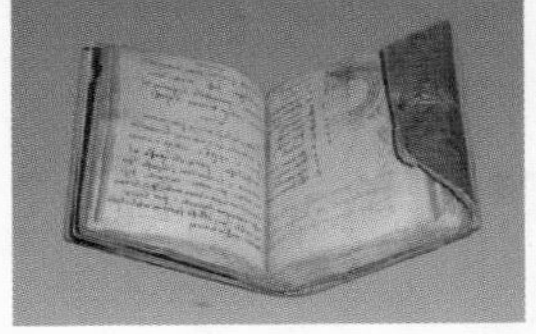

레오나르도 다 빈치의 노트 Leonardo da Vinci's Notebooks **64번방**

〈모나리자〉로 잘 알려진 이탈리아 태생의 건축가 · 음악가 · 발명가 · 엔지니어 · 조각가이며 동시에 화가인 레오나르도 다 빈치(1452~1519)는 수십 권의 기록 노트를 남겼다. 그림과 메모로 구성되어 있는데 작업 중이나 그때 그때의 생각을 기록한 것으로 그의 세계관이나 생각을 엿볼 수 있는 귀중한 기록이다. 수십 권의 노트 중 1487~1505년 사이 밀라노에서 쓴 5권을 17세기에 다시 3묶음으로 만들어 놓은 것을 전시 중이다. 특유의 반전 글씨인 미러 라이팅Mirror Writing을 직접 볼 수 있다.

3 · 4 · 5층 Level 2 · 3 · 4

1760~1900년대 유럽의 철재 인테리어, 보석, 유리, 도자기, 사진, 복장, 가구, 극장과 공연, 태피리스트 등을 모아놓았다. 근대 서양의 식기와 가구에 관심이 많은 사람이라면 흥미로운 시간을 보낼 수 있다.

윌리엄 셰익스피어의 첫 번째 모음집 William Shakespeare's First Folio

영국의 보물이라고 불리는 셰익스피어(1564~1616)의 사후 7년 뒤인 1623년에 발간한 첫 번째 모음집(1623)이다. 셰익스피어의 연극 37편 중 36편이 이 책에 수록되어 있다. 이 책이 없었다면 율리우스 카이사르나 맥베스와 같은 18편의 연극이 세상에 알려지지 못했기 때문에 귀중한 자료로 평가받는다.

★☆☆

GPS 51.500989, -0.177443

로열 앨버트 홀 Royal Albert Hall

1871년에 개관한 돔 형태의 건물로 음악 공연, 무용, 스포츠 및 정치가들의 연설까지 다양한 용도로 사용된다. 로열 앨버트 홀에서 펼쳐지는 대표적인 공연은 BBC의 음악 축제인 프롬스Proms다. 시기가 맞는다면 관람을 추천하지만 공연장 내부를 돌아볼 수 있는 투어도 있다. 공연 관계로 투어가 없는 날이 있으니 사전에 체크하는 것이 좋다. 로열 앨버트 홀 맞은편에는 앨버트 메모리얼이 있다.

주소 Kensington Gore, London, SW7 2AP
위치 **튜브** South Kensington, High Street Kensington역
버스 Kensington Gore정류장 9, 23, 52, 452, 702번
운영 **투어** 10:00~16:00 (운영 간격 30분, 12번 문 박스 오피스에서 시작)
요금 **투어** 일반 £18.5, 학생·60세 이상 £16, 5~16세 £10.5
전화 020 7589 8212
홈피 www.royalalberthall.com

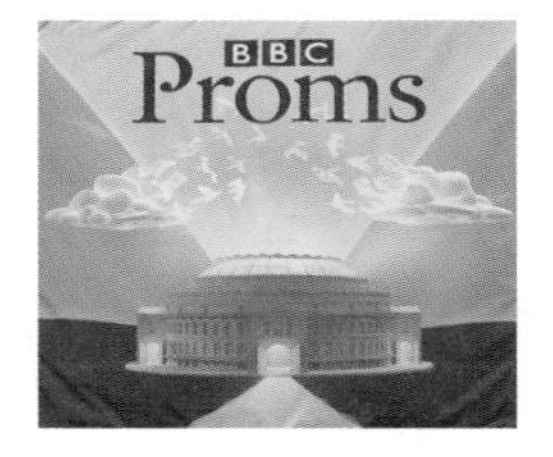

★★☆

GPS 51.502397, -0.177731

앨버트 메모리얼 The Albert Memorial

빅토리아 여왕의 남편인 앨버트 공을 추모하기 위한 건축물로 1851년 영국의 건축가인 조지 길버트 스코트가 설계했다. 황금빛 앨버트 공의 동상 주변 4개의 모서리에는 유럽, 아프리카, 아시아, 미주를 형상화한 조각이 있고 둘레의 하단 프리즈에는 예술에 조예가 깊었던 앨버트 공을 추모하기 위해 화가, 시인, 음악인, 건축가들이 새겨져 있다. 하이드 파크 남쪽에 위치해 있다.

주소 Kensington Gardens, London, W2 2UH
위치 버스 9, 23, 52, 452, 702번
운영 06:00~21:00
요금 무료

아시아를 상징하는 동상

★★☆

GPS 51.507040, -0.171432

하이드 파크 Hyde Park

런던에서 가장 큰 왕립 공원으로 햇살 좋은 날 여유 있게 방문하기를 추천한다. 공원 내에는 켄싱턴 궁전과 켄싱턴 정원이 있으며 1970년에 개관해 다이애나 왕세자비의 노력이 깃든 서펜타인 갤러리Serpentine Galleries(**운영** 화~일 10:00~18:00, **요금** 무료)와 2013년에 개관한 서펜타인 새클러 갤러리Serpentine Sackler Gallery는 같은 현대 미술관으로 동대문디자인플라자(DDP)를 설계한 자하 하디드가 디자인했다. 큰 규모의 공원답게 5개의 카페가 있고 곳곳에 식수대와 화장실이 마련되어 있다. 켄싱턴 궁전에서 생활했던 다이애나 왕세자비를 추모하기 위한 기념물들이 여러 곳 있는데 서북쪽에 다이애나 메모리얼 놀이터Diana Memorial Playground가, 남쪽에는 다이애나 기념 분수Diana Memorial Fountain가 있다. 물이 계속 순환하는 타원형으로 난간에 앉아 발을 담글 수 있다. 다이애나 기념 분수의 운영 시간은 11~2월 10:00~16:00, 3 · 10월 10:00~18:00, 4~8월 10:00~20:00, 9월 10:00~19:00이다.

주소 Hyde Park, London, W2 2UH
위치 튜브 Lancaster Gate, Marble Arch, Hyde Park Corner, Knightsbridge역
운영 05:00~24:00
홈피 www.royalparks.org.uk/parks/hyde-park
서펜타인 갤러리 www.serpentinegalleries.org

서펜타인 새클러 갤러리

다이애나 기념 분수

자하 하디드가 디자인했다

★★★

GPS 51.505850, -0.187725

켄싱턴 궁전 Kensington Palace

하이드 파크 내에 위치한 궁전으로 1689년 메리 여왕과 윌리엄 3세가 노팅엄 하우스 빌라를 사들여 궁전으로 개조했다. 캐롤라인 왕비가 정원을 꾸몄고, 빅토리아 여왕이 어린 시절을 보내기도 했다. 입장 후 볼 수 있는 방들은 모두 이 시대에 만들어진 것이다. 1837년 빅토리아 여왕이 버킹엄 궁전으로 거주지를 옮긴 이후, 영국 로열 패밀리가 어린 시절을 보내는 궁전으로 쓰이고 있다. 다이애나 왕세자비를 비롯한 왕자와 공주가 어린 시절 이곳에서 생활했고, 다이애나 왕세자비가 교통사고로 사망하기 전까지 머물렀다. 현재는 해리 왕세손 부부와 자녀들이 이곳에 머물고 있다. 궁전 내부는 버킹엄 궁전에 비해 화려하지 않지만 왕자와 공주들의 유년시절을 살펴볼 수 있으며 다이애나 왕세자비와 관련된 기획 전시가 지속적으로 열리고 있어 흥미롭다. 전시는 생전에 공식 석상에서 입었던 옷과 드레스 등이 돌아가며 전시된다. 궁전을 돌아본 후 여유가 있다면 오린저리 레스토랑The Orangery Restaurant에서 티타임을 즐겨보는 것도 좋다.

기념품점

궁전 내 카페

주소 Kensington Palace, Kensington Gardens, London, W8 4PX
위치 **튜브** Queensway Staion역 **버스** 9, 49, 52, 70, 94, 148, 274, 452번
운영 **여름 시즌** 화~일 10:00~18:00(입장 마감 17:00) **겨울 시즌** 수~일 10:00~16:00(입장 마감 15:00)
휴무 비정기적(홈페이지 확인)
요금 일반 £24.00, 65세 이상·18세 이상 학생 £19.00, 5~15세·16·17세 £12.00, 5세 미만 무료
전화 033 3320 6000
홈피 www.hrp.org.uk/kensington-palace

more & more 켄싱턴 궁전 자세히 보기

켄싱턴 궁전은 크게 3구역으로 나누어져 있다. 왕의 아파트먼트King's State Apartments, 여왕의 아파트먼트Queen's State Apartments, 기획전시실이다. 현재 기획전시실에는 〈크라운 투 쿠튀르Crown to Couture〉전이 열리고 있다.

❶ 왕의 아파트먼트

조지 2세George II와 캐롤라인 여왕Queen Caroline의 생활공간으로 여러 개의 방으로 구성되어 있다. 알현실Presence Chamnber은 왕과 신하들이 인사하고 대화하는 공간으로 사용됐다. 쿠폴라 룸Cupola Room은 헨델과 관련이 있다. 조지 2세와 캐롤라인 여왕은 헨델을 후원했는데 헨델은 자녀들에게 음악을 가르치기도 했고 이탈리아 오페라 가수를 데려와 이곳에서 공연을 하기도 했다. 때때로 미뉴에트Minuet 등의 춤을 추는 공간으로도 활용했다. 왕의 응접실King's Drawing Room은 카드놀이를 하는 공간으로 가끔 저녁 10시에 손님들과 모여 게임을 즐겼다. 왕의 갤러리King's Gallery는 주로 회화작품을 전시해 놓은 공간이다.

왕의 갤러리

빅토리아 여왕이 태어난 방

❷ 여왕의 아파트먼트

여왕의 아파트먼트는 빅토리아 공주가 어린 나이에 여왕이 되어 결혼하고 가정을 이루어 살아가는 과정을 담았다. 첫 번째 방은 1837년 윌리엄 4세의 죽음 이후 켄싱턴 궁전에서 잠을 자고 있던 빅토리아 공주가 여왕이 된 당일의 이야기를 담았다. 국왕의 자문단인 추밀원Privy Council 모임이 이곳에서 열렸다. 벽에 걸린 액자에서 당시의 모습을 유추할 수 있다. 이어지는 방에서는 앨버트 공을 만나 결혼을 하고 아이를 키우는 여왕과 가족의 생활상을 엿볼 수 있다. 방마다 걸려 있는 여왕의 초상화로 세월의 흐름을 느낄 수 있다.

여왕의 클로짓 · 18세 여왕이 되다

❸ 크라운 투 쿠튀르 Crown to Couture

2024년의 전시회는 〈왕실의 쿠튀르〉다. 왕가의 사람들이 입는 무도복, 정장과 같은 옷, 그리고 핸드백, 보석까지 200개 이상의 전시물을 한 곳에서 만날 수 있다. 특히, 오드리 햅번이 영화 〈로마의 휴일〉에서 입었던 새하얀 드레스가 전시되어 있는데 이는 1954년 오스카 시상식 참여를 위해 만든 것이다. 또 2017년 그래미 시상식에서 비욘세가 입었던 화려한 황금색 의상도 놓치지 말자.

여왕의 침실

★★★ GPS 51.499905, -0.200246

디자인 박물관 Design Museum

생활 속 디자인에 대해 즐겁게 생각해 볼 수 있는 박물관이다. 전화, 우산, 컴퓨터, 휴대폰, 자전거 등 대중에게 선택받은 디자인과 잊혀진 디자인 속에서 디자인이 소비자를 만들어 가는지, 소비자가 디자인을 결정하는지 생각해 보는 좋은 시간이 된다. 시기에 따라 국내에서는 보기 힘든 전시회가 열리니 홈페이지를 통해 알아보고 가는 것도 좋다.

주소 224-238 Kensington High Street, London, W8 6AG
위치 버스 9, 27, 28, 49, 328번
운영 월~목 10:00~17:00, 금·일 10:00~18:00 (9월 16일부터 매주 토요일 ~21:00)
요금 <Designer Maker User> 전시 무료(※ 박물관 내에 다양한 기획전시가 열리며 전시에 따라 입장 요금 상이)
전화 020 3862 5937
홈피 designmuseum.org

★★☆ GPS 51.490712, -0.158730

사치 갤러리 Saatchi Gallery

첼시 지역에 위치한 현대 미술관으로 세계적인 미술품 수집가인 찰스 사치가 그동안 수집한 작품들을 모아 1985년에 오픈했다. 찰스 사치는 1990년대에 젊은 미술가들을 발굴하고 후원해 현대 미술 발전에 많은 기여를 한 사업가다. 사설 미술관임에도 입장료가 없으며 최근에는 아시아와 중동 등의 주목할 만한 작가들의 기획전을 열고 있다. 연간 150만 명의 관람객들이 방문하고 있으며 현대 미술에 관심이 많다면 추천한다.

주소 Duke of York's HQ, King's Road, London, SW3 4RY
위치 **튜브** Sloane Square역
버스 11, 19, 22, 49, 211, 319번
운영 10:00~18:00(입장 마감 17:20)
휴무 12월 24~26일
요금 무료(※ 전시에 따라 유료)
전화 020 7811 3070
홈피 www.saatchigallery.com

GPS 51.504515, -0.191752

칸델라 티 룸 Candella Tea Room

켄싱턴 가든 근처에 위치한 편안한 분위기의 찻집으로 인기 있는 애프터눈 티 스폿이다. 애프터눈 티도 비교적 저렴한 £24.95에 맛있는 스콘으로 추천할 만하다. 공간이 넓지 않아 예약 필수다.

주소 34 Kensington Church St, London W8 4HA
위치 버스 27, 28, 52, 70, 328, 452번
운영 월~금 11:00~18:00, 토·일 10:00~18:00
요금 ££
전화 020 7937 4161
홈피 www.candellatearoom.com

추천 GPS 51.752415, -1.256442

벤스 쿠키 Ben's Cookies

국내에도 상륙한 영국의 쿠키 가게로 큼지막한 쿠키 사이즈와 찐득한 맛으로 인기다. 20종류의 쿠키가 있는데 5개를 사면 2개 무료, 10개 구매 시 5개가 무료다. 그중에서 한국인에게 가장 인기 있는 쿠키는 초콜릿이 듬뿍 들어간 트리플 초콜릿 청크와 크랜베리 & 화이트 초콜릿과 같이 초콜릿이 들어간 쿠키다. 코벤트 가든에서 시작해 미국과 아시아, 중동 지역까지 지점이 있다.

주소 12, Kensington Arcade, London, W8 5SF
위치 버스 9, 27, N9번
운영 월~금 08:00~20:00, 토 09:30~20:00, 일 10:00~19:00
요금 £
전화 020 7376 0559
홈피 www.benscookies.com

추천 GPS 51.506931, -0.194794

처칠 암스 Churchill Arms

켄싱턴 가든 서쪽에 위치한 펍으로 멀리서도 눈에 띄는 아름다운 외관이 인상적이다. 외관만큼이나 메뉴도 특이한 곳으로 태국 음식을 전문으로 하고 있다. 마치 식물원에 들어온 것처럼 꽃들이 만발한 내부는 펍 공간과 타이 레스토랑 공간으로 나뉜다. 맛 좋은 태국 음식과 영국 생맥주의 조화가 추천할 만하다.

주소 119 Kensington Church Street, London, W8 7LN
위치 **튜브** Notting Hill Gate역 **버스** 27, 28, 52, 70, 328, 452, N27, N31번
운영 월~토 11:00~23:00, 일 12:00~22:30
요금 ££
전화 020 7727 4242
홈피 www.churchillarmskensington.co.uk

추천

해로즈 백화점 Harrods

GPS 51.499429, -0.163238

브롬프턴 거리에 들어서면 웅장한 갈색의 6층 건물이 보이는데 바로 해로즈 백화점이다. 런던 최고의 백화점으로 가장 좋은 품질을 자신하는 제품만 입점할 수 있다. 항상 많은 사람으로 붐비며 관광객들의 쇼핑 필수 코스이기도 하다. 해로즈는 1849년 차 도매상이었던 헨리 찰스 해로즈가 식료품 가게를 인수하면서부터 시작되었다. 지금도 해로즈에서 가장 중요한 부분을 차지하는 곳이 지하의 식품부다. 고풍스러운 내부만큼이나 지하 식당 및 식자재의 맛과 품질이 남다르다. 선물용 홍차를 찾는다면 해로즈 홍차(No.14, No.42, No.49 등)를 추천한다.

해로즈 차와 커피 코너

주소 87-135 Brompton Road, London, SW1X 7XL

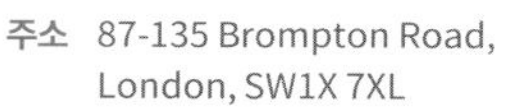

위치 **튜브** Knightsbridge역
버스 14, 74, 414, C1번

운영 월~토 10:00~21:00, 일 11:30~21:00

전화 020 7730 1234

홈피 www.harrods.com

해로즈의 스테이크 하우스

GPS 51.501718, -0.190382

홀 푸드 마켓 Whole Foods Market

유기농 식품을 전문적으로 파는 미국의 슈퍼마켓 체인점이다. 유기농 식품에 관심이 많다면 둘러볼 만하다. 국내에는 들어오지 않은 다양한 유기농 제품을 만날 수 있어 기념품으로 구입하기에도 좋다. 1층에는 멕시칸, 이탈리안, 아시안 퓨전, 일본 음식을 파는 레스토랑이 있다.

주소 63-97 Kensington High Street, London, W85SE
위치 버스 9, 49, 52, 70, 80, 452번
운영 월~토 08:00~22:00, 일 12:00~18:00
전화 020 7368 4500
홈피 wholefoodsmarket.co.uk

추천

GPS 51.491139, -0.160188

요크 공작 광장 푸드 마켓 Duke of York Square Food Market

튜브 슬론 스퀘어Sloane Square역에서 사치 갤러리로 가는 길은 다양한 상점과 카페가 밀집된 복합 쇼핑 공간으로 첼시의 중심가라 할 수 있다. 요크 공작 광장은 그 끝에 있는데 이곳에 매일 다양한 음식을 판매하는 푸드 마켓이 열린다. 와인, 치즈, 빵, 과일과 채소뿐만 아니라 다양한 먹거리를 판매하는데 맛있는 냄새가 그냥 지나치기 힘들게 한다.

주소 80 Duke of York Square, King's Road, London, SW3 4LY
위치 **튜브** Sloane Square역
버스 19, 22, 319번
운영 토 10:00~16:00
휴무 월~금·일요일
홈피 www.dukeofyorksquare.com

Special Tour 포토벨로 마켓 Portobello Market

영화 〈노팅 힐〉의 배경으로 등장해 세계적으로 유명해진 거리이다. 1739년부터 운영된 유서 깊은 곳으로 평일에는 식료품 시장이 열리고 토요일에는 2천여 개의 상점들이 들어서는 빈티지 전문 거리시장으로 변모한다. 판매하는 물품도 옷, 음식, 책, 액세서리에서 가구까지 총망라한다. 노팅 힐을 방문하기 가장 좋은 날은 토요일이며, 매년 8월의 마지막 주 일·월에는 '노팅 힐 카니발Notting Hill Carnival'이 열린다. 소매치기가 다수 출몰하니 머무는 동안 긴장을 늦추지 말자. 영화에 나왔던 트래블 북 숍The Travel Book Shop(기념품점)과 휴 그랜트의 집The Blue Door 앞에서 인증샷을 찍어보자.

주소 Portobello Road, London, W11 1LU
위치 **튜브** Notting Hill Gate역
버스 27, 28, 31, 52, 94, 328, 452번
운영 월~수 09:00~18:00, 목 09:00~13:00, 금·토 09:00~19:00
휴무 일요일, 뱅크 홀리데이, 12월 25·26일
홈피 www.portobellomarket.org

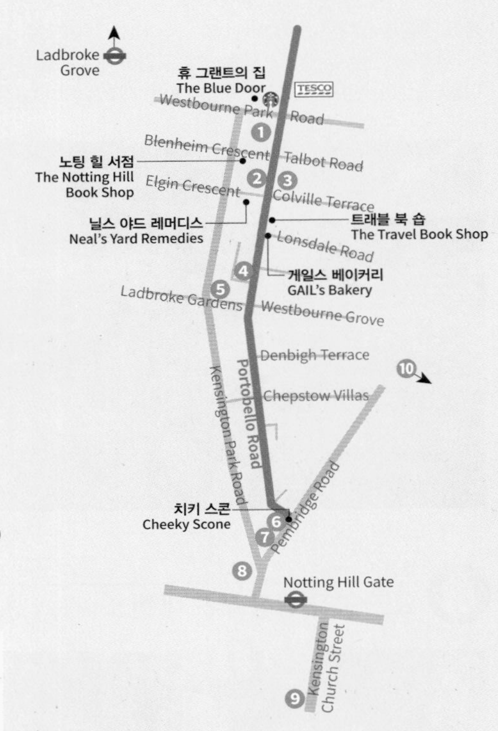

영화 〈노팅 힐〉 마니아라면, 노팅 힐 핫 스폿

햄프스테드 히스 Hampstead Heath
과거 귀족의 집과 영지였던 장소가 자연 공원이 됐다. 〈노팅 힐〉에서 줄리아 로버츠가 영화 촬영을 하는 동안, 휴 그랜트가 헤드폰을 쓰고 대화를 듣던 곳은 햄프스테드 히스 내의 켄우드 하우스다. 꽤 넓은 공원이니 여유 있게 방문하는 것이 좋다(p.214 참조).

더 리츠 런던 The Ritz
영화의 시작 무렵 줄리아 로버츠가 머물던 호텔로 나온다. 세계적인 럭셔리 호텔이다(p.82 지도 참조).

사보이 호텔 The Savoy
영화 속에서 줄리아 로버츠가 휴 그랜트와 사귄다고 발표한 장소다. 서머셋 하우스 근처에 있다(p.83 지도 참조).

1. 브라운 라이스 Brown Rice 레스토랑
2. 일렉트릭 다이너 Electric Diner 레스토랑
3. 파이브 가이즈 Five Guys 레스토랑
4. 허밍버드 베이커리 Hummingbird Bakery 베이커리
5. 폴 스미스 Paul Smith 쇼핑
6. 아란치나 Arancina 레스토랑
7. 더 피시 하우스 The Fish House 레스토랑
8. 포토벨로 리스토란테 피제리아 Portobello Ristorante Pizzeria 레스토랑
9. 처칠 암스 Churchill Arms 레스토랑
10. 헤리퍼드 로드 Hereford Road 레스토랑

▶▶ 더 노팅 힐 북 숍 The Notting Hill Book Shop

영화 〈노팅 힐〉에서 포토벨로 마켓에서 서점을 운영하는 휴 그랜트와 줄리아 로버츠가 처음 만나는 장소로 등장한 곳이다. 영화에서는 '더 트래블 북 숍The Travel Book shop'이었지만, 지금은 이름이 바뀌어서 The Notting Hill Book Shop이 되었다.

주소 13 Blenheim Crescent, London, W11 2EE
운영 09:00~19:00
전화 020 7229 5260

▶▶ 휴 그랜트의 집 The Blue Door

일명 '파란 대문집The Blue Door'으로 영화 〈노팅 힐〉에서 휴 그랜트의 집으로 나왔다. 일반 회사가 사용하고 있어 안으로 들어가 볼 수는 없다. 이 문 앞에서 사람들이 줄 서서 사진을 찍는다.

주소 280 Westbourne Park Road, London, W11 1EF

영화 〈노팅 힐〉 속 한 장면

▶▶ 허밍버드 베이커리 Hummingbird Bakery

런던에서 가장 인기 있는 베이커리 중 하나로 컵케이크 전문점이다. 런던에 5개의 지점이 있는데 본점이 이곳 포토벨로에 있다. 시그니처 메뉴인 레드벨벳 컵케이크를 꼭 맛보자. 달콤한 컵케이크 한 입으로 포토벨로 마켓 구경이 훨씬 즐거워진다.

주소 133 Portobello Road, London, W11 2DY
위치 튜브 Notting Hill Gate역
운영 월·화 10:00~17:30, 수~금 10:00~18:00, 토 10:00~18:30, 일 10:00~17:00
요금 £
홈피 hummingbirdbakery.com

4

영국 박물관에서 테이트 모던까지

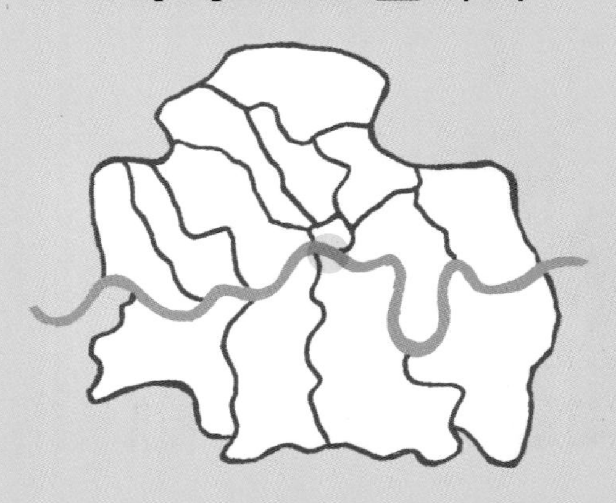

세계 최초의 국립 박물관인 영국 박물관을 시작으로 엘리자베스 여왕의 다이아몬드 주빌리 행사가 열렸던 세인트 폴 대성당을 보고, 템스강을 가로지르는 밀레니엄 브리지를 건너 현대 예술의 현주소를 느껴볼 수 있는 테이트 모던을 구경하는 루트다. 주로 실내를 돌아보기 때문에 날씨가 안 좋은 날 루트로도 좋다. 총 3km 구간으로 영국 박물관에서 세인트 폴 대성당까지 2.2km는 버스(8번)나 튜브(2정거장)로 이동해도 좋다. 테이트 모던 7층 카페에서 바라보는 런던 시내를 놓치지 말자.

영국 박물관(650m)
British Museum
찰스 디킨스 박물관(1.2km)
Charles Dickens's Museum
Chancery Lane
Kingsway
왕립재판소
Royal Courts of Justice
폴
Fleet Street
와사비
Wasabi
TESCO
Aldwick
트와이닝스 티 박물관
Twinings Tea Shop
and Museum
템플 교회
Temple Church
힐튼 호텔
Hilton Hotel
알드위치 극장
Aldwych Theatre(티나)
Strand
로스팅 플랜트 커피
Roasting Plant Coffee
이너 템플
Inner Temple
노벨로 극장
Novello
Theatre
(맘마미아)
Strand Underpass
미들 템플
Middle Temple
Middle Temple Lane
올 앤 스틴
Ole & Steen
Strand
와치하우스
Watchhouse
코톨드 미술관
Coutauld Gallery
이너 템플 가든
Inner Temple Gardens
미들 템플 가든
Middle Temple Gardens
서머셋 하우스
Somerset House
Temple
Victoria Embankment
TESCO
사보이 호텔(150m)
The Savoy
Victoria Embankment
템스강
River Thames
Waterloo Bridge
템스 해변
Thames Beach
영화 〈러브 액츄얼리〉
촬영지
Upper Ground
N
국립 극장
National Theatre
사우스뱅크 센터
Southbank Centre
Stamford Street
더 시티 지역
난도스

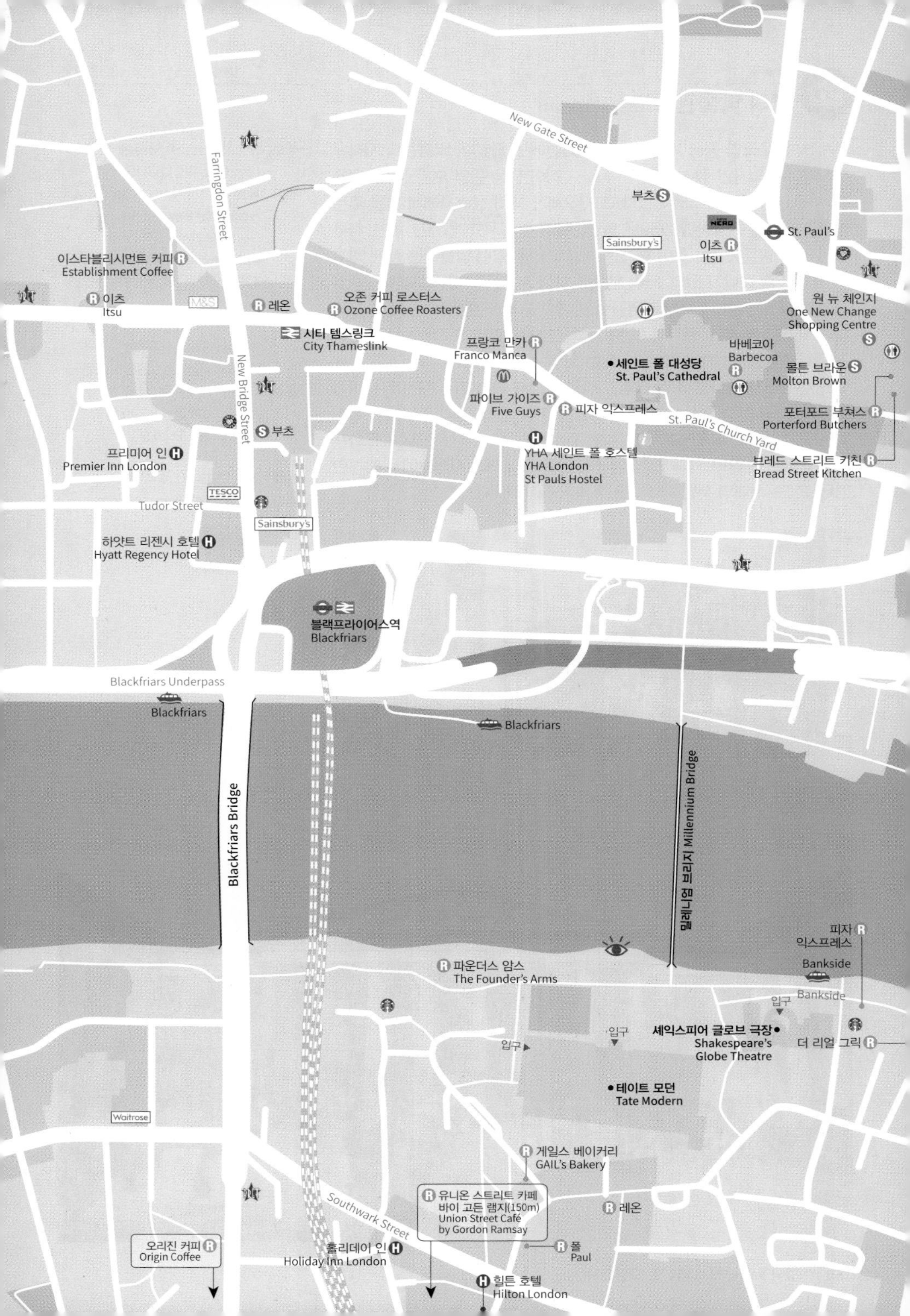
New Gate Street
Farringdon Street
New Bridge Street
부츠
St. Paul's
Sainsbury's
이츠
Itsu
이스타블리시먼트 커피
Establishment Coffee
이츠
Itsu
M&S
레온
오존 커피 로스터스
Ozone Coffee Roasters
원 뉴 체인지
One New Change
Shopping Centre
시티 템스링크
City Thameslink
프랑코 만카
Franco Manca
바베코아
Barbecoa
세인트 폴 대성당
St. Paul's Cathedral
몰튼 브라운
Molton Brown
파이브 가이즈
Five Guys
피자 익스프레스
포터포드 부쳐스
Porterford Butchers
St. Paul's Church Yard
부츠
프리미어 인
Premier Inn London
YHA 세인트 폴 호스텔
YHA London
St Pauls Hostel
브레드 스트리트 키친
Bread Street Kitchen
TESCO
Tudor Street
Sainsbury's
하얏트 리젠시 호텔
Hyatt Regency Hotel
블랙프라이어스역
Blackfriars
Blackfriars Underpass
Blackfriars
Blackfriars
Blackfriars Bridge
밀레니엄 브리지 Millennium Bridge
피자
익스프레스
Bankside
파운더스 암스
The Founder's Arms
Bankside
입구
입구
입구
셰익스피어 글로브 극장
Shakespeare's
Globe Theatre
더 리얼 그릭
테이트 모던
Tate Modern
Waitrose
게일스 베이커리
GAIL's Bakery
유니온 스트리트 카페
바이 고든 램지(150m)
Union Street Café
by Gordon Ramsay
레온
Southwark Street
오리진 커피
Origin Coffee
홀리데이 인
Holiday Inn London
폴
Paul
힐튼 호텔
Hilton London

★★★

GPS 51.519413, -0.126935

영국 박물관 British Museum

세계 최초의 국립 공공 박물관으로 1753년에 설립됐다. 박물관의 시작은 수집가이자 의사인 한스 슬론Hans Sloane 경이 평생 동안 모은 동전, 메달, 책, 식물표본 등의 수집품이었다. 조지 2세가 그의 상속자에게 돈을 주는 형태로 전체를 기증받아 1759년 일반인들에게 전시했다. 개관 초기, 하루 10명 정도 방문했었던 곳이 현재는 매년 600만 명이 방문하는 세계 최고의 박물관 중 하나가 됐다. 테러 문제로 입장 시 짐 검사를 실시한다.

구석기에서 현재까지 유럽 지역을 비롯해 아프리카, 중동, 아시아, 오세아니아, 아메리카 세계 전역의 8만여 점의 방대한 양의 수집품들을 소장하고 있다. 박물관의 최대 하이라이트는 고대 시대의 유물로 그리스의 파르테논 신전에서 떼어온 조각군(엘긴 마블Elgin Mable)과 이집트관이다. 이집트관에는 로제타석, 람세스 2세의 석상과 미라 등이 전시되어 있다. 이집트의 로제타석과 파르테논 신전에서 떼어 온 엘긴 마블은 현재도 문화재 반환 문제로 논란이 되고 있다. 영국의 유물 중에서는 서턴후에서 발견한 앵글로색슨 시대의 무덤에서 나온 유물이 대표적이다.

주소 Great Russell Street, London, WC1B3DG
위치 **튜브** Tottenham Court Road, Holborn, Russell Square, Goodge Street역
버스 New Oxford Street정류장 1, 8, 19, 25, 38, 55, 98, 242번
Tottenham Court Road정류장 10, 14, 24, 29, 73, 134, 390번
Gower Street정류장 59, 68, X68, 91, 168, 188번
운영 10:00~17:00(※ 성 금요일을 제외한 금요일은 ~20:30)
휴무 12월 24~26일
요금 무료
전화 020 7323 8000
홈피 www.britishmuseum.org
예약

Tip | 영국 박물관을 돌아보는 데 유용한 팁

1 한국어 가이드가 사라졌다!

대한항공의 후원으로 제공되던 한국어 가이드가 코로나의 영향으로 사라졌다. 한국어 설명을 보고 싶다면 뮤지엄 숍에서 한국어 안내서를 구입하거나(£6) 한국인 도슨트 투어를 예약하는 것을 추천한다.

2 뮤지엄 숍

영국의 박물관들은 해당 장소에서만 파는 기념품들이 있다. 이곳에서만 파는 기념품들을 놓치지 말자.

3 영국 박물관 내 카페

영국 박물관을 돌아보는 데 지쳤다면 박물관 안의 카페를 이용해 보자. 카페는 곳곳에 있는데 오픈된 공간에서 편안하게 즐길 수 있는 분위기다. 스콘과 커피를 추천한다.

4 영국 박물관 주변의 먹거리와 쇼핑

박물관 관람을 마친 후 잠시 여유를 즐길 시간이 된다면 점심과 쇼핑을 한자리에서 해결할 수 있는 곳을 추천한다. 영국 박물관에서 나와 러셀 스퀘어를 지나 버나드 스트리트를 따라가면 왼쪽에 있는 브런즈윅 센터가 바로 그곳이다(프레타 망제와 테스코 익스프레스를 지나자마자 있다). 1972년에 완공된 주상복합 건물로 2007년에 리모델링됐다. 베이비 갭, 부츠, 베네통 등의 쇼핑 매장은 물론 닭 요리 체인점인 난도스, 고메 버거 키친, 스타벅스 등의 식당과 카페가 있다. 안쪽 끝에는 슈퍼마켓 웨이트로즈가 있어 편리하게 이용할 수 있다.

브런즈윅 센터

영국 박물관 근처의 프레타 망제와 테스코 익스프레스

more & more 영국 박물관 더 알아보기

영국 박물관의 로비 격인 그레이트 코트Great Court는 2000년에 만들어졌다. 영국 박물관은 'ㅁ'자 구조로 안뜰이 있고 그 가운데에 영국 도서관이 있었는데, 1997년 도서관을 이전하면서 현재는 안뜰을 리딩룸Reading Room과 그레이트 코트로 꾸몄다. 유럽에서 가장 큰 실내 광장으로 영국의 대표적인 건축가 노먼 포스터Norman Foster의 작품이다. 중앙의 (구)영국 도서관은 간디가 공부하고, 칼 마르크스가 『자본론』을 집필했던 역사적인 장소다.

박물관 지도는 로비에서 £2의 기부금을 내고 가져갈 수 있으며 박물관에서 엄선한 250개의 작품 설명을 들을 수 있는 오디오 앱을 유료로 다운받을 수 있다. 안타깝게도 한국어는 없고 영어, 중국어, 프랑스어, 이탈리아어, 스페인어가 있으며 가격은 £4.99다. 한국어 안내서는 뮤지엄 숍에서 £6에 구입가능하다. 한국관은 67번 방이다.

로비 중앙의 계단으로 올라가는 곳이 (구)영국 도서관이다. 현재는 Reading Room이 있다

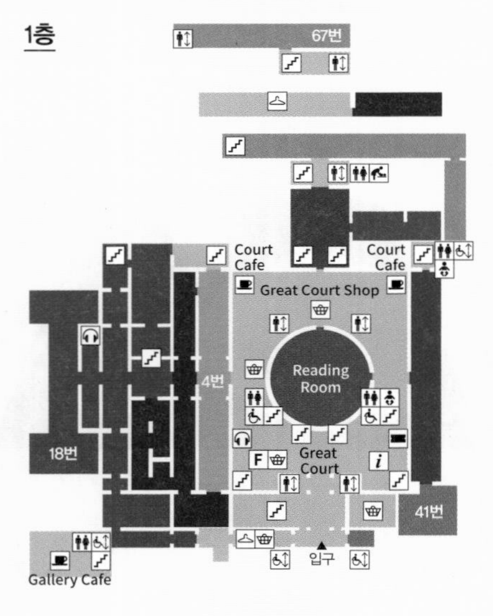

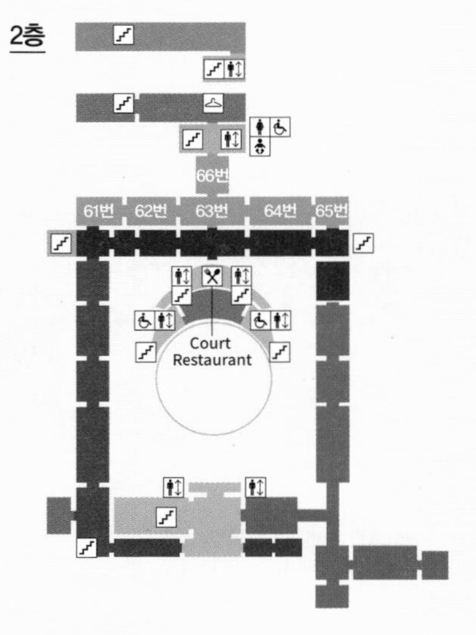

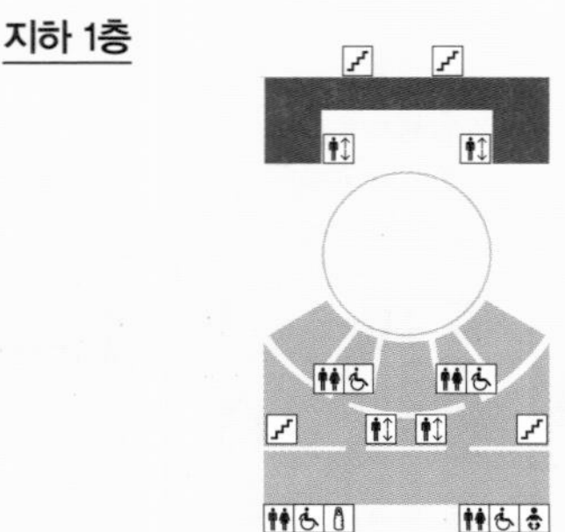

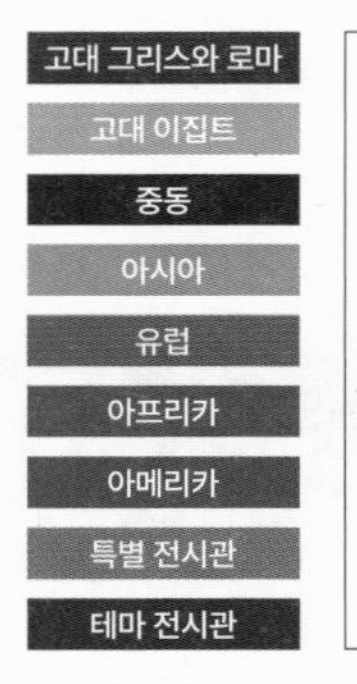

- 엘리베이터
- 장애인용 엘리베이터
- 계단
- 화장실
- 장애인용 화장실
- 기저귀 교환대
- 카페
- 기념품 숍
- 휴대품 보관소
- 관광안내소
- 티켓&멤버십
- 오디오 가이드
- 패밀리 데스크
- 수유실

이집트 Egyptian Sculpture **61~66번방**

영국 박물관에서 가장 중요하고 관람객들에게 인기 있는 곳이 바로 이집트관이다. 이집트에서 약탈해 온 유물이 다수를 차지하고 있다. 로제타석, 석관, 람세스 2세의 석상, 피라미드에서 발견된 유물 등이 있으며, 62 · 63번 방에는 다양한 형태의 미라, 미라 만드는 방법 등이 상세하게 설명되어 있다.

영국 박물관의 가장 중요한 곳인 이집트관

고대 그리스와 로마 Greece: Parthenon **18번방**

영국 박물관에서 이집트관과 더불어 하이라이트 유물이다. 유네스코 세계문화유산 1호로 지정된 그리스의 파르테논 신전을 장식하던 조각을 당시 오스만 제국의 영국 대사였던 엘긴 경이 불법으로 떼어와 영국으로 옮겨왔다. 유물 반환 문제로 국제적 이슈가 되고 있다.

신전의 페디먼트(전면 상단부)를 장식했던 아프로디테 여신상

로제타석 Rosetta Stone(BC 196) **4번방**

프톨레마이오스 5세Ptolemy V Epihanes 때 만들어진 것으로 760kg의 돌에 상형문자, 이집트어, 고대 그리스어 3가지 언어로 비문이 쓰여 있다. 1799년 나폴레옹 군대가 이집트 침략 중에 발견해 프랑스가 약탈한 것을 후에 영국이 프랑스와의 전쟁에서 승리하면서 프랑스 군인들과 교환으로 획득한 것이다.

고대 언어를 해석하는 열쇠가 된 로제타석

영국 United Kingdom **41번방**

서턴후Sutton Hoo에서 발굴된 앵글로색슨 배 안에서 나온 장례 유물을 모아놓은 방이다. 7C 초에 매장된 높은 권력자의 배 무덤으로 27m의 배에 여러 부장품들과 함께 묻은 것을 1939년에 발견했다. 헬멧, 허리띠, 칼, 방패, 동전 등을 섬세하게 복원했다.

서턴후의 헬멧

한국 Korea **67번방**

빗살무늬 토기, 고려 시대의 청자, 조선 시대의 백자, 탱화 등이 전시되어 있고 조선 시대의 사랑채를 꾸며놓았다. 한국의 기증으로 꾸며진 공간이다.

★★☆

GPS 51.523608, -0.116305

찰스 디킨스 박물관 Charles Dickens Museum

찰스 디킨스가 1837~1839년에 살았던 집이다. 이곳에서 대표작인 소설 『올리버 트위스트Oliver Twist』와 『니콜라스 니클비Nicholas Nickleby』가 완성됐고 두 딸이 태어났다. 가족들이 늘어나자 찰스 디킨스는 1839년 다른 집(**주소** 1 Devonshire Terrace)으로 이사했다. 찰스 디킨스 박물관은 당시 그의 가족들이 살던 형태로 그의 작품들과 함께 꾸며져 있다.

주소 48 Doughty Street, London, WC1N 2LX
위치 **튜브** Russell Square, Chancery Lane, Kings Cross St.Pancras역
버스 7, 17, 19, 38, 45, 46, 55, 243번
운영 수~일 10:00~17:00(입장 마감 16:00) **휴무** 월·화요일
요금 일반 £12.50, 학생·60대 이상 £10.50 6~16세 £7.50, 6세 미만 무료
전화 020 7405 2127
홈피 www.dickensmuseum.com

★★☆

GPS 51.511058, -0.117154

서머셋 하우스 Somerset House

서머셋 하우스는 1551년 서머셋 공작의 집으로 만들어졌으나 서머셋 공작의 사형 뒤 왕실 소유가 됐다. 1768년 조지 3세GeorgeIII가 왕립 예술 아카데미Royal Academy of Arts를 설립하면서 증축되어 지금은 각종 전시회나 콘서트, 문화 행사 등이 열리는 복합 문화공간으로 자리 잡았다. 동쪽에는 1831년에 세워진 런던의 유명 대학 킹스 칼리지King's College의 캠퍼스가 자리하고 있다. 건물 안은 임뱅크먼트 갤러리Embankment Galleries와 이스트 윙 갤러리East Wing Galleries, 그리고 전시회장으로 사용되는 테라스 룸Terrace Rooms과 컨트리야드 룸Courtyard Rooms으로 구성되어 있으며 서점, 카페와 미슐랭 스타를 받은 셰프가 운영하는 레스토랑도 있다. 서머셋 하우스의 심장이라고 할 수 있는 에드먼드 제이 사프라 분수 코트Edmond J. Safra Fountain Court는 여름에는 분수가 춤을 추고 겨울에는 아이스링크로, 그리고 런던 패션 위크 때는 런웨이로 사용되어 런더너들에게 사랑받는 곳이다. 북적이는 관광지에서 벗어나 로컬 분위기를 느끼고 싶다면, 또 자녀와 함께 여행한다면 이곳을 놓치지 말자.

주소 Somerset House, London, WC2R 0RN
위치 **튜브** Temple, Covent Garden, Charing Cross, Embankment역
기차 Charing Cross, Waterloo, Blackfriars역
버스 1, 15, 59, 68, 76, 91, 168, 172, 188, 243, 341번
운영 08:00~23:00 **휴무** 12월 25일
에드먼드 제이 사프라 분수 08:00~23:00
요금 무료
홈피 www.somersethouse.org.uk

★★★

GPS 51.511587, -0.117729

코톨드 미술관 Courtauld Gallery

코톨드 미술관은 서머셋 하우스 내에 있는 미술관으로 초기 르네상스부터 20세기까지의 회화와 조각 작품이 전시되어 있다. 미술관의 시작은 미술에 조예가 깊었던 사무엘 코톨드Samuel Courtauld가 수집한 반 고흐, 드가, 마네, 고갱 등 인상파 작가들의 작품들을 기반으로 한다. 이 외에도 윌리엄 터너William Turner, 로저 프라이Roger Fry 등 영국 작가들의 회화와 레오나르도 다 빈치, 미켈란젤로, 뒤러, 브뤼겔, 루벤스, 렘브란트의 작품까지 만날 수 있는, 규모에 비해 숨은 보석 같은 미술관이다. 인상주의 화가를 좋아한다면 놓치지 말자. 작품은 고흐의 〈귀에 붕대를 감은 자화상〉과 마네의 〈폴리 베르제르의 술집〉, 드가의 〈무대 위에 두 명의 댄서〉 등이 있다.

주소 Somerset House, London, WC2R 0RN
운영 10:00~18:00(입장 마감 17:15)
휴무 12월 25·26일
요금 주중 일반 £10, 주말 일반 £12, 18세 미만 무료
전화 020 3947 7777
홈피 www.courtauld.ac.uk

드가의 〈무대 위에 두 명의 댄서〉

서머셋 하우스 입구 오른편에 코톨드 미술관 입구가 있다

고흐의 〈귀에 붕대를 감은 자화상〉

마네의 〈폴리 베르제르의 술집〉

★★★

GPS 51.513296, -0.112855

트와이닝스 티 박물관 Twinings Tea Shop and Museum

영국의 대표적인 차 브랜드 중 하나인 트와이닝스의 스트랜드 본점으로 1706년 오픈해 300년이 넘은 유서 깊은 공간이다. 매장에는 200개가 넘는 차를 팔고 있으며 합리적인 가격으로 다양한 종류의 차를 고를 수 있다. 이곳 본점은 마트에서 볼 수 없는 선물 패키지와 고급스러운 원목상자에 원하는 티백을 골라 담을 수 있는 기프트박스, 찻잔과 다기세트를 판매하고 있다. 또한 트와이닝스 가문 주요 인물들의 초상화가 좁고 긴 내부 벽에 쭉 진열되어 있어 박물관이라고도 불린다. 이 외에도 레스터 스퀘어 근처(48 Leicester Square, London WC2H 7LT)에 방문하기 편한 지점이 있다.

주소 216 Strand, London, WC2R 1AP
위치 **튜브** Temple, Blackfriars역
버스 15, 76, 341번
운영 월~수·금~일 11:00~18:00, 목 11:30~18:30
요금 무료
전화 020 7353 3511
홈피 www.twinings.co.uk

무료 시음이 가능하다

★★☆

GPS 51.513270, -0.110281

템플 교회 Temple Church

템플 기사단에 의해 만들어진 유서 깊은 교회로 1185년 축성식이 열렸다. 템플 기사단은 12세기 예루살렘으로 오고 가는 순례자들을 보호하기 위해 만들어진 기사단으로 십자군 원정에 참가하고 금융업을 통해 부를 축적했던 조직이다. 14세기 초에 이단으로 몰려 재산을 몰수당하고 해체됐다. 템플 기사단에 대한 이야기와 템플 교회는 영화 〈다빈치 코드〉에 등장하기도 했다. 일요일 미사 시간은 08:30/11:15이고 템플 교회의 합창은 매월 마지막 주 일요일 11:15에 들을 수 있다.

주소 Temple, London, EC4Y 7DE
위치 **튜브** Temple, Blackfriars역 (Tudor Street 입구 방향으로 들어간다)
버스 15, 76, 341번
운영 월~금 10:00~16:00, **휴무** 토·일요일 (※ 행사에 따라 변동될 수 있으니 홈페이지 확인)
요금 일반 £5, 60세 이상·학생 £3, 18세 미만 무료
전화 020 7353 8559
홈피 www.templechurch.com

★★★

GPS 51.513885, -0.098351

세인트 폴 대성당 St. Paul's Cathedral

604년부터 성당이 있던 곳으로 여러 번의 화재로 소실되고 다시 지어졌다. 현재의 성당은 1666년 런던 대화재 이후 크리스토퍼 렌Christopher Wren에 의해 1710년 완공된 것이다. 성공회 성당으로 런던 주교좌가 자리한다. 1981년 찰스 왕세자와 다이애나 왕세자비의 결혼식이 열렸다. 1987년 빅토리아 여왕의 다이아몬드 주빌리 행사, 엘리자베스 여왕의 실버, 골드, 다이아몬드, 플래티넘 주빌리 행사가 모두 이곳에서 열렸다. 또한 넬슨 경과 웰링턴 공작, 윈스턴 처칠의 장례식이 열린 장소이기도 하다. 성당의 하이라이트는 높이 111.3m, 65,000t 규모의 거대하고 화려하게 장식된 돔과 돔 주변에서 런던 시내를 조망할 수 있는 골든 갤러리Golden Gallery, 그리고 성당의 설계자인 크리스토퍼 렌, 넬슨 경, 웰링턴 공작의 무덤이 있는 지하의 납골당이다.

주소 St. Paul's Churchyard, London, EC4M 8AD
위치 **튜브** St. Paul's, Blackfriars, Mansion House, Cannon Street, Bank역
기차 City Thameslink, Blackfriars, Cannon Street역
버스 8, 15, 17, 25, 55, 56, 76, 133, 243번
운영 월~토 08:30~16:30, 수 10:00~16:30 (입장 마감 16:00) **휴무** 일요일
요금 일반 £25.00, 65세 이상·학생 £22.50, 6~17세 £10, 가족(어른 1명&아이 2~3명) £35.00, 가족(어른 2명&아이 2~3명) £60
전화 020 7246 8350
홈피 www.stpauls.co.uk

528개의 계단을 올라야 가장 높은 골든 갤러리까지 오를 수 있다.

가장 높은 골든 갤러리에서 바라보는 전망

위스퍼링 갤러리

위스퍼링 갤러리에서 바라보는 성당 내부

웰링턴 공작의 무덤

★★★

GPS 51.509542, -0.098535

밀레니엄 브리지 Millennium Bridge

2000년을 맞이해서 런던이 만든 여러 건축물 중 하나다. 밀레니엄 돔Millennium Dome, 밀레니엄 빌리지Millennium Village, 런던 아이 또는 밀레니엄 휠Millennium Wheel과 함께 만들어진 런던에서 유일한 보행자 전용 다리다. 정식 명칭은 런던 밀레니엄 풋브리지London Millennium Footbridge이며 길이 370m로 템스강을 가로지른다. 밀레니엄 브리지의 북쪽에는 세인트 폴 대성당이, 남쪽에는 테이트 모던이 자리하고 있다. 템스강의 멋진 풍경을 배경으로 사진을 찍기 좋다.

밀레니엄 브리지 끝에 보이는 세인트 폴 대성당

★★★

GPS 51.532626, -0.124027

9와 ¾ 플랫폼 Platform 9 ¾

소설과 영화로 세계적인 인기를 얻은 〈해리 포터〉에서 해리 포터가 킹스 크로스역에서 벽을 통과해 호그와트행 열차를 타는 플랫폼 9와 ¾이 킹스크로스역 로비에 있다. 실제 킹스 크로스역에는 메인 건물에 9와 10 플랫폼이 없는데 J.K 롤링은 BBC와의 인터뷰에서 이는 유스턴역과 혼동해서 나온 오류라고 밝히기도 했다. 영화 촬영 시 기차역 외관은 세인트 판크라스트역을, 플랫폼은 킹스 크로스 역의 4번과 5번을 9와 10으로 바꾸어 촬영했다고 한다. 벽을 통과하는 트롤리는 해리포터 숍 옆의 중앙로비에 있고 직원이 사진도 찍어준다(촬영 후 매장에서 사진 확인 후 구매 가능). 오랫동안 줄을 서지 않으려면 오픈 시간에 맞춰 가는 것이 좋다. 바로 옆 해리포터 매장에는 다양한 굿즈를 판매한다.

주소 Kings Cross Station, Euston Rd., London N1 9AP
위치 튜브·기차 King's Cross St. Pancras역
운영 월~토 08:00~22:00, 일 09:00~20:00, 뱅크 홀리데이 09:00~20:00
요금 사진 1장 £10, 2장 £15, 4장 £20
홈피 harrypottershop.co.uk/pages/platform934

★★☆ GPS 51.536572, -0.124795

킹스 크로스 King's Cross

킹스 크로스 도시 재생 프로젝트를 통해 2018년에 오픈한 복합 공간이다. 세계적인 디자이너 토마스 헤더윅Thomas Heatherwick이 설계했다. 1850년대 물품 하차장이었던 그래너리 빌딩Granary Building을 리모델링 해 영국 명문 예술대학인 런던 예술대의 세인트 마틴스Central Saint Martins 캠퍼스로, 바로 앞 그래너리 스퀘어Granary Square에서는 바닥분수가 뿜어져 나와 아이들의 놀이 공간으로 쓰인다. 과거 석탄을 쌓아두었던 창고였던 콜 드롭스 야드Coal Drops Yard는 지붕을 엿가락처럼 늘려 두 건물이 키스하는 것 같은 키싱 루프Kissing Roofs로 이곳의 랜드마크다. 상점, 식당, 카페 등이 모인 복합 쇼핑몰이다. 사람들로 가장 북적이는 곳은 아무래도 캐노피 마켓Canopy Market이다. 점심시간 삼삼오오 마켓에서 산 음식으로 리젠트 운하의 햇살을 즐기며 점심을 먹는 런던 시민들의 모습이 평화롭다.

주소 Granary Building, 1 Granary Square, London N1C 4AA
위치 **튜브** King's Cross St. Pancras역, **버스** 390번
운영 콜 드롭스 야드 10:00~23:00
홈피 www.kingscross.co.uk

그래너리 빌딩과 바닥분수

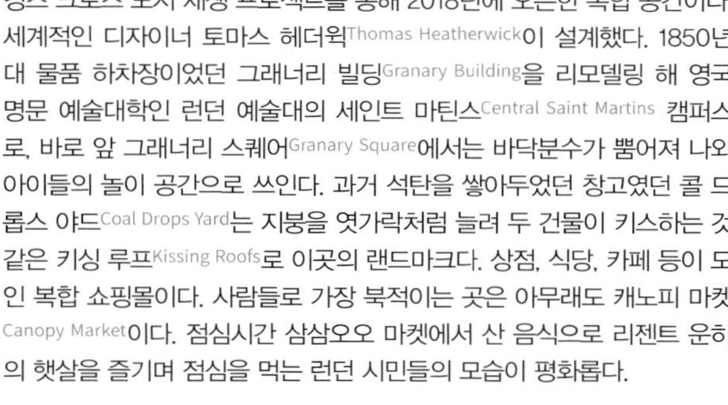

캐노피 마켓

콜드 드롭 야드

★★★ GPS 51.507765, -0.099048

테이트 모던 Tate Modern

1500년 영국 예술 작품부터 오늘날 세계의 현대 예술 작품을 모아놓은 미술관이다. 1897년에 오픈했을 때만 해도 작은 미술관에 불과했으나 지금은 7만여 점의 예술 작품을 소장한 런던의 대표 미술관이 됐다. 현재의 미술관 건물은 과거 화력 발전소였던 곳을 리모델링해 2000년에 오픈한 것이다. 과거 발전소의 굴뚝은 테이트 모던을 상징하게 됐다. 미술관에서는 앙리 마티스Henri Matisse, 클로드 모네Claude Monet, 르네 마그리트René Magritte, 호안 미로Joan Miró, 이브 클라인Yves Klein, 팝아트 화가 데이비드 호크니David Hockney, 로이 리히텐슈타인Roy Lichtenstein 등의 예술 작품을 만날 수 있다. 현대자동차의 후원으로 백남준의 작품을 감상할 수 있는 백남준 기념관이 있다. 테이트 브리튼도 관람할 예정이라면 Tate to Tate 보트 정보를 참고하자(p.96 참조).

주소 Bankside, London, SE1 9TG
위치 **튜브** Southwark, Mansion House, St. Paul's역
기차 Blackfriars, London Bridge역
버스 Blackfriars Bridge Road정류장 40, 63, 100번
Southwark Street정류장 381번
Southwark Bridge Road정류장 344번
운영 10:00~18:00(입장 마감 17:30)
휴무 12월 24~26일
요금 무료
전화 020 7887 8888
홈피 www.tate.org.uk

과거 화력발전소의 굴뚝이 인상적인 외관

Tip | 테이트 모던에서 꼭 봐야 할 것!

테이트 모던 Level 6에는 키친 앤 바Kitchen and Bar가 있는데 템스강 북쪽(세인트 폴 대성당 방향)을 바라볼 수 있다. 2코스 메뉴가 £32, 3코스 메뉴가 £39다. 15:00까지 운영하며 예약하는 것을 추천한다. Level 5에는 바Bar가 있는데 샐러드나 음료 등을 팔고 좀 더 저렴하다.

6층, 전망대 야경

백남준 기념관

★★☆

GPS 51.508087, -0.097224

셰익스피어 글로브 극장 Shakespeare's Globe Theatre

셰익스피어가 작품 활동을 하던 17세기 말, 그의 희곡이 초연되고 공연됐던 역사적인 극장을 복원해 놓은 셰익스피어 작품 전용 극장이다. 1642년 폐쇄되어 사라진 극장이 미국의 배우이자 감독인 샘 워너메이커Sam Wanamaker의 주도로 원형 그대로 복원되어 1997년에 새롭게 문을 열었다. 당시 극장에는 조명 시설이 없었는데 자연광을 최대한 이용하기 위해 천장이 오픈된 원형 구조로 지어졌다. 1,800여 명이 관람 가능한 규모이며 내부에는 실제 극장에서 연기자들이 입었던 옷과 방대한 양의 소도구들이 전시되어 있다. 셰익스피어의 작품을 예매해서 공연을 볼 수도 있고 셰익스피어와 극장에 대해 궁금하다면 극장 투어를 이용하면 된다. 극장을 찾기 전에 영화 〈셰익스피어 인 러브〉를 보고 가면 감흥이 새롭다.

주소 21 New Globe Walk Bankside, London, SE1 9DT
위치 **튜브** Blackfriars, Mansion House, London Bridge역
기차 Blackfriars, London Bridge역
버스 Blackfriars Bridge정류장 45, 63, 100번
Cannon Street정류장 15, 17번
Mansion House정류장 11, 15, 17, 23, 26, 76번
Southwark Street정류장 344, 381번
Southwark Bridge Road 정류장 344번
운영 **매표소** 월~금 11:00~18:00, 토 10:00~18:00, 일 10:00~17:00
기념품 숍 10:00~17:00
식당 월~토 12:00~20:45, 일 11:30~20:45
전화 020 7401 9919
홈피 www.shakespearesglobe.com

Tip | 극장 투어(Shakespeare's Globe Story & Tours)

투어에 걸리는 시간은 총 2시간으로, 가이드 투어 50분과 나머지 시간은 전시실을 자유 관람하는 방식으로 진행된다.

요금 일반 £27, 16세 미만 £20 **전화** 020 7902 1400

GPS 51.520933, -0.142653

카라반 Caravan

2000년대 초 뉴질랜드에서 런던으로 이주해 온 친구들이 그들의 커피 문화와 식문화가 담긴 식당을 오픈했다. 큰 규모의 식당으로 편하게 식사를 즐길 수 있고, 커피와 관련된 제품들을 구매할 수도 있다.

©Hyun So Young

주소 152 Great Portland Street, London, W1W 6AJ (*p.207 지도)
위치 **튜브** Great Portland Street역 **버스** 88, 453번
운영 월~금 08:00~23:00, 토·일 09:00~23:00
요금 ££ 전화 020 3963 8500
홈피 caravanandco.com

GPS 51.519101, -0.135842

란타나 Lantana

〈타임아웃Time Out〉에서 런던의 베스트 카페 중 하나로 소개되며 지금은 런던 브리지, 쇼디치와 BT 타워 근처에도 생겼다. 2008년 런던에서 처음 호주식 브런치를 소개한 카페로 브런치도 다채롭다. 주말 브런치 메뉴를 시키면 90분간 무제한 주스와 커피가 제공된다.

©Hyun So Young

©Hyun So Young

주소 13 Charlotte Pl, London W1T 1SN(*p.207 지도)
위치 **튜브** Goodge Street역 **버스** 29, 73, 390번
운영 월~금 08:00~17:00, 토·일 09:00~16:30
요금 ££
전화 020 7637 3347
홈피 lantana.co.uk

GPS 51.530769, -0.126188

르 팽 코티디앵 Le Pain Quotidien

벨기에의 유기농 베이커리 · 레스토랑 체인점으로 한때는 지점이 많았다가 지금은 세인트 판크라스역에만 한 곳 남아 있다. 식물이 조화로운 편안한 인테리어와 적당한 가격이 장점이고, 아침부터 점심, 저녁까지 만족할 만한 유기농 건강 메뉴를 제공한다. 이름인 르 팽 코티디앵은 'The daily bread'라는 뜻이다.

주소 St Pancras International London, N1C4QL (*p.207 지도)
위치 튜브 King's Cross street, Pancras역
운영 월~토 05:30~21:00, 일 06:30~21:00
요금 £
홈피 lepainquotidien.co.uk

GPS 51.519474, -0.140663

어텐던트 커피 로스터스 Attendant Coffee Roasters

지하의 공공화장실을 개조해 만든 카페다. 1890년대 빅토리아 시대의 벽 타일과 소변기로 사용되었던 도기들이 남아 있다. 과거의 화장실에서 커피 향이 가득하고, 훌륭한 커피를 맛볼 수 있으며 아침 식사, 브런치, 점심 메뉴도 있다.

주소 27A Foley Street, London, W1W 6DY(*p.207 지도)
위치 **튜브** Oxford Circus Street역 **버스** 88, 453번
운영 월~금 08:00~16:00,
토·일요일, 뱅크 홀리데이 09:00~17:00
요금 £
홈피 www.the-attendant.com

©Hyun So Young

GPS 51.519415, -0.140297

킨 카페 Kin Cafe

영국에서는 모든 카페와 베이커리, 식당에서 비건 메뉴를 만날 수 있다. 킨 카페는 비건 전문 레스토랑으로 'Plant Based Paradise'라는 모토로 최고 품질의 채소로 얼마나 다양한 요리를 할 수 있는지 보여준다. 올데이 메뉴, 저녁 메뉴, 주말 브런치를 운영한다.

주소 22 Foley Street, London, W1W 6DT(*p.207 지도)
위치 **튜브** Oxford Circus Street역 **버스** 88, 453번
운영 월~금 08:30~16:30, 토·일 09:30~16:30
전화 020 3589 5185
요금 ££
홈피 kincafe.co.uk

©Hyun So Young

GPS 51.520344, -0.130676

스토어 스트리트 에스프레소 Store Street Espresso

영국 박물관을 관람하기 전 커피와 베이커리로 아침 식사를 하기에 좋은 곳이다. 작은 카페지만 커피 맛이 좋고 베이커리와의 궁합이 좋아 런더너들의 많은 사랑을 받는다. 런던 내에 4개의 카페를 운영한다.

주소 40 Store Street, London, WC1E 7DB(*p.207 지도)
위치 **튜브** Goodge Street역 **버스** 29, 73, 390번
운영 월~금 07:30~18:00, 토 09:00~17:00, 일 10:00~17:00
요금 £
홈피 www.storestespresso.co.uk

©Hyun So Young

GPS 51.518566, -0.140464

카페인 Kaffeine

호주와 뉴질랜드 수준 높은 커피 문화에 영감을 받고 커피점을 만들었다고 하기엔 이미 커피맛이 너무 독보적이다. 런던 안에서도 손꼽히게 커피에 진심인 카페로 커피 마니아들이라면 방문할 만하다. 피츠로비아 지역에 서로 5분 거리에 두 곳이 있는데 각각 다른 주인이 운영한다.

주소 66 Great Titchfield Street, London, W1W 7QJ
15 Eastcastle Street, London, W1T 3AY(*p.207 지도)
위치 튜브 Oxford Circus역, Tottenham Court Road역
운영 월~금 07:30~17:00, 토 08:30~17:00, 일 09:00~17:00
요금 £ 홈피 kaffeine.co.uk

©Hyun So Young

GPS 51.514229, -0.103061

오존 커피 로스터스 Ozone Coffee Roasters

'좋은 커피가 세상을 바꿀 수 있다'라는 마음으로 커피에 진정성을 담고 있다. 주변 로스터리 커피숍 중에서도 단연 가장 인기가 있다. 커피뿐만 아니라 크루아상, 샌드위치, 케이크 등 간단한 베이커리류도 판매하고 있다.

주소 56 Ludgate Hill, London, EC4M 7AW
위치 튜브 Blackfriars역
운영 월~금 07:30~17:00
휴무 토·일요일·뱅크 홀리데이
요금 £
전화 020 7283 1155
홈피 ozonecoffee.co.uk

©Hyun So Young

©Hyun So Young

GPS 51.512781, -0.113882

로스팅 플랜트 커피 Roasting Plant Coffee

뉴욕에서 시작한 커피 체인점으로 각 매장마다 로스팅 기계가 있어 직접 로스팅을 하는 것이 특징이다. 커피 천국Willy Wonka을 꿈꾸는 커피 맛이 궁금하다면 방문해 보자. 샌드위치와 샐러드 메뉴도 있다.

주소 190 Strand, Temple, London, WC2R 3LL
위치 **튜브** Temple역
운영 월~금 07:00~19:00, 토·일 09:00~18:00
요금 £
전화 212 775 7755
홈피 roastingplant.com

©Hyun So Young

©Hyun So Young

GPS 51.508510, -0.101596

파운더스 암스 The Founder's Arms

테이트 모던 바로 옆에 위치해 있으며, 템스강을 마주하며 건너편의 세인트 폴 대성당과 시티 오브 런던의 아름다운 야경을 감상할 수 있는 펍이다.

주소 52 Hopton Street, Bankside, London, SE1 9JH
위치 **튜브** Southwark, Mansion House, St. Pauls역
기차 Blackfriars, London Bridge역
버스 40, 63, 381번
운영 월~목 10:00~23:00, 금 10:00~24:00, 토 09:00~24:00, 일 09:00~23:00
요금 ££
전화 020 7928 1899
홈피 www.foundersarms.co.uk

추천

GPS 51.513890, -0.095433

원 뉴 체인지 One New Change Shopping Centre

2010년에 오픈한 런던 중심부의 가장 큰 복합 쇼핑센터다. 세계적인 건축가 장 누벨의 현대적인 건축 작품이기도 하다. 총 8층 건물로 3층까지 60여 개의 상점이 입점해 있으며 그 위층은 사무실로 사용되고 있다. 쾌적하고 여유 있게 쇼핑을 즐기고 싶은 사람에게 추천한다. 쇼핑 후 건물 내의 카페와 레스토랑에서 편하게 식사까지 할 수 있다. 특히 6층의 공공 테라스로 올라가 보길 권한다. The Roof Terrace는 세인트 폴 대성당의 멋진 풍경을 한눈에 감상할 수 있는 장소다. 런던의 스카이뷰를 바라보며 식사를 즐길 수 있는 레스토랑과 야경을 보며 멋진 시간을 보낼 수 있는 칵테일 바도 있다.

주소 Greater, London, EC4M 9AF
위치 **튜브** St. Paul's, Blackfriars, Mansion House, Cannon Street, Bank역
기차 City Thameslink, Blackfriars, Cannon Street역
버스 4, 8, 25, 56, 100, 172, 242, 521번
운영 월~수·금·토 10:00~18:00, 목 10:00~20:00, 일 12:00~18:00
전화 020 7002 8900
홈피 www.onenewchange.com

/ONE NEW/ /CHANGE/
Play in the City

세인트 폴 대성당에서 바라보는 원 뉴 체인지

▶▶ 브레드 스트리트 키친 Bread Street Kitchen

원 뉴 체인지 안에 있는 영국의 스타 셰프 고든 램지의 레스토랑으로 그의 격식 있는 음식이 부담스럽다면 캐주얼한 분위기의 이곳에서 편하게 맛볼 수 있다. 다른 레스토랑에 관한 소개는 p.58를 참조하자.

주소 10 Bread Street, London, EC4M 9AJ
운영 월 07:30~23:00, 화~목 07:30~24:00, 금 07:30~23:30, 토 11:00~23:30, 일 11:00~22:00
요금 ££ **전화** 020 3030 4050
홈피 www.gordonramsayrestaurants.com/bread-street-kitchen

▶▶ 포터포드 부쳐스 Porterford Butchers

정육점에서 운영하는 샌드위치 가게이다. 소, 닭, 양, 돼지고기, 생선을 조리하고 가공한 속재료로 햄버거와 샌드위치를 만들어준다. 원 뉴 체인지 내에 있어 주중에만 운영하며 직장인들에게 인기 있는 점심 테이크 아웃 장소다.

주소 72 Watling Street, London, EC4M 9EB
운영 월~금 06:00~18:00 **휴무** 토·일요일
요금 £
전화 020 7248 1396
홈피 www.porterfordbutchers.co.uk

Porterford Butchers
Established
19 83

©Porterford Butchers

Special Culture

달콤한 휴식, 애프터눈 티 Afternoon Tea

영국의 차 문화

영국은 1630년대에 인도의 차를 처음으로 들여왔고, 1660년경에 커피 하우스를 통해 차가 소개되었다. 포르투갈에서 온 찰스 2세Charles II 의 아내 캐서린이 상류 사회에 소개하며 유행처럼 번졌다. 그 후 차를 마시는 것이 보편화하여 하루 8번의 차 마시는 시간이 생겼다. 아침에 일어나자마자 마시는 얼리 모닝 티Early Morning Tea, 아침 식사와 함께하는 브렉퍼스트 티Breakfast Tea(실론 또는 아삼을 이용해 밀크티로 마신다), 집안일을 마치고 11시쯤 마시는 일레브니스Elevenses, 정오에 마시는 미디 티 브레이크Middy Tea Break, 우리에게도 잘 알려진 오후 3~4시에 가벼운 디저트와 함께 마시는 애프터눈 티Afternoon Tea, 늦은 5시경에 샌드위치 등 식사와 비슷한 양의 다과와 마시는 하이 티High Tea, 저녁 식사 후에 마시는 애프터 디너 티After Dinner Tea, 마지막으로 잠자리에 들기 전에 마시는 나이트 티Night Tea가 있다. 이 중에 가장 중요한 시간은 바로 애프터눈 티타임이다.

오후의 우아한 휴식

애프터눈 티가 발전하게 된 것은 과거 영국의 식문화 때문이다. 18세기에서 19세기 초까지 영국의 주요 식사 시간은 아침과 저녁이었고, 점심은 런천Luncheon이라 부르며 간소하게 먹었다. 8시 전후의 저녁 식사 시간까지 허기를 보충하기 위해 생겨난 것이 바로 애프터눈 티타임이다. 처음 애프터눈 티를 시작한 사람은 1840년경 베드포드 공작부인 안나 마리아Anna Maria로 알려져 있다. 차를 마시며 친구들을 초대해 이야기를 나누고 정보를 교환하는 사교의 장으로도 널리 이용됐고 각종 소문과 연애의 온상지이기도 했다.
애프터눈 티는 트레이에 나오며 1단에는 샌드위치, 2단에는 스콘, 3단에는 케이크 등 디저트가 올라간다. 우리의 차 문화와는 달리 밥보다 더 풍성하게 음식을 차려 배부르게 먹고 마신다. 그러니 점심을 아주 간단하게 먹고 속이 좀 빈 상태에서 애프터눈 티를 즐기는 것이 좋다. 영국을 여행한다면 영국의 독특하면서 가장 중요한 차 문화를 경험해 보자.

애프터눈 티를 즐기기 좋은 핫 스폿

애프터눈 티는 우리가 먹기에는 양이 꽤 많으니 점심을 겸해서 먹어도 좋다. 양과 가격이 부담스럽다면 스콘 2개와 딸기잼, 클로티드 크림과 차가 나오는 크림 티를 주문하거나 2인일 경우 크림 티와 애프터눈 티 한 세트를 주문할 수도 있다. 애프터눈 티의 예산은 1인 세트 £40~80이며 하이 티는 애프터눈 티보다 비싼 £50~100 정도이다. 런던의 다양한 티룸 중 취향에 맞는 곳을 찾아볼 수 있는 홈페이지를 소개한다.

홈피 **애프터눈 티** www.afternoontea.co.uk

2024 애프터눈 티 어워드 선정 스폿

위 홈페이지에서 3개 부문으로 선정한 곳이며 홈페이지를 통해서 예약할 수 있다.

2024 AFTERNOON TEA AWARDS

- Best Traditional Afternoon Tea
  보몬트 호텔 The Beaumont Hotel, Mayfair
- Best Contemporary Afternoon Tea
  코모 더 할킨 COMO The Halkin
- Best Themed Afternoon Tea
  발도르프 힐튼 The Waldorf Hiltan

▶▶ 포트넘 앤 메이슨, 더 다이아몬드 주빌리 티 살롱
Fortnum & Mason, The Diamond Jubilee Tea Salon

고풍스러운 민트색 외관이 인상적인 런던을 대표하는 홍차 브랜드 포트넘 앤 메이슨의 티룸 & 티숍이다. 영국 왕실에 납품하는 명품 홍차를 만들고 있다. 이곳은 1701년 영국 왕실의 관리자였던 윌리엄 포트넘과 휴 메이슨이 공동 설립하여 314년이 지난 지금까지 명성을 유지해 온 영국 최고의 식료품 백화점이라 할 수 있다. 4층의 더 다이아몬드 주빌리 티 살롱은 2012년 고(故) 엘리자베스 여왕이 당시 콘월 공작부인인 카밀라와 케임브리지 공작부인, 캐서린과 방문했을 때를 기념해 만든 이름이다. 포트넘 앤 메이슨의 상징인 민트색 찻잔 세트로 고급스러운 분위기에서 티타임을 즐기며 영국의 오후를 느껴보자.

주소 181 Piccadilly, London, W1A 1ER
위치 튜브 Piccadilly Circus, Green Park역
운영 월~목 11:30~20:00, 금·토 11:00~20:00, 일 11:30~18:00
전화 020 7734 8040
홈피 www.fortnumandmason.com

스케치의 애프터눈 티

▶▶ 스케치 Sketch

런더너와 여행자들이 가장 가보고 싶어 하는 애프터눈 티 핫 스폿이다. 가격이 저렴하지는 않지만 한 번쯤 럭셔리한 분위기의 애프터눈 티를 즐기고 싶은 사람에게 추천한다(p.121 참조). 개성 있는 인테리어 덕분에 더욱 특별한 애프터눈 티타임을 즐길 수 있다. 총 5개의 공간으로 나뉘며 갤러리, 바, 레스토랑 등으로도 운영되는데 애프터눈 티를 즐기기 위해서는 더 갤러리The Gallery로 가면 된다.

주소 9 Conduit Street, London W1S 2XG
위치 튜브 Oxford Circus, Piccadilly Circus역
운영 11:00~16:30
전화 020 7659 4500
홈피 sketch.london

▶▶ 버클리 호텔 The Berkeley

패션에 관심 많은 사람들을 위한 애프터눈 티가 있는 곳으로 버클리 호텔의 프레타 포르티Pret-a-Portea가 유명하다. 시즌별 패션 컬렉션을 테마로 메뉴를 만들어 계절별로 바뀌지만 마놀로 블라닉Manolo Blahnik의 구두 모양 디저트, 이브 생 로랑Yves Saint Laurent의 핸드백 모양 케이크, 펜디Fendi의 부츠 모양 비스킷 등의 음식들이 폴 스미스 식기로 세팅되어 나오는 패셔너블한 애프터눈 티를 경험해볼 수 있다. 나이츠 브리지Knightsbridge역에서 5분 거리로 슬론 스트리트Sloane Street 방면 동쪽으로 걷다가 윌턴 플레이스Wilton Place로 꺾으면 보인다.

주소 Wilton Place, London, SW1X 7RL
위치 튜브 Knightsbridge, Hyde Park Corner역
운영 13:00~17:30
전화 020 7107 8866
홈피 www.the-berkeley.co.uk/fashion-afternoon-tea/

▶▶ 도체스터 호텔, 더 프롬나드 The Dorchester, The Promenade

럭셔리 호텔 도체스터의 애프터눈 티는 기간별로 테마가 있다. 다양한 볼거리가 있는 즐거운 티타임을 즐길 수 있다. 예를 들어 봄에는 첼시 플라워 쇼를 테마로 한 꽃에서 영감을 받은 케이크와 페이스트리를 선보이기도 한다. 홈페이지를 통해 지금의 테마가 무엇인지 확인해보자. 하이드 파크 동쪽이고 튜브 Marble Arch역과 Hyde Park Corner역 사이에 있다.

주소 53 Park Lane, London, W1K 1QA
위치 튜브 Hyde Park Corner역
운영 12:00~16:30
전화 020 7629 8888
홈피 www.thedorchester.com/afternoon-tea

▶▶ 클라리지스 호텔 Claridge's Hotel

하이드 파크 동쪽의 고급 주택지구 메이페어에 위치한 클라리지스 호텔의 애프터눈 티를 즐겨보자. 2006, 2011, 2012년 영국 티 길드 협회의 'The Tea Guild's Top London Afternoon Tea'를 수상해 영국 상류층과 셀러브리티들의 사랑을 받는 곳이다. 아르데코 양식의 고전적인 분위기에서 영국식 티 문화를 제대로 경험할 수 있다.

주소 55 Brook street, London, W1K 4HR
위치 튜브 Bond Street역
운영 14:45~17:30
전화 020 7629 8860
홈피 www.claridges.co.uk

▶▶ 더 리츠 The Ritz

런던에서 가장 유명한 호텔인 더 리츠의 티룸으로 영국 상류 사회의 애프터눈 티 장소다. 적어도 한 달 전에는 예약해야 한다. 실버 삼단 트레이와 고급스러운 찻잔 세트가 있으며, 피아노 연주가 흐르는 격식 있는 티타임을 즐길 수 있다. 이곳의 레스토랑과 팜 코트는 루이 16세를 테마로 한 고풍스러운 분위기로 운동화를 신고 들어갈 수 없고, 남자는 재킷과 넥타이를 착용해야 하는 드레스 코드가 있다.

주소 150 Piccadilly, London, W1J 9BR
위치 튜브 Green Park, Piccadilly Circus역
운영 11:30/13:30/15:30/17:30/19:30
전화 020 7300 2345
홈피 www.theritzlondon.com

▶▶ 더 랭함, 팜 코트 The Langham, Palm Court

150년 역사와 빅토리아 양식의 웅장한 분위기를 지닌 호텔에 있는 티룸으로 2009년 리뉴얼 오픈했다. 2010년 영국 티 길드 협회의 'The Tea Guild's Top London Afternoon Tea' 수상 경력이 있다. 5성급 호텔의 위상에 걸맞은 고급스러운 애프터눈 티 메뉴가 준비되어 있으며 이곳은 오전에는 아침 식사가 가능하고, 오후에는 애프터눈 티를 즐길 수 있다. 그리고 저녁에는 재즈가 흐르는 샴페인 바가 된다. 애프터눈 티를 즐기고 싶다면 시간을 잘 보고 가야 한다.

주소 1C Portland Place Regent Street, London, W1B 1JA
위치 튜브 Bond Street, Oxford Circus역
운영 12:00~17:30
전화 020 7636 1000
홈피 www.palm-court.co.uk

5

런던 타워에서 **버로우 마켓**까지

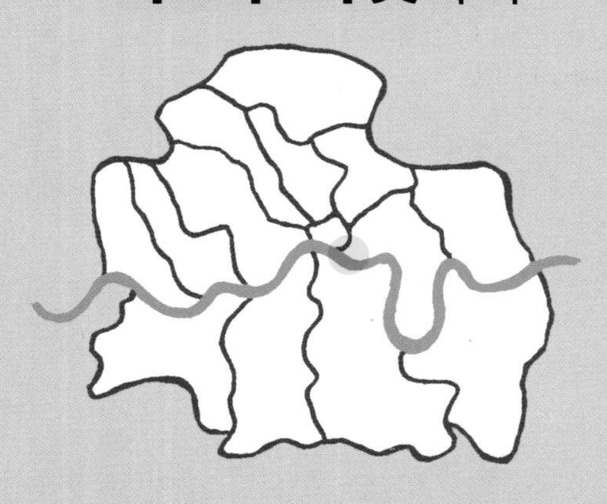

영국 왕실의 피의 역사를 말해주는 런던 타워에서 타워 브리지를 지나 도심 속 시장, 버로우 마켓의 활기찬 분위기를 느껴본다. 이후에는 영국의 황금시대를 보여주는 골든 하인드, 셰익스피어 글로브 극장을 지나 테이트 모던까지 가는 루트다. 오랜 역사를 간직한 런던 타워와 더불어 현대적인 건축물을 돌아보며 과거와 현대를 넘나들 수 있는 멋진 루트다. 3㎞ 구간으로 많이 걷지는 않지만 주변의 멋진 건물을 보기 위해선 좋은 날씨에 걷는 것이 좋다.

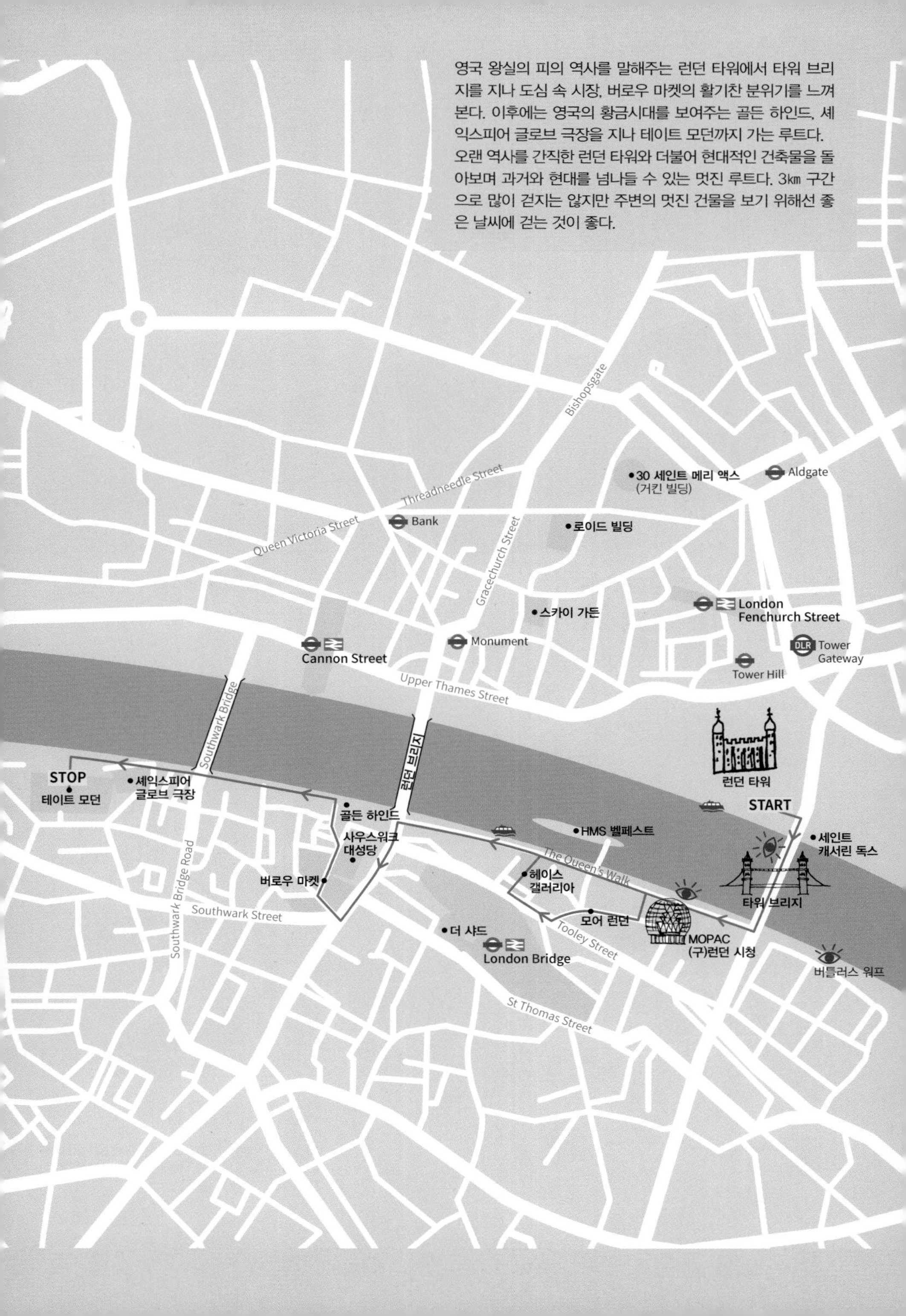

Mansion House
홈슬라이스 시티
HomeSlice City
Cannon Street
M&S
크로스타운 도넛
Crosstown Doughnuts
부츠
Sainsbury's
뉴 룩
New Look
티케이 맥스
TK Maxx
와사비
로이드 빌딩(150m)
Lloyd's Building
Fenchurch Street
스카이 가든
Sky Garden
블랙록 Blacklock
Monument
TESCO
Great Tower Street
캐넌 스트리트
Cannon Street
런던 대화재 기념비
Monument to the Great
Fire of London
Waitrose
Southwark Bridge
London Bridge
템스강
River Thames
난도스
Clink Street
빌즈
Bill's
골든 하인드
Golden Hind
NERO
London Bridge City
Montague Close
로스팅 플랜트 커피
Roasting Plant Coffee
브레드 어헤드 베이커리
Bread Ahead Bakery
사우스워크 대성당
Southwark Cathedral
올 앤 스틴
Ole & Steen
헤이스 갤러리아
Hay's Galleria
아티스 Atis
바오
BAO
라이트 브라더스
Wright Brothers
〈브리짓 존스의 일기〉 촬영지
브리짓의 집
몬머스
Monmouth
닐스 야드 데어리
Neal's Yard Dairy
Tooley Street
Hay's Lane
부츠
Battle Bridge Lane
버로우 마켓
Borough Market
와사비
Wasabi
힐튼 호텔
Hilton
London
레온
Southwark Street
더 브렉퍼스트 클럽
The Breakfast Club
와사비
서브웨이
Subway
더 샤드
The Shard
런던 브리지
London Bridge
TESCO
플랫 아이언
Flat Iron
웨어 더 팬케이크 아
Where the Pancakes are
어니스트 버거
Honest Burger
세인트 크리스토퍼스 인 펍
St Christopher's Inn Pub
키엘
Kiehl's
더 바디 숍
The Body Shop
TESCO
Borough High Street
NERO
Sainsbury's
세인트 크리스토퍼스 인 오아시스
St. Christopher's Inn Oasis
세인트 존 베이커리
St. John Bakery
런던 글래스브로잉
London Glassblowing
(유리공예미술관)
Bermondsey Street
Borough
패션 앤 텍스타일 박물관
Fasion and Textile Museum

30 세인트 메리 액스(500m)
30 St. Mary Axe
TESCO
Prescot Street
런던 펜처치 스트리트
London Fenchurch Street
프리미어 인
Premier Inn
힐튼 호텔
Hilton London
노보텔 호텔
Novotel London
포 시즌스 호텔
Four Seasons Hotel
시티즌M 타워 오브 런던
CitizenM Tower of London
웜뱃 시티 호스텔
Wombat City Hostel
브루독 BrewDog
피자 익스프레스
Tower Hill
Tower Hill
지지
KFC
매표소
허브 바이 프리미어 인
Hub by Premier Inn
와가마마
서브웨이 Subway
Tower Bridge Approach
East Smithfield
핑퐁
폴
Paul
기념품점
입구
런던 타워
Tower of London
어니스트 버거
Honest Burger
TESCO
Tower Pier
지지
Zizzi
Waitrose
더 디킨스 인
The Dickens Inn
HMS 벨파스트
HMS Belfast
세인트 캐서린 독스
St. Katharine Docks
St. Katharine Pier
St Katharine's Way
모어 런던
More London
타워 브리지
Tower Bridge
파이브 가이즈
Five Guys
이츠 Itsu
크로스타운 도넛
Crosstown Doughnuts
MOPAC (구)런던 시청
더 리얼 그릭
The Real Greek
버틀러스 워프 찹 하우스
Butlers Wharf Chop House
Tower Bridge Road
버틀러스 워프
Butler's Wharf
피자 익스프레스
와치하우스 타워브리지
WatchHouse Tower Bridge
Tooley Street
N
Druid Street
사우스워크 지역
몰트비 스트리트 마켓
Maltby Street Market
세인트 존 베이커리
St. John Bakery

★★★

런던 타워 Tower of London

윌리엄 1세가 영국의 왕이 된 뒤에 건설한 요새로 정식 명칭은 여왕 폐하의 로열 궁전과 요새Her Majesty's Royal Palace and Fortress다. 런던 타워는 여러 개의 건물과 타워들이 성곽에 둘러싸여 있는 형태로 주변에는 해자垓字가 있어 적의 침입으로부터 런던 타워를 보호했다. 1066년에 착공을 시작해 가장 먼저 건설된 곳은 1078년 화이트 타워White Tower로 성채의 중앙에 있다. 이후 여러 왕들을 거치며 증축이 이루어졌는데 현재의 모습은 리처드 2세 때 완성됐다. 건설할 때만 해도 요새와 왕궁으로 사용됐지만 1100년부터는 주로 귀족이나 왕족들을 가두는 감옥이나 사형장으로 사용됐다. '천 일의 앤'으로 유명한 헨리 8세의 두 번째 아내, 앤 불린Anne Boleyn과 앤 불린의 하녀로 일하다 다섯 번째 왕비가 된 캐서린 하워드Catherine Howard가 사형당한 곳도 이곳이다. 런던 타워는 감옥 이외에 무기고, 동물원, 조폐국 등으로도 사용되다 1903년 이후부터는 박물관과 보석들을 보관하는 장소로 이용하고 있다. 1988년 유네스코 세계문화유산으로 지정됐다. 모든 장소를 꼼꼼히 돌아본다면 오픈 시간에 맞춰가도 오후 2~3시 정도에나 나올 수 있을 정도로 볼거리가 많다.

주소 The Tower Of London, London, EC3N 4AB
위치 **튜브** Tower Hill역
기차 London Bridge역
버스 15, 42, 78, 100, 343, RV1번
운영 **성수기** 월·일 10:00~16:30, 화~토 09:00~17:30,
비수기 월·일 10:00~16:30, 화~토 09:00~16:30
(입장 마감 폐장 2시간 전)
휴무 12월 24~26일, 2025년 1월 1일
(※시기별 상이, 홈페이지 참조)
요금 일반 £34.80, 65세 이상·학생 £27.70, 5~15세 £17.40, 5세 미만 무료,
오디오 가이드(한국어) £5
전화 020 3166 6000
홈피 www.hrp.org.uk/tower-of-london
예약

Tip | 런던 타워 200% 즐기기

1 요먼 워더스 투어

런던 타워에는 짙은 감색 바탕에 진홍색 문양의 옷을 입은 요먼 워더스Yeoman Waders가 있다. 이들은 런던 타워의 위병들로 런던 타워의 마스코트다. 왕관 문양과 'C III R'이 수놓아 있는데 이는 찰스(C) 3세(III) 왕(Rex)을 뜻한다. 요먼 워더스는 에드워드 5세Edward V 때 만들어지기 시작해 1509년부터 공식화됐다. 왕실의 보디가드로 왕의 테이블에서 원하는 만큼 고기를 먹도록 허용해 줬다는 데에서 '비프이터Beefeaters'라는 닉네임이 붙었다. 과거엔 왕실의 안위를 살피고 죄수를 감시하는 위병이었지만 현재는 왕실의 보석을 지키고 런던 타워에 대한 안내를 해주는 가이드 역할을 겸하고 있다. 출입구를 지나면 해자 구역에서 이들을 만날 수 있다. 영어 실력과 관계없이 요먼 워더스의 열정적인 설명을 들을 수 있는 투어는 런던 타워에서 누릴 수 있는 가장 멋진 경험이니 추천한다. 요먼 워더스 투어는 30분 간격이다. 마지막 투어는 여름엔 15:30, 겨울엔 14:30에 시작한다. 소요 시간은 1시간 정도다.

2 한국어 오디오 가이드

런던 타워는 한국어 오디오 가이드를 비치하고 있다. 유료지만 런던 역사에 관심이 많다면 오디오 가이드를 추천한다. 런던 타워 입구인 바이워드 타워를 지나자마자 대여소가 보인다.

요금 일반 £5, 65세 이상·학생·어린이 £4

3 근위병 교대식

버킹엄 궁전의 근위병 교대식에 비할 바는 아니지만 작은 근위병 교대식이 열린다. 매일 밤에 열리며 교대식 중 사진 촬영은 불가하다. 화장실이 없으니 입장 시간 전에 다녀오자. 반드시 온라인으로 사전 예약해야 한다.

요금 £5 **시간** 21:30~22:05
예약 사진 속 QR 코드 참조

4 기념품점

런던 타워와 관련된 특화 기념품을 놓치지 말자. 기념품점은 런던 타워 출입문 근처와 런던 타워 내 화이트 타워, 중세 궁전 근처 등 여러 곳에 위치해 있다.

5 런던 타워 주변의 먹거리

런던 타워를 돌아보는 데 시간이 꽤 걸리기 때문에 간식이나 간단한 식사를 위한 곳들이 주변에 있다. 매표소 건물에 피시 앤 칩스 가게, 아이스크림점, 코스타 커피가 있다. 매표소와 이어지는 관광안내소 건물 뒤편의 타워 플레이스에는 서브웨이, 와가마마, 스타벅스, 프레타 망제 등의 음식점과 카페가 몰려 있으니 참고해두면 좋다. 런던 타워 내에도 간단한 음식을 파는 매장이 있는데 New Armouries Café(**운영** 월 · 일 10:30~17:00, 화~토 09:30~17:00)로 퓨질리어 박물관 아래쪽에 있다. 런던 타워 내 키오스크Kiosk에서도 샌드위치, 토스트, 와플, 감자칩, 팝콘, 아이스크림, 음료 등을 판다. 관람을 마치고 템스강변을 따라 타워 브리지 방향으로 나오면 Tower of London Café(**운영** 월~목 · 일 09:30~18:00, 금 · 토 09:30~19:30)가 있다.

요먼 워더스 투어

다음 투어 시간을 알리는 시계

런던 타워 출구 전경, 타워 브리지로 이어진다

more & more 꼼꼼하게 돌아보는 런던 타워

런던 타워에서 가장 인기 있는 장소는 왕가의 보석을 보관하고 있는 크라운 주얼, 런던 타워에서 가장 먼저 만들어진 건물이면서 각 왕조의 무기를 전시하고 있는 화이트 타워, 그리고 어린 왕자들이 살해된 곳으로 추정되는 블러디 타워다. 시간이 촉박하다면 이 3곳만 둘러보고(3곳만 둘러봐도 2시간이 소요된다), 여유 있게 꼼꼼히 볼 계획이라면 한국어 오디오 가이드를 이용해 아래 소개한 순으로 돌아보는 것을 추천한다.

오디오 가이드 대여소

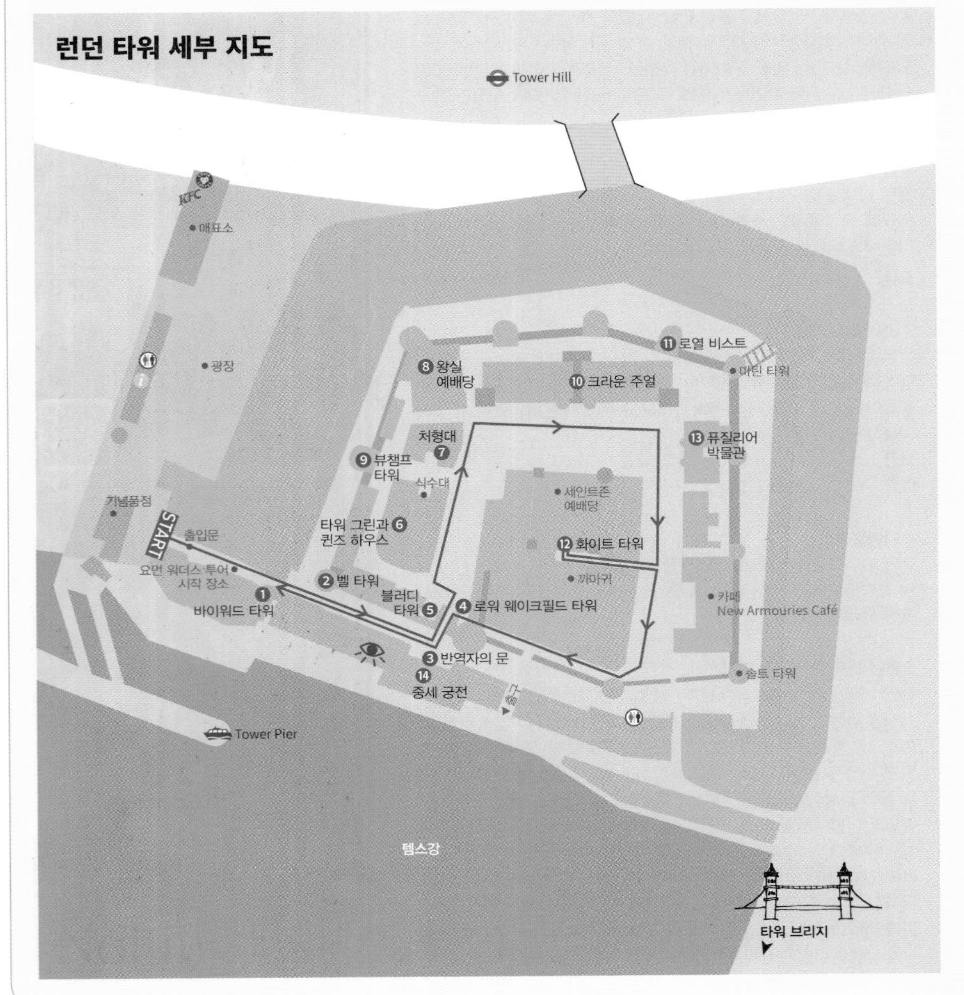

❶ 바이워드 타워 Byward Tower

런던 타워로 들어가는 입구이다. 타워 내부에는 동전에 얽힌 500년의 이야기를 소개한 '동전과 왕의 전시관Coins and Kings Exhibition'이 있다.

❷ 벨 타워 Bell Tower

통행금지를 알리는 종을 울렸던 곳으로 리처드 1세 때 만들어졌다. 현재의 종은 1651년에 제작된 것이다. 1534년 토머스 모어 경이 감금되기도 했다.

❸ 반역자의 문 Traitor's Gate

에드워드 1세 때 만든 문으로 런던 타워로 들어오는 수로다. 앤 불린과 토머스 모어 경 등 튜더 왕조의 많은 죄수들이 이 문으로 잡혀와 반역자의 문으로 부르게 됐다.

❹ 로워 웨이크필드 타워 The Lower Wakefield Tower

13세기에 만들어진 타워로 왕실 궁전 중 일부다. 현재는 고문의 역사와 기구, 고문 방법 등을 보여주는 Torture at the Tower가 있다.

❺ 블러디 타워 Bloody Tower

1220년대에 만든 타워로 1565~1567년 리처드 3세(또는 헨리 7세)가 에드워드 4세의 두 아들, 13살 에드워드 5세와 10살 리처드를 이곳에 가뒀다가 죽인 후로 블러디 타워(피의 탑)라고 부르게 됐다. 원래 이름은 가든 타워Garden Tower로 탑의 창 너머로 루테넌트 가든Lieutenant's Garden이 보여 지어진 이름이다. 내부에는 어린 왕자들의 살인사건에 대한 추측이 빼곡하게 적혀 있다.

어린 왕자들을 살해하는 데
사용했다고 추측하는 디저트

❻ 타워 그린과 퀸즈 하우스 Tower Green & Queen's House

타워 그린은 잔디밭으로 취임식 등의 행사가 열렸던 공간이다. 타워 그린 뒤편의 건물은 1540년에 지어진 여왕의 집으로 현재는 런던 타워를 관리하는 사람들의 집으로 사용되고 있다.

타워 그린 뒤로 퀸즈 하우스가 보인다. 바로 앞에는 식수대가 있다

❼ 처형대 Scaffold Site

런던 타워에서 처형당한 앤 불린, 캐서린 하워드, 레이디 제인 그레이Lady Jane Grey 등의 안식을 바라는 유리 조형물이 세워져 있다.

❽ 왕실 예배당 Chapel Royal of St. Peter ad Vincula

12세기에 만들어진 왕실 전용 예배당으로 처형대 뒤편에 있다. 아쉽게도 들어갈 수는 없다.

❾ 뷰챔프 타워 Beauchamp Tower

감옥으로 사용된 탑이다. 내부에는 감옥에 투옥됐던 사람들이 벽에 새긴 글자들을 볼 수 있다.

감옥에 투옥된 사람들이 남긴 낙서

❿ 크라운 주얼 Crown Jewels

12세기부터 왕가가 소장한 보석, 검, 왕관 등을 보관하고 있는 장소로 런던 타워의 핫 스폿이다. 일반인들에게는 1994년부터 공개했다. 하이라이트는 세계 최대의 다이아몬드인 아프리카의 별The Star of Africa로 530.2캐럿이다. 중요한 행사 때 손에 드는 왕의 홀笏에 박혀 있다. 317캐럿인 두 번째 아프리카의 별The Second Star of Africa은 제국의 왕관Imperial State Crown 가운데에 박혀 있다. 아프리카의 별 위로는 검은 왕자의 루비Black Prince's Ruby도 볼 수 있다. 이 왕관은 1838년 빅토리아 여왕의 대관식을 위해 제작한 왕관으로 3,000개의 각종 보석으로 화려하게 장식되어 있으며, 지금도 대관식과 의회 개회식에서 사용되고 있다. 내부에서는 사진 촬영이 엄격히 금지된다.

⑪ 로열 비스트 Royal Beasts

1200년대 초, 존John 왕 때 만들어진 동물원이다. 주로 외국에서 선물로 받은 동물들을 사육했던 곳으로 사자, 코끼리, 호랑이, 캥거루 등이 있었다. 현재는 동물들을 사육했던 장소에 동물들의 모형이 자리하고 있다.

⑫ 화이트 타워 White Tower

정복왕 윌리엄 1세가 만든 화이트 타워는 런던 타워에서 가장 먼저 만들어졌다. 총 3층으로 11세기 당시에는 런던에서 가장 높은 건물이었다. 13세기 헨리 3세에 의해 외벽이 하얗게 칠해지면서 화이트 타워로 불리게 됐다. 내부에는 영국의 각 왕조가 전쟁에서 사용했던 다양한 종류의 무기가 전시되어 있는데 헨리 8세의 갑옷과 여러 왕들이 사용했던 검도 볼 수 있다. 화이트 타워 앞에는 까마귀들이 떠나면 영국이 멸망한다는 전설 때문에 까마귀를 가둬 놓은 철망이 있다.

⑬ 퓨질리어 박물관 Fusilier Museum

퓨질리어는 1685년 제임스 2세에 의해 만들어진 영국군으로 퓨질리어 박물관은 이들의 역사를 다루는 곳이다. 내부에는 엘리자베스 2세 여왕의 아버지인 조지 5세가 입던 유니폼과 베어스킨Bearskin, 곰의 털로 만든 모자 등이 전시되어 있다. 1950~1953년에 벌어진 한국전쟁 당시의 군복과 소지하고 있던 한글, 영어, 중국어로 된 안전보장증명서도 볼 수 있다.

⑭ 중세 궁전 Medival Palace

세인트 토머스 타워St. Thomas's Tower 안에는 에드워드 왕의 침실이 꾸며져 있다. 성벽을 따라 런던 타워를 돌아볼 수 있는 Wall Walks의 출입구도 있다. 시간적 여유가 된다면 성곽을 한 바퀴 돌아보자. 타워 브리지 방향의 전망이 좋다.

중세 궁전으로 들어가는 입구

Special Culture 런던 타워의 **유령 이야기**

제임스 노스코트의 〈두 왕자의 살인자〉

오랫동안 감옥으로 사용됐던 런던 타워는 유령이 출몰하는 것으로도 유명하다. 그중에 가장 잘 알려진 유령은 앤 불린이다. 그녀는 헨리 8세의 두 번째 아내다. 첫 번째 아내, 아라곤의 캐서린Catherine of Aragon은 아들을 낳지 못한다는 이유로 헨리 8세에게 이혼을 요구받았다. 교황이 허락하지 않자 그는 영국의 종교를 로마 가톨릭에서 영국국교회로 바꾸면서까지 이혼을 했고, 그 후 앤 불린은 천 일 동안 왕비로 있어 '천 일의 앤'이라고도 불린다. 아이러니하게도 앤 불린 역시 아들을 낳지 못했고, 런던 타워에서 참수당한 뒤 왕실 예배당에 묻혔다. 이후 화이트 타워에서 자신의 목을 손에 들고 돌아다니는 앤 불린의 유령이 나타난다고 한다.

앤 불린 다음으로 유명한 유령은 메리 1세에 의해 참수당한 레이디 제인 그레이의 유령이다. 메리 1세는 아라곤의 캐서린의 딸로 로마 가톨릭 신자였다. 그녀는 여왕이 되자 영국국교회 신자들을 무자비하게 탄압해 '블러디 메리'라는 별명이 붙었다. 메리 1세 이전 여왕이었던 레이디 제인 그레이는 독실한 영국국교회 신자로 블러디 메리에 의해 런던 타워에 갇혔다가 16살의 어린 나이에 참수됐다. 그녀를 소재로 한 유명한 회화로 프랑스 출신의 낭만파 화가 폴 들라로슈Paul Delaroche가 그린 〈레이디 제인 그레이의 처형The Execution of Lady Jane Gre(1833)〉이 있다. 매우 아름답고 애절한 그림이니 내셔널 갤러리에 가면 꼭 찾아보자.

〈타워의 왕자들The Princes in the Tower〉이라는 그림도 있다. 1483년 영국 왕 리처드 3세는 자신의 형 에드워드 4세의 두 아들인 13살 에드워드 5세와 10살 리처드를 블러디 타워에 가뒀는데, 이후 어린 형제의 모습을 본 사람은 아무도 없었다고 한다. 그러다 1673년 화이트 타워 수리 과정에서 두 아이의 유골이 발견됐는데 유골의 나이를 보아 두 왕자로 추정되고 있으며 1483년에 살해됐다고 여겨진다. 이들의 유골은 웨스트민스터 성당에 묻혔다. 런던 타워에는 흰옷을 입은 이들의 유령이 종종 목격된다고 한다. 어린 두 형제는 매우 아름다웠다(?)고 하며 이들의 이야기는 화가들의 단골 소재가 됐다. 가장 유명한 작품은 존 에버렛 밀레이John Everett Millais가 그린 〈탑 속의 두 왕자The Two Princes Edward and Richard in the Tower(1878)〉가 있다. 그림은 런던 외곽에 있는 로열 홀러웨이 대학이 소장하고 있어 직접 볼 수는 없다.

폴 들라로슈가 그린 〈레이디 제인 그레이의 처형〉

존 에버렛 밀레이가 그린 〈탑 속의 두 왕자〉

★★★

GPS 51.505458, -0.075354

타워 브리지 Tower Bridge

런던 브리지London Bridge에 이어 템스강을 가로지르는 두 번째 다리다. 교통량 해소를 목적으로 8년의 건설 과정을 거쳐 1876년에 완공됐다. 배가 지날 때면 양쪽 다리가 최대 86도까지 올라가는 개폐교 형태다. 다리 중간에는 2개의 타워가 있고 이 두 타워를 연결하는 보행로가 있는데 다리의 역사를 살펴볼 수 있는 전시관과 전망대로 이용된다. 보행로는 원래 다리가 열렸을 때도 사람들이 통행할 수 있도록 만들어졌는데 이용률이 낮아 중단됐다. 런던 여행자라면 타워 브리지의 야경을 놓치지 말자. 타워 브리지 전시관 바닥이 강화유리로 바뀌어 아찔한 볼거리를 선사한다. 타워 브리지 관람은 런던타워 쪽의 북쪽 탑으로 들어가 통행로로 이동해 남쪽 타워로 나온 뒤, 엔진룸Engine Rooms 관람을 마지막으로 한다.

주소 Tower Bridge, London, SE1 2UP
위치 **튜브** Tower Hill, London Bridge역
기차 London Bridge역
홈피 www.towerbridge.org.uk

타워 브리지 전시관
운영 09:30~18:00(입장 마감 17:00) **1월 1일** 10:00~18:00 (※매달 세 번째 토요일 09:30~11:30에는 Relaxed Opening Day로 사전신청자에 한해 좀 더 조용히 타워 브리지를 즐길 수 있게 해준다)
요금 일반 £13.40, 60세 이상·학생 £10.10, 5~15세 £6.70, 가족 £24.10~42.20, 5세 미만 무료
전화 020 7403 3761

★★☆ GPS 51.504830, -0.078637

MOPAC (구)런던 시청

(구)런던 시청 건물로 45m 높이 10층 규모의 포스터 앤 파트너Foster and Partners사에 의해 2002년에 만들어졌다. 지금은 런던 시의 MOPAC(The Mayor's Office for Policing And Crime) 건물로 사용되고 있다. 친환경 하이테크 기법으로 태양열 패널을 통해 에너지를 받아들여 에너지의 효율성을 극대화하고, 차가운 지하수를 화장실 물 등으로 재사용해 수도를 절약한다. 천장에서 나선형으로 500m에 걸쳐 내려오는 계단은 시민들에게 오픈된 시청을 의미하며 만든 것이다.

주소 The Queen's Walk, London, SE1 2AA
위치 **튜브** Tower Hill, London Bridge역
기차 London Bridge역
버스 42, 47, 78, 343, 381번
운영 월~금 09:00~17:00
휴무 토·일요일

★☆☆ GPS 51.506582, -0.081388

HMS 벨파스트 HMS Belfast

1944년 노르망디 상륙작전에 투입되어 맹활약한 군함으로 지금은 제2차 세계대전의 상황과 당시의 희생을 기록하는 전쟁박물관으로 사용되고 있다. 내부에는 역사 전시실, 식당, 침실, 기관실, 갑판 등을 직접 볼 수 있으며 전쟁 당시 배 안에서 사상자들을 치료했던 의무실도 생생하게 재현해 놓았다.

주소 The Queen's Walk, London, SE1 2JH
위치 튜브 London Bridge역
운영 10:00~18:00(입장 마감 17:00)
요금 일반 £25.45, 65세 이상·학생 £22.90, 5~15세 £12.70, 5세 미만 무료
전화 020 7940 6300
홈피 www.iwm.org.uk/visits/hms-belfast

★☆☆

GPS 51.506899, -0.090356

골든 하인드 Golden Hind

16세기에 세계를 항해하고 돌아온 프랜시스 드레이크Francis Drake의 배를 실제 크기로 복원하여 템스강에 정박해 놓았다. 원래는 펠리컨Pelican이라고 불리는 해적선이었으나 스페인 함대를 약탈하여 빼앗은 보물로 영국의 여왕과 후원자, 선원들에게 이익을 주었다. 그 덕분에 드레이크는 기사 작위를 얻었고 선함의 이름도 골든 하인드호가 되었다. 입장료를 내면 배의 내부도 구경할 수 있다.

주소 St Mary Overie Dock, Cathedral Street, London, SE1 9DG
위치 튜브 London Bridge역
운영 **11월~3월** 10:00~17:00
4월~10월 10:00~18:00
휴무 12월 25일
요금 일반 · 3~16세 £6, 3세 미만 무료
전화 020 7403 0123
홈피 www.goldenhinde.co.uk

★★☆

GPS 51.506177, -0.083603

헤이스 갤러리아 Hay's Galleria

19세기에 식료품 창고였던 오래된 건물을 보존하여 만든 쇼핑 아케이드다. 고풍스러운 건물 사이를 유리로 막은 돔 형식이다. 비 오는 날 쇼핑과 식사를 한번에 해결하기에 안성맞춤이다. 템스강변 바로 앞에 위치하여 주변 풍경도 멋진 쇼핑몰이다.

주소 1 Battle Bridge Lane, London, SE1 2HD
위치 튜브 London Bridge역
운영 월~금 08:00~23:00,
토 09:00~23:00,
일 09:00~22:30
홈피 www.hays-galleria.com

★★☆ GPS 51.505200, -0.080430

모어 런던 More London

시청 건물을 포함하여 개발된 템스강 남쪽의 거대 프로젝트 지역을 일컫는다. 건축가 노먼 포스터의 건축물이 어우러진 쇼핑몰과 상업지대가 현대적인 공간으로 탈바꿈했고, 많은 현지인과 관광객으로 붐비는 곳이 되었다. 헤이스 갤러리아와 HMS 벨파스트까지 통틀어 런던 브리지 시티라고 불리고 있다.

위치 튜브 London Bridge역
홈피 www.londonbridgecity.co.uk

★★☆ GPS 51.503868, -0.073812

버틀러스 워프 Butler's Wharf

과거 창고 거리였던 곳에 세련된 레스토랑과 상점이 들어서 템스강변의 주목할 만한 거리로 급부상했다. 벽돌로 지은 건물이 독특한 분위기를 내며 런던의 또 다른 모습을 보여준다. 기존의 건물을 보존하고 내부 인테리어를 바꿔 과거와 현재가 공존하는 분위기가 느껴진다.

주소 Butler's Wharf Pier, Shad Thames, London, SE1 2YE
위치 튜브 London Bridge역

★★★ GPS 51.511206, -0.083541

스카이 가든 Sky Garden

런던 타워 근처에 20 펜처치 스트리트20 Fenchurch Street라는 37층 고층 건물이 있다. 건물 모양이 워키토키와 닮아 '워키토키'라고도 부른다. 건물의 35~37층 최상부는 대형 유리돔으로 마감되어 360도 전망을 자랑하는데 이곳을 정원으로 꾸며 2015년에 무료 개방했다. 스카이 가든을 보기 위해서는 최대 3주 전부터 최소 1시간 전까지 반드시 예약해야 한다. 내부에는 Fenchurch Restaurant, Darwin Brasserie, Larch Restaurant, City Garden Bar가 있다. 이곳은 무료 입장 시간 이후에도 운영하며 예약이 보다 여유 있다. 무료입장 예약이 마감된다면 차선책으로 고려하자.

주소 1 Sky Garden Walk, London, EC3M 8AF
위치 **튜브** Monument, Tower Hill, London Bridge역
기차 Fenchurch Street, London Bridge역
버스 15, 35, 47, 149, 344번
운영 월~목·일 08:00~00:00, 금·토 08:00~01:00
전화 033 3772 0020(식당 예약)
홈피 skygarden.london
예약 사진 속 QR 코드 참조

★★☆ GPS 51.506441, -0.071039

세인트 캐서린 독스 St. Katharine Docks

한때 런던의 가장 중요한 무역 항구로 사용되던 곳이다. 지금은 개인 요트 선박장으로 주변의 고급스러운 레스토랑에서 식사하며 초호화 요트를 구경할 수 있는 관광지가 되었다. 이곳에서 색다른 런던을 즐겨볼 수 있다. 추천할 만한 곳은 창고 건물을 개조한 더 디킨스 인The Dickens Inn이라는 펍이다. 맥주와 피자 등을 판다.

주소 50 St Katharine's Way, St Katharine's & Wapping, London, E1W 1LA
위치 튜브 Tower Hill역
홈피 www.skdocks.co.uk

더 디킨스 인The Dickens Inn

돌고래와 소녀 분수

★★☆ GPS 51.510144, -0.085900

런던 대화재 기념비 Monument to the Great Fire of London

1666년 9월 2일 빵집에서 시작한 불이 런던 시내의 많은 부분을 훼손했다. 런던 대화재 기념비는 런던 대화재 후 재건을 기념하는 의미에서 세워졌다. 크리스토퍼 렌과 로버트 후크의 참여로 1671년에 지어지기 시작해서 1677년에 완성되었다. 도리아식 석조기둥으로 높이가 61m에 이르며 꼭대기에는 구리로 만든 불꽃이 있다. 단일 원주 기둥으로 세계에서 가장 높다. 좁은 나선형의 계단 311개를 오르면 보이는 런던의 전망은 오를 만한 가치가 충분하다.

주소 Fish St Hill, London, EC3R 8AH
위치 튜브 Cannon Street, Tower Hill역
운영 09:30~13:00 / 14:00~18:00 **휴무** 12월 24~26일
요금 일반 £6, 60세 이상·학생 £4.50,
5~15세 £3, 5세 미만 무료
전화 020 7403 3761
홈피 themonument.org.uk

올라가는 계단
런던 대화재 그림(작자 미상, 1675)
전망대에서 본 런던 타워 브리지

more & more 대화재 후 런던을 재건한 건축가 크리스토퍼 렌

아이작 뉴턴이 인정했던 천문학자이기도 한 크리스토퍼 렌은 옥스퍼드 대학의 천문학 교수였다. 1663년부터 건축에 관심을 가지며 공부를 하던 중 1666년 런던 대화재 이후 잿더미로 변한 런던을 재건하는 건설 총감이 되었다. 그는 유럽 최대 규모의 성당인 세인트 폴 대성당을 포함해 53개의 교회와 대화재 기념비를 건립하였고 17세기 후반 영국을 대표하는 건축가가 되었다. 그 공을 인정받아 기사 작위를 얻었으며 하원의원에 임명된다.

크리스토퍼 렌의 초상화
(고드프리 넬러, 1711년)

★★★

GPS 51.505536, -0.091148

버로우 마켓 Borough Market

13세기 또는 그 이전부터 있었다고 추정되는 오래된 재래시장으로 생선, 고기, 야채, 치즈, 빵, 커피, 케이크 등을 파는 70여 개의 상점이 모여 있다. 런던의 스타 셰프 제이미 올리버가 이곳에서 장을 본다고 해서 더욱 유명해졌다. 점심시간 때는 더욱 활기가 넘친다. 런더너들이 모여들어 노점상의 다양한 음식을 사고 길가에 서서 혹은 벤치에서 자유롭게 식사를 하는 모습이 인상적인 곳이다. 맛있는 요리를 저렴한 가격에 즐길 수 있다. 그러나 문을 열지 않으면 삭막한 분위기이니 운영 시간을 꼭 확인하고 방문하자.

주소 Borough Market, 8 Southwark Street, London, SE1 1TL
위치 **튜브** London Bridge, Borough역 **기차** London Bridge역
운영 화~금 10:00~17:00, 토 09:00~17:00, 일 10:00~16:00 **휴무** 월요일
홈피 www.boroughmarket.org.uk

★★☆

GPS 51.499746, -0.076277

몰트비 스트리트 마켓 Maltby Street Market

미식가의 취향을 저격하는 숨겨진 마켓을 소개한다. 소규모의 숨겨진 마켓이지만 맛있는 음식으로 가득하여 현지인에게는 이미 유명한 주말 푸드 마켓이다. 영국 전통 음식부터 특색 있는 다양한 국적의 음식과 후식 등을 작은 골목길에서 한번에 맛볼 수 있다. 즉석에서 조리하는 모습을 구경하는 것도 즐겁다. 평소에는 철길 아래 위치한 인적 드문 지역이지만 점심시간이 가까워지면 마켓이 열리고 작은 골목이 사람들로 가득해진다.

주소 Maltby Street, London, SE1 3PA
위치 튜브 London Bridge역
운영 금 17:30~21:00, 토 10:00~17:00, 일 11:00~16:00 **휴무** 월~목요일
홈피 maltby.st

스코틀랜드 음식인 달걀에 으깬 고기를 씌워 튀긴 스코티시 에그

추천

GPS 51.505509, -0.091437

몬머스 Monmouth

런던의 인기 있는 커피 전문점으로 3개의 지점이 있는데 그중 하나다. 버로우 마켓 지점은 언제나 많은 사람이 줄 서서 커피를 즐기는 곳이다. 커피와 함께 먹을 수 있는 간단한 빵도 판다(p.61 참조).

주소 2 Park Street, The Borough, London, SE1 9AB
위치 **튜브** London Bridge, Borough역
기차 London Bridge역
운영 월~토 07:30~17:00 **휴무** 일요일
요금 £
전화 020 7232 3010
홈피 www.monmouthcoffee.co.uk

GPS 51.505913, -0.090563

브레드 어헤드 베이커리 Bread Ahead Bakery

버로우 마켓에 이 도넛 가게가 없다면 단팥 없는 단팥빵과 같다. 도넛이 가장 유명하지만 2013년부터 다양한 종류의 식사용 빵과 디저트 빵을 팔던 곳이다. 여름에 방문한다면 시즌 메뉴이자 시그니처인 Eton Mess 도넛을 꼭 맛보자.

주소 Borough Market, Cathedral Street, London, SE1 9DE
위치 **튜브** London Bridge, Borough역
기차 London Bridge역
운영 화~금 10:00~17:00,
토 09:00~17:00,
일 10:00~16:00 **휴무** 월요일
요금 £
전화 020 7403 5444
홈피 www.breadahead.com

©Hyun So Young

©Hyun So Young

GPS 51.504674, -0.095444

웨어 더 팬케이크 아 Where the Pancakes are

이름처럼 팬케이크 전문점이다. 영국에서 생산된 유기농 밀가루와 요크셔 북쪽의 동물복지 환경에서 키운 돼지고기, 방목해서 키운 닭에서 나온 달걀, 캐나다 퀘벡산 메이플 시럽을 사용해 건강한 팬케이크를 만든다.

주소 Arch 35a, 85a Southwark Bridge Road, London, SE1 0NQ
위치 **튜브** London Bridge, Borough역
기차 London Bridge역
운영 일~화 08:00~17:00, 수~토 08:00~21:00
요금 ££
전화 020 3838 8810
홈피 wherethepancakesare.com

©Hyun So Young

GPS 51.499868, -0.075506

세인트 존 베이커리 St. John Bakery

몰트비 스트리트 마켓에 있는 베이커리 레스토랑으로 크림이 가득한 커스터드 도넛이 유명하다. 도넛을 맛보고 싶다면 마켓 구경 전 이곳을 먼저 방문하여 도넛부터 사두어야 할 정도로 일찍 품절된다. 식사 메뉴도 다양하게 갖추고 있으니 편하게 앉아서 식사하고 싶다면 방문해 보자. 이곳 본점 말고도 버로우역(**주소** 180 Borough High Street, London, SE1 1LH)과 닐스야드(**주소** 3 Neal's Yard, Seven Dials, London, WC2H 9DP)에도 지점이 있다.

주소 72 Druid Street, London, SE1 2HQ
위치 튜브 London Bridge역
운영 금 08:00~16:00, 토 09:00~17:00, 일 09:00~16:00 **휴무** 월~수요일
요금 £~££
전화 020 7237 5999
홈피 stjohnrestaurant.com

GPS 51.507313, -0.092493

난도스 Nando's

포르투갈 스타일의 캐주얼한 다이닝 레스토랑 체인점이다. 런던 브리지 지점은 터널을 개조한 공간이 인상적이어서 가볼 만하다. 추천 메뉴는 p.102를 참고하자.

주소 225-227 Clink Street, London, SE1 9BU
위치 튜브 London Bridge역
운영 월~목·일 11:30~22:00, 금·토 11:30~22:30
요금 ££
전화 020 7357 8662
홈피 www.nandos.co.uk

추천

GPS 51.505664, -0.091566

라이트 브라더스 Wright Brothers

런던에서 인기 있는 오이스터 바Oyster Bar(굴 요리 전문점) 중 하나다. 신선한 해산물 요리를 맛보고 싶다면 추천한다. 맥주는 물론 여러 종류의 와인과 샴페인, 칵테일까지 갖췄다. 이곳 버로우 마켓점 외에 런던에 사우스 켄싱턴 등 총 3개의 지점이 있다.

주소 11 Stoney Street, Borough Market, London, SE1 9AD
위치 **튜브** London Bridge, Borough역
기차 London Bridge역
운영 월~금 12:00~22:00,
토 11:00~22:00,
일 12:00~16:00
요금 £££
전화 020 7403 9554
홈피 www.thewrightbrothers.co.uk

GPS 51.503380, -0.073759

와치하우스 타워 브리지 WatchHouse Tower Bridge

와치하우스는 런던의 시대적 명소에 자리한 특색 있는 카페로 현지인에게 인기가 좋다. 그중 버틀러스 워프에 위치한 타워 브리지 지점을 소개한다. 언제나 사람이 많으나 대부분 테이크아웃을 한다. 근처인 Bermondsey Street 199번지에 본점이 있으며 더 다양한 샌드위치를 맛볼 수 있다. 타워 브리지, 서머셋하우스, 세븐 다이얼스 등 총 12개의 지점이 있다.

주소 Cardamom Bldg, 31 Shad Thames, London, SE1 2YR
위치 튜브 London Bridge역
운영 월~금 07:00~18:00,
토·일 07:30~18:00
요금 £~££
전화 020 7407 0000
홈피 thewatchhouse.com

GPS 51.505895, -0.091670

바오 BAO

대만 음식을 파는 곳으로 모닝빵 사이즈의 찐빵을 반으로 잘라 사이에 양념한 돼지고기, 소고기, 닭고기, 튀긴 고기를 넣고 커리나 마요네즈, 대만식 소스를 뿌려 낸다. 프라이드 치킨 바오에는 김치도 들어간다. 런던에 5개의 지점이 있는데 소호점은 미슐랭 빕 구르망에 올랐다.

주소 13 Stoney St, London SE1 9AD
위치 **튜브** London Bridge, Borough역
기차 London Bridge역
운영 월~목 12:00~22:00, 금·토 12:00~22:30, 일 12:00~21:00
홈피 baolondon.com

©baolondon

GPS 51.505975, -0.092351

아티스 Atis

요즘 확장세를 띄고 있는 샐러드 전문점이다. 신선한 재료에 푸짐한 양으로 런던에서 저렴한 한 끼를 먹을 수 있는 가성비 높은 음식점이다. 다양한 상점과 음식점이 모여있는 버로우 야드Borough Yards 몰 안에 있다. 현재 런던에 6개가 있고 새로운 지 점이 오픈 중이다.

주소 9 Dirty Lane, Borough Yards, SE1 9PA
위치 **튜브** London Bridge, Borough역
기차 London Bridge역
운영 월~목 11:00~21:00, 금 11:00~15:00, 토·일 11:00~19:00
전화 020 8092 7554
홈피 atisfood.com

추천

GPS 51.505447, -0.091610

닐스 야드 데어리 Neal's Yard Dairy

영국 농장에서 만든 신선하고 다양한 종류의 치즈를 파는 치즈 전문점으로 식료품도 갖추고 있다. 버로우 마켓 맞은편의 작은 골목길에 자리하고 있다. 런던에 4개의 매장이 있는데 본점은 코벤트 가든에 있다.

주소 8 Park Street, Borough Market, London, SE1 9AB
위치 **튜브** London Bridge, Borough역
기차 London Bridge역
운영 월~금 09:00~17:00, 토 08:00~17:00, 일 10:00~16:00
전화 020 7500 7520
홈피 www.nealsyarddairy.co.uk

Special Tour

런던의 새로운 랜드마크 **현대 건축물**

20세기 후반에서 최근까지 런던의 랜드마크라 할 수 있는 고층 빌딩들이 지어졌다. 그중 대표적인 네 곳을 소개한다. 매년 오픈 하우스 기간에 무료로 관람이 가능하다(2024년은 9월 4~15일).

로이드 빌딩 Lloyd's Building

로이드 보험사 건물이다. 프랑스 파리의 퐁피두센터를 설계한 리처드 로저스Richard Rogers의 작품으로 현대 런던의 대표적인 건축물 중 하나다. 퐁피두센터처럼 내부 설비를 외부에 노출시켜 인사이드-아웃 빌딩Inside-Out Building이라고도 불린다. 88m 높이, 14층 건물로 1986년에 지어졌다. 내부는 매년 9월 런던 오픈 하우스 기간에만 들어가 볼 수 있다.

주소 Lloyd's, 1 Lime Street, London, EC3M 7HA
위치 **튜브** Bank, Liverpool Street, Monument역 **기차** Liverpool Street역
홈피 www.lloyds.com

더 샤드 The Shard

2013년 서유럽에서 가장 높은 최고층 빌딩이 런던에 문을 열었다. 310m 높이, 87층을 자랑한다. 에펠탑 전망대보다 130m가 더 높으며 360도 조망이 가능하고 날씨가 맑은 날에는 60km 앞까지 볼 수 있다. 전망대는 68층과 72층에 있고, 34~52층에는 5성급 호텔인 샹그릴라가, 다른 층에는 사무실과 식당, 레지던스 등이 입점해 있는 주상복합건물이다. 더 샤드의 디자인은 이탈리아의 렌조 피아노Renzo Piano가 맡았다.

주소 Shard London Bridge, London, SE1 9RL
위치 튜브·기차 London Bridge역
운영 **성수기** 10:00~22:00 **비수기** 금·토 10:00~22:00, 수·목·일 11:00~19:00
휴무 월·화요일(※운영 시간은 홈페이지를 통해 체크)
요금 **전망대** 일반 £28.50(※ 홈페이지에서 다양한 요금제 확인)
홈피 www.theviewfromtheshard.com

30 세인트 메리 액스 30 St. Mary Axe

스위스 리Swiss Re 보험회사의 건물로 2003년에 지어졌다. 첨단 기술을 건축에 반영하는 하이테크 건축가 노먼 포스터의 작품으로 180m 높이, 40층의 초고층 빌딩이다. 런던 최초 친환경 건물로 자연광을 최대한 받아들이고, 자연적인 환기 시스템을 위해 나선형 벽을 만들었다. 오이 모양을 닮아 '거킨(오이피클을 뜻한다) 빌딩'이라는 닉네임으로 불린다.

주소 30 St. Mary Axe, 20 Bury Street, London, EC3A5AA
위치 **튜브** Bank, Liverpool Street, Monument역
기차 Fenchurch Street역
홈피 www.30stmaryaxe.com

20 펜처치 스트리트 20 Fenchurch Street

런던의 역사적인 금융 지역인 펜처치 스트리트의 주소에서 따온 이름으로 2014년에 세워졌으며 무전기를 닮은 모습으로 '워키토키 빌딩'이라고 불린다. 런던의 전망을 볼 수 있는 스카이 가든(p.195 참고)이 있는 빌딩으로도 유명하다. 건축가 라파엘 비놀리Rafael Viñoly가 설계했고 37층, 160m 높이 규모다.

주소 20 Fenchurch Street, London, EC3
위치 튜브 Monument, Cannon Street역
홈피 skygarden.london

하이테크 건축가 노먼 포스터

노먼 포스터는 맨체스터 출신으로 영국을 대표하는 하이테크 건축가 중의 한 사람이다. 하이테크 건축은 최신 건축자재와 건축공법을 바탕으로 만든 건축물을 말한다. 하이테크 건축이 자리 잡기 시작한 계기가 된 건물은 1977년에 지어진 파리의 퐁피두센터다. 퐁피두센터는 렌조 피아노와 리처드 로저스가 설계했다. 노먼 포스터는 1962년 영국의 건축가인 리처드 로저스와 서로의 부인과 함께 Team 4를 결성해 최신 하이테크 건축으로 짧은 시간 안에 명성을 쌓았다. 노먼 포스터는 1967년부터 포스터 앤 파트너사를 운영 중이며 하이테크 기술을 바탕으로 친환경적인 건물을 만들고 있다. 그의 대표적인 작품으로는 30 세인트 메리 액스, 웸블리 스타디움Wembley Stadium, 런던 시청, 모어 런던, 밀레니엄 브리지와 런던 박물관 내의 그레이트 코트가 있다.

6

베이커 스트리트에서 **말리본 하이 스트리트**까지

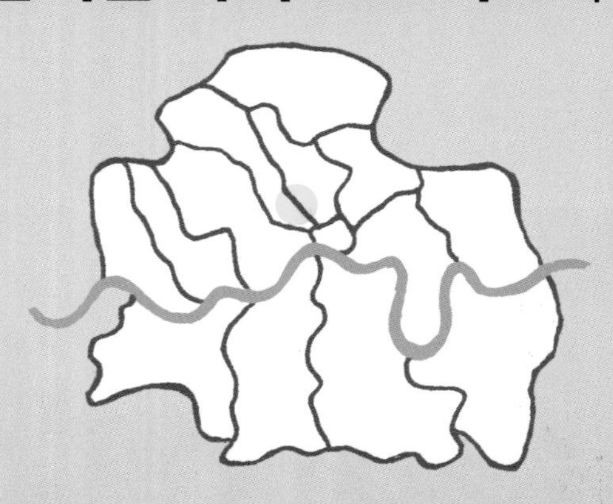

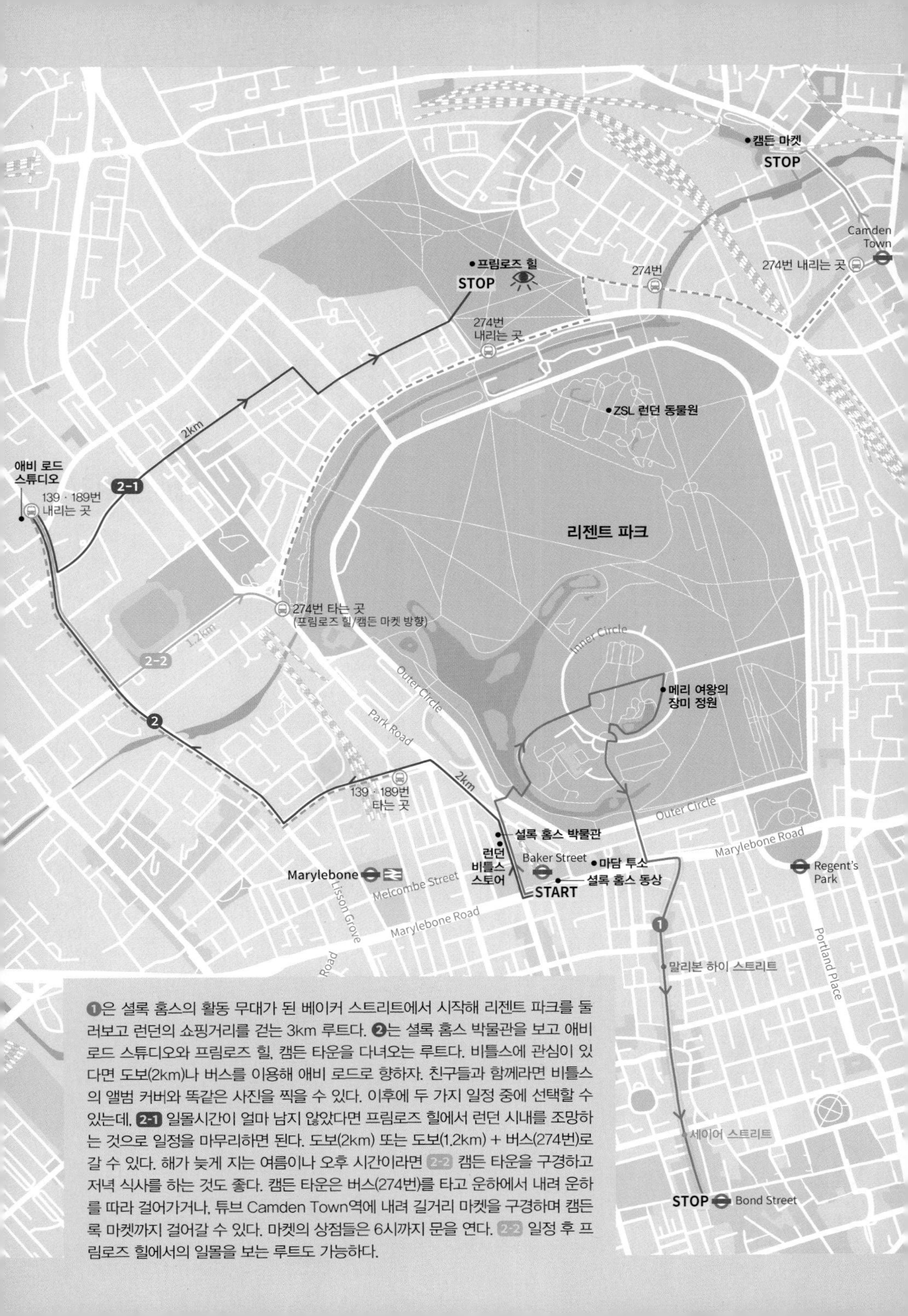

❶은 셜록 홈스의 활동 무대가 된 베이커 스트리트에서 시작해 리젠트 파크를 둘러보고 런던의 쇼핑거리를 걷는 3km 루트다. ❷는 셜록 홈스 박물관을 보고 애비 로드 스튜디오와 프림로즈 힐, 캠든 타운을 다녀오는 루트다. 비틀스에 관심이 있다면 도보(2km)나 버스를 이용해 애비 로드로 향하자. 친구들과 함께라면 비틀스의 앨범 커버와 똑같은 사진을 찍을 수 있다. 이후에 두 가지 일정 중에 선택할 수 있는데, 2-1 일몰시간이 얼마 남지 않았다면 프림로즈 힐에서 런던 시내를 조망하는 것으로 일정을 마무리하면 된다. 도보(2km) 또는 도보(1.2km) + 버스(274번)로 갈 수 있다. 해가 늦게 지는 여름이나 오후 시간이라면 2-2 캠든 타운을 구경하고 저녁 식사를 하는 것도 좋다. 캠든 타운은 버스(274번)를 타고 운하에서 내려 운하를 따라 걸어가거나, 튜브 Camden Town역에 내려 길거리 마켓을 구경하며 캠든 록 마켓까지 걸어갈 수 있다. 마켓의 상점들은 6시까지 문을 연다. 2-2 일정 후 프림로즈 힐에서의 일몰을 보는 루트도 가능하다.

프림로즈 힐(800m)
Primrose Hill
햄프스테드 히스(3.6km)
Hampstead Heath
런던 동물원
London Zoo
리젠트 파크
Regent's Park
어린이 놀이터
Hanover Gate
Children's Playground
Inner Circle
Chester Road
메리 여왕의 장미 정원
Queen Mary's Rose Gardens
Outer Circle
1.7km
애비 로드 스튜디오
Abbey Road Studio
1.8km
139 · 189번 타는 곳
(애비 로드 스튜디오행)
어린이 놀이터
Marylebone
Green Playground
Ulster Terrace
셜록 홈스 박물관
Sherlock Holmes Museum
부츠
Boots
런던 비틀스 스토어
London Beatles Store
Baker Street
파이브 가이즈
Five Guys
Marylebone
마담 투소 런던
Madame Tussauds London
Regent's Park
Marylebone Road
스탠스테드 공항 버스
타는 곳
Melcome Street
TESCO
Baker Street
부츠
Boots
셜록 홈스 동상
Sherlock Holmes Statue
콘란 숍
Conran Shop
피자 익스프레스
웍 투 웍
파크 플라자
셜록 홈스 런던
Park Plaza Sherlock
Holmes London
Marylebone Road
빌즈
Bill's
난도스
피셔스
Fischer's
코코 모모
Coco Momo
시쉘(230m)
The Sea Shell of
Lisson Grove
TESCO
말리본 하이 스트리트
Marylebone High Street
Portland Place
돈트 서점 Daunt Books
피시 웍스
Fish Works
말리본
The Marylebone
New Cavendish Street
Baker Street
화이트 컴퍼니
The White Company
산드로
Sandro
골든 하인드
The Golden Hind
토미스 버거 조인트
Tommi's Burger Joint
더 랭함 호텔
The Langham Hotel
(애프터눈 티)
N
파이브 가이즈
Five Guys
올 앤 스틴
Ole & Steen
말리본 지역
난도스
세인트 크리스토퍼 플레이스
St Christopher's Place
셀프리지스 백화점
Selfridges
M&S
더 바디 숍
The Body Shop
Bond Street
쇼핑몰 West One

캠든 마켓(1.2km)
Camden Market
해리 포터 숍
킹스 크로스역
King's Cross
햄리스
조 말론
포트넘 앤 메이슨
해처즈
세인트 판크라스 인터내셔널역
St Pancras International
King's Cross
르 팽 코티디앵
Le Pain Quotidien
영국 도서관
The British Library
(무료 와이파이)
크로스타운 도넛
Crosstown Doughnuts
프리미어 인
세인트 판크라스점
Premier Inn
오리진 커피
Origin Coffee
카바나스 세인트 판크라스
Kabannas St. Pancras
유스턴역
Euston
난도스
Nando's
Euston Road
Sainsbury's
스피디 샌드위치 바
Speedy's Sandwich Bar&Cafe
(BBC 드라마 <셜록> 촬영지)
Euston Square
Woburn Place
제너레이터 호스텔
Generator London
Tavistock Place
스토어 스트리트 에스프레소
Store Street Espresso
Waitrose
Warren Street
로얄 내셔널 호텔
Royal National Hotel
더 브런즈윅 센터
The Brunswik Centre
슈퍼마켓 리들
Lidl
TESCO
부츠
벤스 쿠키
고메 버거
레온
이츠
난도스
오세요 Oseyo
(한국 식료품점)
와사비
Russell Square
환전소
Travelex
프랑코 만카
Franco Manca
비 베이글
B Bagel
러셀 스퀘어
Russell Square
BT 타워
BT Tower
카라반
Caravan
YHA
센트럴 호스텔
YHA London
Central Hostel
부츠
Goodge Street
Tottenham Court Road
스토어 스트리트
에스프레소
Store Street
Espresso
이푸도
Ippudo
영국 박물관
The British Museum
어텐던트
커피 로스터스
Attendant
Coffee Roasters
킨 카페
Kin Cafe
조 말론
Jo Malone
Mortimer Street
란타나
Lantana
입구
카페인
Kaffeine
웨어 더 팬케이크 아
Where the Pancakes Are
존 내시 부조
All Souls Langham Place
셰이크 쉑
Shake Shack
New Oxford Street
Tottenham
Court Road
와사비
센트럴 포인트 푸드 스토어
Centre Point Food Store
(한국 식료품점)

★★☆ GPS 51.523768, -0.158552

셜록 홈스 박물관 Sherlock Holmes Museum

코난 도일Conan Doyle이 쓴 추리소설의 주인공 셜록 홈스와 왓슨 박사Doctor Watson가 1881년에서 1904년 동안 살았던 집이다. 가공의 인물들이 살았던 집이니 당연히 실제로 존재하지 않는 공간이나 소설의 인기에 힘입어 정부의 보호를 받는 건물이 됐다. 셜록 홈스 박물관은 허드슨 부인이 빅토리아풍으로 관리하던 소설 속 셜록 홈스의 집 그대로 생생하게 꾸며져 있다. 티켓은 박물관 옆 허드슨 부인의 레스토랑Hudsons Restaurant에서 구입할 수 있다. 박물관 앞에는 경찰 복장의 남자가 문을 지키고 있는 것도 재미있다. 셜록 홈스 마니아라면 꼭 방문해 보자.

주소 221B Baker Street, London, NW16XE
위치 **튜브** Baker Street역
버스 13, 74, 189, 274번
운영 09:30~18:00
요금 일반 £20, 65세 이상·학생 £18, 6~15세 £15, 6세 미만 무료
전화 020 7224 3688
홈피 sherlock-holmes.co.uk

셜록 홈스 박물관 내부

박물관 내부에는 아기자기한 셜록 홈스 아이템이 있다

셜록 홈스가 살던 집을 재현했다는 박물관의 외관

셜록 홈스 펍

박물관 입구를 지키는 옛 경찰복을 입은 경관

more & more 셜록 홈스 마니아라면 방문해 보자!

런던에는 셜록 홈스와 관련된 스폿들이 여러 개 있다. 가장 쉽게 접근할 수 있는 곳은 튜브 Baker Street역으로 역 안은 셜록 홈스 문양이 들어간 타일로 꾸며져 있다. 역 바깥쪽에는 셜록 홈스의 동상이 세워져 있다. 매주 일요일 14:30 튜브 Embankment역 Villiers Street 출구에서 셜록 홈스의 런던 워킹 투어(2시간 소요)가 있다. 시간에 맞춰 가면 그 자리에서 돈을 내고 투어를 시작한다(**요금** 일반 £15, 학생 £10). BBC에서 방영한 영국 드라마 〈셜록〉의 마니아라면 드라마에 나오는 셜록 홈스의 집을 방문해 보는 것도 좋다. 드라마 속 집주소는 187 North Gower Street(튜브 Euston Square역 근처)이다(워킹 투어 예약은 상단 QR 참조).

베이커 스트리트 역의 셜록 홈스 동상

❶ 파크 플라자 셜록 홈스 호텔 Park Plaza Sherlock Holmes London

런던의 베이커 스트리트에는 셜록 홈스 호텔도 있다. 별 4개, 1박에 £200~300대의 호텔로 셜록 홈스를 좋아한다면 입구에서 기념사진을 남겨보는 것도 좋겠다.

주소 108 Baker Street, London, W1U 6LJ
위치 튜브 Baker Street역
홈피 www.parkplazasherlockholmes.com

❷ 셜록 홈스 펍 The Sherlock Holmes Pub

셜록 홈스를 주제로 한 펍이다. 셜록 홈스 워킹 투어를 하면 들르게 되는 곳이다. 셜록 홈스 에일Sherlock Holmes Ale 맥주도 있다(에일은 탄산이 없는 맥주를 말한다. 탄산이 있는 맥주는 라거Lager라고 부른다). 2층에는 홈스의 방이 꾸며져 있다. 트라팔가 광장 근처에 있다.

주소 10 Northumberland Street, London, WC2N 5DB
위치 **튜브** Embankment역
기차 Charing Cross역
운영 월~수·일 11:00~23:00, 목~토 11:00~24:00
전화 020 7930 2644
홈피 www.sherlockholmespub.com

★★☆

GPS 51.523701, -0.158409

런던 비틀스 스토어 London Beatles Store

비틀스의 공식 기념품 가게로 셜록 홈스 박물관 옆에 있다. 비틀스와 관련된 티셔츠, 엽서, 레코드 등 다양한 기념품을 살 수 있다. 비틀스 마니아라면 비틀스 스토어에서 2km 정도 떨어진 애비 로드 스튜디오를 함께 보는 것을 추천한다.

주소 231-233 Baker Street, London, NW1 6XE
운영 10:00~18:30
전화 020 7935 4464
홈피 www.beatlesstorelondon.co.uk

★★☆

GPS 51.532074, -0.178072

애비 로드 스튜디오 & 애비 로드 숍 Abbey Road Studio & Abbey Road Shop

1931년에 만들어진 음악 스튜디오로 비틀스의 음반이 녹음된 역사적인 장소다. 애비 로드 스튜디오 홈페이지에서 비틀스의 앨범 재킷 배경으로 등장했던 횡단보도를 실시간으로 볼 수 있다. 많은 관광객들이 이곳 횡단보도에서 앨범 재킷처럼 길을 건너며 기념 촬영을 한다. 건물 지하에 애비 로드 숍The Abbey Road Shop(**운영** 월~토 09:00~19:00, 일 10:00~18:00)이 있는데 이곳에서 비틀스, 애비 로드 스튜디오와 관련된 다양한 기념품을 만나볼 수 있다.

주소 3 Abbey Road, St. John's Wood, London, NW8 9AY
위치 **튜브** St. John's Wood역
버스 139, 189번
전화 020 7266 7355
홈피 shop.abbeyroad.com

★★☆

GPS 51.531130, -0.156846

리젠트 파크 Regent's Park

존 내시가 설계한 1.6㎢ 규모의 공원으로 영국의 왕립 공원 중 하나다. 북쪽으로는 ZSL 런던 동물원ZSL London Zoo과 런던 시내 전경을 볼 수 있는 프림로즈 힐이 자리해 있다. 리젠트 파크 내에서 추천할 곳은 메리 여왕의 장미 정원Queen Mary's Rose Gardens으로 400종의 장미 3만여 그루가 심겨 있다. 장미가 만발하는 5월에 가면 그 아름다움을 볼 수 있다.

주소 Regent's Park, London, NW1 4NR
위치 **튜브** Regent's Park, Baker Street, St. John's Wood, Camden Town역
버스 18, 27, 30, 205, 453번
운영 05:00~19:00
홈피 www.royalparks.org.uk

메리 여왕의 장미 정원

★★☆

GPS 51.523026, -0.154340

마담 투소 런던 Madame Tussauds London

마담 투소의 왁스 박물관이다. 1761년 프랑스의 스트라스부르에서 태어난 안나 마리아 그로숄츠Anna Maria Grosholtz(후에 마담 투소)는 어머니가 가정부로 일하던 내과 의사 필립으로부터 왁스 모델링을 배워 볼테르 등의 왁스 모델을 만들게 된다. 필립의 사망 후 상속받은 왁스 모델들을 유럽을 돌며 전시하게 되는데 런던 전시 중 나폴레옹 전쟁으로 프랑스로 돌아가지 못하고 1835년에 런던 전시관을 내게 된 것이 마담 투소의 시작이다. 진짜 같은 세계 유명인들의 왁스 모델을 한자리에서 만나볼 수 있으며 매번 새로운 유명인들이 계속해서 추가되고 있다. 온라인 구입이 저렴하며 런던 아이, 시라이프, 런던 던전을 볼 예정이라면 통합 티켓을 구입하면 더 저렴하다.

주소 Marylebone Road, London, NW1 5LR
위치 **튜브** Baker Street역
기차 Marylebone역
운영 **성수기** 09:00~17:00, **비수기** 10:00~15:00 (※ 날짜별로 상이, 홈페이지 확인 필수) **휴무** 12월 25일
요금 일반 £29~47, 2~15세 £26~, 2세 미만 무료
전화 020 7487 0351
홈피 www.madametussauds.com/London

★★★ GPS 51.539293, -0.160695

프림로즈 힐 Primrose Hill

리젠트 파크 북쪽에 위치한 언덕으로 런던 시내를 한눈에 내려다볼 수 있는 곳이다. 런던 아이나 더 샤드에서 조망을 보려면 입장권이 필요한데 프림로즈 힐과 햄프스테드 히스만큼은 자연의 높이에서 런던 시내를 볼 수 있어 런더너들이 강력 추천하는 곳이다. 낮에도 아름답지만 많은 사람이 해 질 녘 즈음 올라온다.

주소 Primrose Hill, London
위치 **튜브** Chalk Farm, Swiss Cottage역
버스 274번
운영 24시간

★★★

GPS 51.541435, -0.145919

캠든 타운 Camden Town

징 박힌 가죽 재킷과 온몸에 타투와 피어싱을 한 사람들이 생각나는 펑키한 분위기의 거리이다. 캠든 타운에 넓게 퍼진 캠든 마켓은 록 마켓Lock Market, 커낼 마켓Canal Market, 벅 스트리트 마켓Buck Street Market, 스테이블스 마켓Stables Market 이렇게 4곳으로 나뉘는데 모두 빈티지 의류나 앤티크 소품 등 비슷한 물건을 팔고 있다. 록 마켓과 스테이블스 마켓은 다양한 나라의 음식들을 파는 노점상이 많으므로 이곳에서 저렴하고 입맛에 맞는 음식을 사서 근처의 리젠트 운하나 주변에 놓인 테이블에서 운치를 즐겨보자. 한국 음식도 입점해 있다.

주소 Camden Lock Place, Chalk Farm Road, Camden Town, London, NW1 8AF
위치 **튜브·기차** Camden Town역
버스 24, 214, 274, 393번
운영 10:00~19:00
(식당가 11:30~21:00)
홈피 www.camdenmarket.com

에이미 와인하우스가 캠든 타운에 살았던 것을 기념한 동상

벅 스트리트 마켓

★★☆ GPS 51.559640, -0.159743

햄프스테드 히스 Hampstead Heath

날씨가 맑은 날 프림로즈 힐보다 좀 더 멀고 높은 곳에서 런던 시내를 조망하고 싶다면 햄프스테드 히스를 방문해 보자. 트라팔가 광장에서 북서부로 6km 떨어진 320ha 규모의 크고 오래된 공원으로 런던 시민들이 사랑하는 휴양지다. 가장 전망이 좋은 곳은 팔라먼트 힐 전망대Parliament Hill viewpoint로 이정표를 따라 올라가면 된다. 여름철이면 호수에서 수영하는 사람들을 볼 수 있고 언덕 위에서는 연을 날린다. 가장 인기 있는 시간은 해 질 녘으로 노을 지는 런던 시내를 바라보는 관광객과 시민들로 가득하다. 언덕 위는 한여름이라도 바람이 불어 쌀쌀하니 따뜻한 옷을 가져가자. 공원 북쪽에는 17세기에 지어진 켄우드 하우스Kenwood House(**운영** 08:00/09:00/10:00~17:00/18:00, **요금** 무료)가 있는데 영화 〈노팅 힐〉에서 휴 그랜트가 줄리아 로버츠의 촬영장으로 방문한 곳이 바로 여기다. 꽃 공원과 켄우드 하우스, 팔라먼트 힐 전망대까지 함께 둘러볼 예정이라면 시내에서 브런치를 먹은 후 방문해 켄우드 하우스 내부를 관람하고 차를 마신 후 전망대까지 산책하는 반나절 루트를 추천한다.

켄우드 하우스

주소 Hampstead Heath, London
위치 **튜브** Golders Green, Hampstead, Kentish Town역
오버그라운드 Hampstead Heath, Gospel Oak역
버스 46, 168, 210, 603, C11, S번
홈피 www.cityoflondon.gov.uk/things-to-do/green-spaces/hampstead-heath
예약 켄우드 하우스 방문 예약은 사진 속 QR 코드 참조

팔라먼트 힐 전망대

햄프스테드 히스 세부 지도
210번
켄우드 하우스
Kenwood House
더 브루 하우스
The Brew House
햄프스테드 히스
Hampstead Heath
팔라먼트 힐 전망대
Parliament Hill Viewpoint
Hampstead
햄프스테드
HAMPSTEAD
46, 268번
46, 268번
Hampstead
Heath Rail
24번
46, 168,
C11번
M&S
46, 168, C11번
로열 프리 병원
Royal Free Hospital
C11번
Gospel Oak
C11번

★★☆

GPS 51.522806, -0.151139

말리본 하이 스트리트 Marylebone High Street

베이커 스트리트에서 마담 투소를 지나 오른쪽으로 고개를 돌려보면 눈길을 끄는 길을 만나게 된다. 말리본 하이 스트리트는 복잡한 옥스퍼드 서커스 주변의 쇼핑 거리와는 또 다른 런던의 모습을 보여준다. 약 500m 정도 되는 거리에 있는 독특하고 세련된 인테리어 숍과 유기농 식품점 등에서 고급 생활용품을 발견할 수 있으며 한가롭게 브런치를 즐기기에도 적당한 곳이다.

주소 Marylebone High Street
위치 튜브 Baker Street, Bond Street역

추천

GPS 51.520408, -0.151991

돈트 서점 Daunt Books

말리본 하이 스트리트에서 꼭 들러야 할 곳은 다름 아닌 서점이다. 돈트 서점은 런던에 총 5개의 지점이 있는데 그중 말리본 하이 스트리트점은 런던에서 가장 아름다운 서점 중 한 곳으로 꼽히고 있다. 오크 나무로 짠 책장이 양쪽에 늘어선 내부의 모습이 인상적이다. 특히 세계 여러 나라의 여행책들이 진열되어 있어 여행자의 흥미를 끈다.

주소 84 Marylebone High Street, London, W1U 4QW
위치 튜브 Regent's Park, Baker Street역
운영 월~토 09:00~19:30, 일 11:00~18:00
전화 020 7224 2295
홈피 www.dauntbooks.co.uk

GPS 51.522371, -0.151225

콘란 숍 Conran Shop

말리본 하이 스트리트 북쪽 방향 초입에 위치한 콘란 숍은 영국의 컨템퍼러리 디자인을 완성시킨 테런스 콘란Terence Conran이 오픈한 인테리어 숍이다. 콘란 경은 영국 디자인에 미친 영향력으로 여왕으로부터 기사 작위를 수여받았다. 그 기준에 맞게 선별된 현대적이고 예술적인 디자인 제품과 다양한 생활용품, 가구 등이 가득하다.

주소 55-57 Marylebone High Street, London, W1U 5HS
위치 튜브 Regent's Park, Baker Street역
운영 월~토 10:00~18:00, 일 12:00~18:00
전화 020 7723 2223
홈피 www.conranshop.co.uk

7

스피탈필즈에서 쇼디치까지

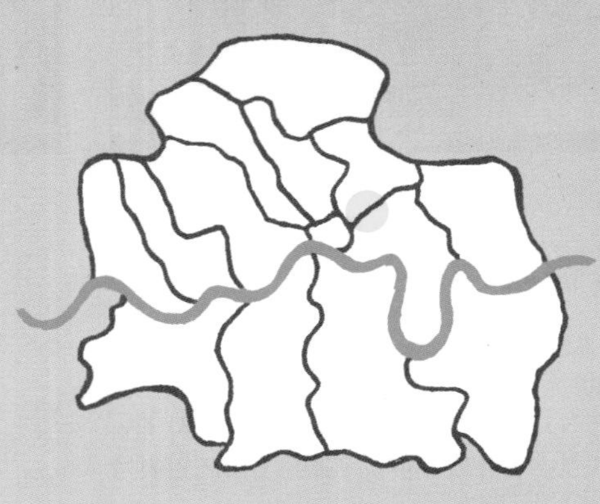

우리에게는 GD의 〈삐딱하게〉 뮤직비디오 속 장소로 잘 알려져 있는 런던에서도 가장 트렌디한 동네로 멋진 그라피티를 감상하며 세계 각지의 다양한 음식과 핫한 카페와 상점을 구경하는 루트이다. 주말에는 선데이 마켓이 열려 많이 붐비니 일찍 서둘러야 한다. 총 2.8km의 긴 구간이지만 가는 곳마다 방문하고 싶은 카페와 상점이 즐비하니 걷는 즐거움이 있는 곳이다.
GD 〈삐딱하게〉 뮤직비디오 촬영지
더 브렉퍼스트 클럽
온 더 밥
반 미 케우 델리
오리진 커피 로스터스
Charlotte Road
Curtain Road
Shoreditch High Street
Bateman's Row
플랫 아이언
New Inn Yard
쇼류 라멘
바운더리 가든
Boundary Street
Club Row
Swanfield Street
Redchurch Street
브루독 쇼디치
올프레스 에스프레소
베이글 베이크 브릭 레인 베이커리
Bethnal Green Road
Brick Lane
올프레스 에스프레소
STOP
Sclater Street
박스파크 쇼디치 (팝업 쇼핑몰)
Shoreditch High Street
Shoreditch High Street
Quaker Street
Commercial Street
올드 트루먼 브루어리
브릭 레인 마켓
러프 트레이드
업 마켓
포피스 피시 앤 칩스
스피탈필즈 마켓
올드 스피탈필즈 마켓
START
Liverpool Street Station

프리미어 인
Premier Inn
Sainsbury's
Old Street
더 브렉퍼스트 클럽
The Breakfast Club
GD 〈삐딱하게〉
뮤직비디오
촬영지
온 더 밥
(한식)
반 미 케우 델리
Banh Mi Keu Deli
(베트남 음식점)
요리 Yori
(한식)
오리진 커피 로스터스
Origin Coffee Roasters
Old Street
블랙록
Blacklock
어텐던트 커피 로스터스
Attendant Coffee Roasters
올드 스트리트역
Old Street
플랫 아이언
Flat Iron
Sainsbury's
오존 커피 로스터스
Ozone Coffee Roasters
Leonard Street
더 북 클럽
The Book Club
(칵테일 바)
이츠
Itsu
Great Eastern Street
쇼류 라멘
시티즌M 호텔
CitizenM London
City Road
TESCO
어텐던트 커피 로스터스
Attendant Coffee Roasters
Sun Street
Shoreditch High Street
피자 익스프레스
Pizza Express
M&S
리뎀션 커피 로스터스
Redemption Coffee Roasters
리버풀 스트리트역
Liverpool Street
South Place
쇼류 라멘
Shoryu Ramen
스토어 스트리트 에스프레소
Store Street Espresso
부츠
프랑코 만카
Franco Manca
부츠
Eldon Street
M&S
더 브렉퍼스트
클럽

쇼디치 지역

Calvert Avenue

S SNS London

바운더리 가든
Boundary Gardens

R 버거 앤 비욘드
Burger & Beyond

H 원 헌드레드 쇼디치
One Hundred Shoreditch

Shoreditch High Street

TESCO

●영화 〈어바웃 타임〉 촬영지

브루독 쇼디치 R
Brewdog Shoreditch

R 베이글 베이크 브릭 레인 베이커리
Beigel Bake Brick Lane Bakery

H 바운더리 쇼디치
Boundary Shoreditch

Redchurch Street

R 올프레스 에스프레소 바
Allpress Espresso Bar

R 올프레스 에스프레소 – 티 빌딩
Allpress Espresso - TEA Building

Sainsbury's

Brick Lane

R 피자 이스트 Pizza East

H 쇼디치 하우스
Shoreditch House

Bethnal Green Road

●박스파크 쇼디치
Boxpark
Shoreditch
(팝업 쇼핑몰)

쇼디치 하이 스트리트역
Shoreditch High Street

Shoreditch High Street

로키트 S
Rokit

S 브릭 레인 북숍
Brick Lane Book Shop

크리시스 S
Crisis

올드 트루먼 브루어리●
Old Truman Brewery

혹스무어 스피탈필즈 R
Hawksmoor Spitalfields

브릭 레인 마켓
Brick Lane Market●

●백야드 마켓
Backyard Market

Commercial Street

S 어반 아웃피터스
Urban Outfitters

러프 트레이드 S
Rough Trade

S 린스 쇼룸
Rinse Showroom

와치하우스 R
Watch house

DF 타코스 R
DF Tacos

빈티지 마켓●
Vintage Market

●인도 식당가

●업 마켓 Up market

난도스 R

굿후드
S Goodhood

S 디피-유에스 디자이너 아울렛
DP-US Designer Outlet

크로스타운 도넛
Crosstown Doughnuts R

R 게일스 베이커리
GAIL's Bakery

R
포피스 피시 앤 칩스
Poppies Fish & Chips

스피탈필즈 마켓
Spitalfields Market
●

●올드 스피탈필즈 마켓
Old Spitalfields Market

앤 아더 스토리즈 S
& Other Stories

R 플랫 아이언 Flat Iron

R 텐 벨스
The Ten Bells

H 허브 바이 프리미어 인
Hub by Premier Inn

Brushfield Street

R 포
Pho

★★☆

GPS 51.519654, -0.075606

올드 스피탈필즈 마켓 Old Spitalfields Market

1682년 찰스 2세가 이 지역에 목 · 토요일에 시장이 열리도록 승인한 것이 스피탈필즈 마켓의 시작이다. 찰스 디킨스의 소설과 연쇄 살인마 잭 더 리퍼의 살인 사건과 관련된 지역이기도 하다. 현재의 시장 건물은 1876년에 로버트 호너R.Horner에 의해 지어져 과일과 채소시장으로 이용되다 1920년대 후반 런던시에서 인수한 뒤에도 이어졌다. 지금의 분위기는 1990년대 이후 조성된 것으로 내부 광장 중앙에 노점상이 자리하고 있어 시장 같은 분위기다. 요일마다 특정한 물품을 팔고 있는데 수요일은 핸드메이드 제품을 판매하는 어반 마켓Urban Market, 목요일의 앤티크 · 빈티지 마켓, 금요일의 패션 마켓이고, 가장 붐비는 토요일과 일요일은 빈티지 의류와 핸드메이드 제품, 가구와 다양한 유기농 식품과 음식 등을 판다. 매월 1 · 3주 금요일에는 바이닐 마켓Vinyl Market으로 레코드판을 판매한다.

주소 16 Horner Square, London, E1 6EW
위치 **튜브** Liverpool Street역
버스 8, 26, 35, 48, 67, 78, 135, 149, 205, 242, 388번
운영 월~수 · 금 10:00~20:00, 목 08:00~18:00, 토 10:00~18:00, 일 10:00~17:00
홈피 oldspitalfieldsmarket.com

★★★

브릭 레인 마켓 Brick Lane Market

'브릭 레인'이란 이름에서 알 수 있듯 16세기에는 벽돌과 타일을 만들던 지역이다. 19세기 후반부터 제2차 세계대전까지 영국에서 유대인들이 가장 많이 살았던 지역으로 베이글 가게가 있는 것도 이 때문이다. 유대인들이 매주 일요일 시장을 연 것이 지금의 브릭 레인 마켓에 영향을 줬다. 20세기에는 방글라데시 이주민들이 정착해 커뮤니티를 형성해 커리 식당도 형성되어 있다. 1990년대 이후에는 싼 집값 덕분에 젊은 예술가들이 이곳에 모여들기 시작했는데, 유명한 그라피티 아티스트 뱅크시Banksy도 이곳에 작품을 남겼다. 젊은 아티스트들의 창의적이고 누구도 모방할 수 없는 그라피티가 브릭 레인 골목을 스트리트 갤러리로 만들며 이곳의 분위기를 표현하고 있다. 이런 자유로운 분위기 속의 브릭 레인 마켓은 중고 물품을 파는 빈티지마켓Vintage Market, 백야드 마켓Backyard Market은 수공예품, 린스Rinse는 독립 소규모 디자이너숍, 업 마켓Up Market에서는 전 세계 음식과 수공예, 소매 제품들을 만날 수 있다. 개성 있는 런더너들의 온갖 잡동사니를 구경하는 재미, 마음에 드는 물건을 건질 수도 있으니 들러보자. 일요일이 복잡하지만 가장 활기차다.

주소 Brick Lane, London, E1 6QR
위치 튜브 Shoreditch High Street, Liverpool Street역
운영 **업 마켓** 월~토 11:00~18:00
브릭 레인 빈티지 마켓 월~금 11:00~18:30, 토 11:00~18:00, 일 10:00~18:00
백야드 마켓 토 11:00~18:00, 일 10:00~18:00
엘리스 야드 푸드 트럭 Ely's Yard Food Truck 11:00~23:00
린스 토 11:00~18:00, 일 10:00~18:00
전화 020 7770 6028
홈피 www.sundayupmarket.co.uk

2층에 보이는 집이
영화 〈어바웃 타임〉의 촬영지
(여자주인공의 집)이다.

more & more 브릭 레인의 일요일

❶ 빈티지 마켓 Vintage Market

런던에서 가장 유명한 빈티지 마켓으로는 역시 브릭 레인을 꼽는다. 브릭 레인의 골목에는 빈티지 가게가 여럿 늘어서 있고, 주말이면 길거리에 중고물품을 판매하는 시장이 크게 열리지만 이곳은 상시적으로 열리고 물품이 보기 쉽게 잘 정돈되어 있다. 업 마켓이 열리는 건물 지하에 있다.

주소 85 Brick Lane, London, E1 6QL
운영 월~금 11:00~18:30, 토 11:00~18:00, 일 10:00~18:00

❷ 업 마켓 Up Market

의류, 악세서리, 수공예품과 같은 다양한 소매 제품과 즉석에서 그림을 그려 판매하는 작가들까지 다채로운 분위기다. 업 마켓의 가장 큰 특징은 세계 여러 나라의 음식들을 맛볼 수 있다는 것. 마치 실내 시장을 연상하게 만드는 복작복작한 분위기로 음식 냄새가 가득하다. 빈티지 마켓과 같은 건물 1층에 있다.

주소 83 Brick Lane, London, E1 6QR
운영 월~토 11:00~18:00

브릭 레인의 일요일 길거리

세계음식을 판다. 한국 음식도 있다.

❸ 백야드 마켓 Backyard Market

업 마켓에서 나와 북쪽으로 조금 걸어가면 오른쪽 안쪽에 백야드 마켓이 있다. 주로 디자이너나 소상인들이 수공예품과 티셔츠, 액세서리, 인테리어와 같은 제품들을 판매한다. 주말에만 열린다.

주소 146 Brick Lane, London, E1 6QL
운영 토 11:00~18:00, 일 10:00~18:00

❹ 린스 쇼룸 Rinse Showroom

독립적으로 활동하는 여러 패션 디자이너들의 옷을 전시하고 판매하는 곳으로 주말에만 운영한다. 백 야드 마켓으로 들어가는 입구 왼쪽에 위치해 있다.

주소 146 Brick Lane, London, E1 6QL
운영 토 11:00~18:00, 일 10:00~18:00

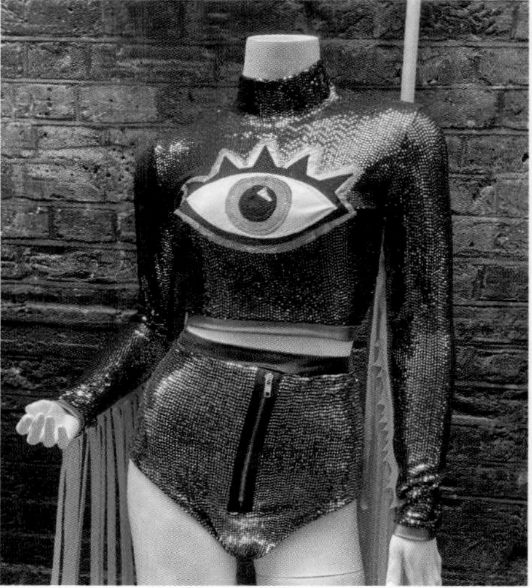

Special Culture

런던의 그라피티 Graffiti

런던은 세계적인 그라피티 작가들이 활동하는 무대로 개성 넘치는 그라피티 작품이 많기로 유명하다. 거리의 예술 작품인 그라피티는 쇼디치 거리를 현대 미술관으로 만들어준다. 주로 래커 스프레이와 페인트를 사용하며 미리 모양을 오려낸 종이에 색을 입혀 찍어내는 스텐실 기법으로 작품을 남긴다. 한정된 시간 안에 완성도 있는 작품이 나올 수 있어 대표 작가인 뱅크시가 많이 사용하는 방식이다. 그라피티를 불법으로 처벌하던 때도 있었지만 그럴수록 저항 정신이 강해져 지금은 하나의 문화로 발전하게 됐다. 현재는 합법적으로 허가 받은 곳에서 작품 활동이 가능하다. 그중 쇼디치는 작품 활동이 활발하게 이어지고 있는 곳이라 지나가다 실제로 길거리 예술가의 작업 현장을 목격할 수도 있다. 그라피티를 감상하다 보면 재치 있는 표현력에 웃음이 나기도 하고 번뜩이는 아이디어에 감탄하며 때론 사회적인 아픔을 전하는 따뜻한 메시지에 감동을 받기도 할 것이다.

❶ 뱅크시 Banksy | 그라피티 아티스트 겸 다큐멘터리 감독

뱅크시의 작품

그라피티에 관심이 있다면 한 번쯤은 들어봤을 이름이다. 뱅크시는 알려진 정보가 거의 없을 정도로 미스터리한 인물로, 작품으로만 잘 알려져 있다. 전쟁과 폭력 등 정치적, 사회적인 풍자를 담은 무거운 주제를 번뜩이는 아이디어로 유쾌하고 기발하게 표현하는 것으로 유명하다. 다큐멘터리 영화 〈선물 가게를 지나야 출구〉에서 현대 미술의 상품화에 대한 메시지를 블랙 코미디로 표현하여 작품성을 인정받았다.

❷ 그라피티 투어

런던의 그라피티 문화를 더 자세히 알아보고 싶다면 오른쪽 홈페이지에서 그라피티 투어를 예약해 보자. 무심코 지나쳤던 그라피티에 어떤 메시지가 담겨 있으며 작가의 의도가 무엇인지 알 수 있는 알찬 투어로 2~3시간이 소요된다. 단, 영어 가이드만 있다.

홈피 www.shoreditchstreetarttours.co.uk
www.alternativeldn.co.uk

★★☆

GPS 51.520986, -0.072510

올드 트루먼 브루어리 Old Truman Brewery

브릭 레인을 걷다 보면 '트루먼Truman'이라고 써진 큰 벽돌 기둥이 보인다. 17세기 후반에 조셉 트루먼이 만든 양조장으로 런던 최대 규모의 양조장이었다. 90년대 들어 예전 양조장 모습을 그대로 간직한 독특한 분위기의 복합문화공간으로 탈바꿈되었고, 지금은 올드 트루먼 브루어리라 불리며 젊은이들의 사랑을 받고 있다. 전시와 바, 클럽, 레스토랑, 마켓까지 다양한 즐길 거리가 있다. 홈페이지를 통해 매번 바뀌는 문화 행사를 파악하고 방문하면 이곳을 더 즐길 수 있다.

주소 91 Brick Lane, London, E1 6QL
위치 튜브 Shoreditch High Street, Liverpool Street역
운영 **마켓** 토 11:00~17:30, 일 10:00~18:00
식당과 바 평일 운영하며 업체에 따라 ~23:00 / 01:00
전화 020 7770 6001
홈피 www.trumanbrewery.com

★★☆

GPS 51.523506, -0.076451

박스파크 쇼디치 Boxpark Shoreditch

컨테이너 박스로 이루어진 세계 최초의 팝업 쇼핑몰이다. 2011년에 오픈했다. 아티스트들의 소규모 상점이 많아 감각적이고 다양한 제품을 구경하는 재미가 있다. 한쪽에 마련된 무대에서 인디밴드가 라이브 공연을 하기 때문에 음악을 즐기는 사람들로 붐비기도 한다. 밤에는 2층에서 맥주와 음식을 먹으며 공연을 즐기는 색다른 분위기를 즐길 수 있다.

주소 2-10 Bethnal Green Road, London, E1 6GY
위치 튜브 Shoreditch High Street역
운영 월~목 11:00~23:00, 금·토 11:00~23:45, 일 11:00~22:30
전화 020 7186 8800
홈피 boxpark.co.uk

추천

GPS 51.524506, -0.071755

베이글 베이크 브릭 레인 베이커리 Beigel Bake Brick Lane Bakery

런던에서 가장 맛있고 저렴한 베이글 전문점으로(£1 미만!) 24시간 영업한다. 런던의 밤을 즐기는 클러버나 택시 기사들이 주요 고객이었으나 런던 가이드북마다 소개되어 관광객까지 모여들기 시작하면서 지금은 늘 줄을 서서 기다려야 한다. 고소하고 쫄깃한 전통 유대인식 베이글에 훈제 연어나 소고기를 가득 넣은 베이글 샌드위치가 인기 메뉴다.

주소 159 Brick Lane, London, E1 6SA
위치 튜브 Shoreditch High Street역
운영 24시간
요금 £
전화 020 7729 0616
홈피 bricklanebeigel.co.uk

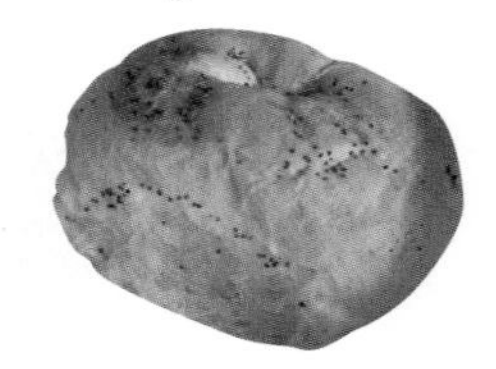

GPS 51.520232, -0.074032

포피스 피시 앤 칩스 Poppie's Fish & Chips

영국 하면 떠오르는 음식인 피시 앤 칩스를 무난하게 즐길 수 있는 곳이다. 런던에 소호, 캠든 마켓, 스피탈필즈 3개 지점이 있다. 복고풍 인테리어가 인상적이고 아기자기한 감각이 돋보이는 프랜차이즈 피시 앤 칩스 전문점이다.

주소 6-8 Hanbury Street, London, E1 6QR
위치 튜브 Shoreditch High Street, Liverpool Street역
운영 월~수·일 11:00~22:00, 목~토 11:00~23:00
요금 ££
전화 020 3161 1422
홈피 poppiesfishandchips.co.uk

GPS 51.521447, -0.075851

혹스무어 스피탈필즈 Hawksmoor Spitalfields

영국산 소고기를 먹을 수 있는 레스토랑으로 현지인에게 인기 있는 스테이크 전문점이다. 코스 요리는 양이 많은 편이라 적당히 조절하여 주문하는 게 좋다. 일요일에 방문한다면 선데이 로스트라는 인기 메뉴를 추천한다. 홈페이지를 통해 예약하고 방문하면 좋은 자리에서 여유 있게 식사할 수 있다.

주소 157A Commercial Street, London, E1 6BJ
위치 튜브 Shoreditch High Street, Liverpool Street역
운영 월·화 17:00~21:00,수·목 12:00~15:00 / 17:00~21:30, 금·토 12:00~15:00 / 17:00~22:00, 일 11:30~20:00 (선데이 로스트는 17:00까지)
요금 £££
전화 020 7426 4850
홈피 thehawksmoor.com

GPS 51.526376, -0.082090

블랙록 Blacklock

일요일 쇼디치를 방문한다면 선데이 로스트를 빼놓을 수 없다. 혹스무어와 같은 스테이크 전문 식당으로 선데이 로스트를 고민할 때 항상 언급되는 양대 산맥 중 하나다. 어느 곳으로 갈지는 개인 취향이라고 할 수 있다. 소고기, 돼지고기, 양고기 중에 선택할 수 있고 세 가지 모두 맛볼 수 있는 All in 메뉴도 있다. 조금 더 비싸 £26이다. 예약하고 방문하는 것이 좋다.

주소 28-30 Rivington Street, London, EC2A 3DZ
위치 튜브 Old Street역
운영 월~금 12:00~15:00 / 17:00~22:30, 토 12:00~23:00, 일 11:45~20:00
요금 £££
전화 020 7739 2148 홈피 theblacklock.com

추천

GPS 51.524338, -0.080538

쇼류 라멘 Shoryu Ramen

런던에서 따뜻한 국물이 생각난다면 이곳을 추천한다. 현지인들에게도 인기 있는 곳으로 쇼디치 외에도 런던 시내에 8개의 지점이 있다. 기본 돈코츠 라멘을 £14.25에 먹을 수 있으며 다양한 토핑과 교자 만두가 있다.

주소 45 Great Eastern Street, London, EC2A 3HP
위치 튜브 Shoreditch High Street, Liverpool Street역
운영 월~목 12:00~22:30, 금·토 12:00~23:00, 일 12:00~22:00
요금 ££
홈피 www.shoryuramen.com

추천

GPS 51.524389, -0.074343

올프레스 에스프레소 Allpress Espresso

한적한 쇼디치 골목길에 있는 카페로 최고 품질의 원두를 정성스럽게 로스팅하여 커피를 뽑아낸다. 커피를 마시는 사람들과 원두를 사 가려는 사람들로 항상 붐빈다. 창고 같은 벽돌 건물에 눈에 띄지 않는 회색 간판이 인상적인 이곳에는 커다란 로스팅 기계가 있다. 이곳에서 로스팅한 원두는 영국 내 90여 곳의 카페에 공급된다.

주소 58 Redchurch Street, London, E2 7DP
위치 튜브 Shoreditch High Street역
운영 월~금 08:00~16:00, 토·일 09:00~16:00
요금 £
전화 020 7749 1780
홈피 allpressespresso.com

추천

GPS 51.524591, -0.072614

브루독 쇼디치 Brewdog Shoreditch

영국 맥주 업계를 뒤흔든 브루독은 독창적이고 다양한 크래프트 비어를 즐길 수 있는 펍이다. 맥주를 좋아하는 사람이라면 꼭 들러서 취향대로 고른 맥주를 한 잔 마셔보자. 제대로 자리를 잡고 앉아서 감자튀김이나 햄버거 등의 맛있는 안주와 함께 즐길 수도 있다. 런던의 주요 지역에 지점이 있으며 주말이나 퇴근 시간부터는 매장 앞이 맥주잔을 들고 서 있는 사람들로 가득하다. 이곳 쇼디치 외에도 소호, 타워 힐, 캠든 등의 지점이 있다.

주소 51 Bethnal Green Road, London, E1 6LA
위치 튜브 Shoreditch High Street역
운영 월~목·일 12:00~23:00, 금·토 12:00~01:00
요금 £
전화 020 7729 8476
홈피 brewdog.com

추천

GPS 51.526865, -0.081635

온 더 밥 On The Bab

한식 퓨전 레스토랑으로 현지인들에게 더 인기 있다. 쇼디치 외에 세인트 폴 대성당 지점이 있다. 비빔밥, 국수, 떡볶이, 김밥, 양념치킨, 김치찌개, 백반 등 우리에게 친숙한 한식을 즐길 수 있다. 현지인 입맛에 맞춰져 있지만 한식이 생각난다면 방문해 볼 만하다.

주소 305 Old Street, London, EC1V 9LA
위치 튜브 Shoreditch High Street역
운영 월~토 11:30~22:30, 일 11:30~22:00
요금 £ 전화 020 7683 0361
홈피 onthebab.com

GPS 51.526311, -0.081143

오리진 커피 로스터스 Origin Coffee Roasters

작지만 커피에 대한 철학이 확실한 카페로 직접 원두를 볶는다. 특별한 커피와 분위기 있는 인테리어로 인기를 얻어 런던에 쇼디치를 포함해 4곳의 지점이 생겼다. 베이커리도 괜찮은 편이라 맛 좋은 커피와 함께 가볍게 한 끼를 해결하기도 좋다.

주소 65 Charlotte Road, London, EC2A 3PE
위치 튜브 Shoreditch High Street역
운영 월~금 08:00~16:00, 토·일 09:00~16:00
요금 £ 전화 020 7729 6252
홈피 origincoffee.co.uk

GPS 51.520531, -0.072918

굿후드 Goodhood

편집숍으로 1층에는 의류와 향수, 패션 액세서리, 지하에는 접시와 향초, 캠핑용품, 보디용품과 같은 생활용품을 판매하고 있다. 가격대가 있는 편이나 색상과 품목별로 잘 정돈되어 있어 쇼핑하기 편리하다.

주소 15 Hanbury Street, London, E1 6QR
위치 튜브 Shoreditch High Street역
운영 월~토 11:00~19:00, 일 12:00~18:00
홈피 goodhoodstore.com

GPS 51.526449, -0.077642

스니커즈 앤 스터프 런던 SNS London

1999년 스웨덴에서 시작한 스니커즈 전문 매장으로 나이키, 아디다스, 컨버스, 푸마, 뉴발란스 등의 브랜드 운동화를 판매한다. 매장은 그리 크지 않지만 다른 곳에서 보기 힘든 색상과 디자인을 판매해 운동화 마니아들이 방문한다. 영국에는 SNS 매장이 하나뿐이며 파리, 베를린, 뉴욕 등에 매장이 있다.

주소 107-108 Shoreditch High Street, London, E1 6JN
위치 튜브 Shoreditch High Street역
운영 월~금 11:00~19:00, 토 10:30~18:30, 일 11:00~17:30
홈피 www.sneakersnstuff.com

GPS 51.522307, -0.071844

로키트 Rokit

로키트는 1986년 캠든 마켓에서 빈티지 데님 전문점으로 시작했다. 그 후 30년 동안 100만t 이상의 버려진 옷과 액세서리를 재활용하여 판매하고 있다. 브릭 레인 지점 외에 캠든 마켓과 코벤트 가든에도 매장이 있는 빈티지 체인점이다. 다른 빈티지 매장에 비해 카테고리별로 잘 정리되어 있으며 많은 물량을 확보하고 있어 다양한 제품을 보는 재미가 있다.

주소 101 Brick Lane, London, E1 6SE
위치 튜브 Shoreditch High Street역
운영 월·화·목 11:00~19:00, 수·금·토 11:00~19:30, 일 11:00~18:00
전화 020 7375 3864
홈피 www.rokit.co.uk

GPS 51.522465, -0.071755

크리시스 Crisis

1967년에 만들어진 영국 홈리스 자선단체인 크리시스 Crisis에서 운영하는 빈티지 숍이다. 기부받은 옷과 액세서리, 책 등을 판매해 얻은 수익을 노숙자들을 위해 쓴다.

주소 78 Quaker St, London E1 6SW
위치 튜브 Shoreditch High Street역
운영 월~금 10:30~18:30, 토·일 11:00~17:00
전화 020 7839 1377 홈피 www.crisis.org.uk

GPS 51.522452, -0.071744

디피-유에스 디자이너 아울렛 DP-US Designer Outlet

스톤 아일랜드, 몽클레어, 버버리, 아르마니, 구찌 등 패션 명품 브랜드 제품을 할인해서 판매하는 아웃렛 매장이다.

주소 Old Truman Brewery, 13 Dray Walk, London E1 6QR
위치 튜브 Shoreditch High Street역
운영 11:00~18:30
전화 079 3269 6029 홈피 www.dpusoutlet.com

GPS 51.522466, -0.071500

브릭 레인 북숍 Brick Lane Bookshop

1978년에 문을 연 독립서점이다. 과거, 타워 햄릿(타워 브리지 주변 지역)에는 서점이 없었다. 이를 고민하던 사람들 중 스테파니 북스Stepney Books가 화이트채플 마켓에 매주 토요일마다 나와 책을 팔았던 것이 시작이었다. 타워 햄릿 아트 프로젝트Tower Hamlets Arts Project(THAP)의 일환으로 현재의 자리에 THAP 북숍THAP Bookshop을 열었고, 기존 서점은 이전했지만 그 장소에서 지금까지 지역 기반의 독립서점으로 이어지고 있다. 2019년부터는 '브릭 레인 북숍 단편 소설상'을 만들어 작가를 배출하고 있다.

주소 166 Brick Ln, London E1 6RU
위치 튜브 Shoreditch High Street역
운영 10:00~18:00
전화 020 7839 1377
홈피 bricklanebookshop.org

GPS 51.521105, -0.072478

러프 트레이드 Rough Trade

브릭 레인의 이미지와 어울리는 레코드 상점 러프 트레이드는 언더그라운드 뮤직을 포함한 방대하고 다양한 음반과 예술, 음악 관련 서적, 티셔츠, 헤드폰, 머그잔 등 디자인 상품까지 판매한다. 입구에는 올프레스 커피(p.229 참조)를 마실 수 있는 카페 공간도 갖추고 있다. 또한 라이브 공연과 파티도 주최한다고 하니 방문 전 홈페이지나 매장 벽면에 붙은 개성 있는 전단지와 포스터를 확인하자. 친절한 직원의 추천 음반도 들어보며 즐거운 경험을 할 수 있다. 소호에도 매장이 있다.

주소 91 Brick Lane, London, E1 6QL
위치 튜브 Shoreditch High Street, Liverpool Street역
운영 월~금 10:00~18:00, 토 10:00~15:00, 일 11:00~17:00
전화 020 7392 7788
홈피 www.roughtrade.com

Special Shopping 캠든 파사지 Camden Passage

관광객으로 북적이는 마켓이 아닌 한적한 로컬 분위기에서 앤티크한 물건을 구경하고 싶다면 이즐링턴에 있는 캠든 파사지 마켓을 추천한다. 다양한 골동품과 개인 수집품을 판매하는 큰 마켓이 수요일과 금요일 그리고 주말에 열린다. 주말에는 브런치를 먹으려는 사람들로 좁은 골목길이 가득할 정도로 숨은 맛집을 발견할 수 있는 곳이기도 하다.

주소 Camden Passage, Islington, London, N1 8EA
위치 튜브 Angel역
운영 수·금·토 10:00~18:00, 일 11:00~18:00
전화 020 7359 0190
홈피 www.camdenpassageislington.co.uk

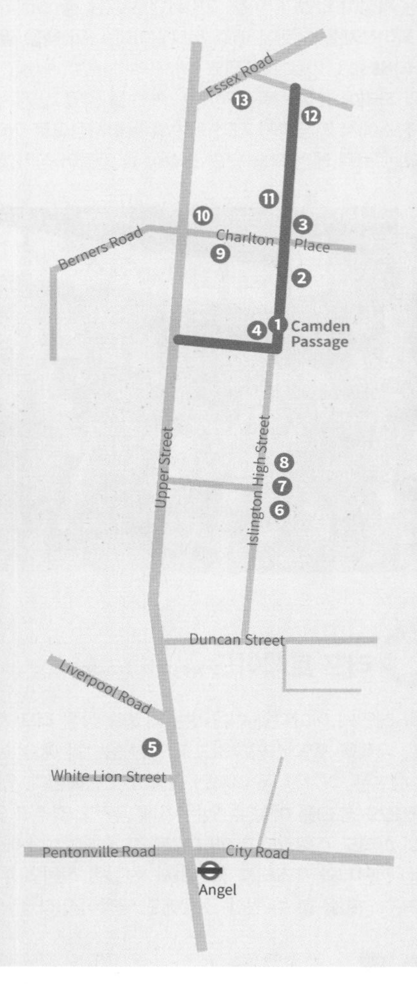

❶ 치폴레 멕시칸 그릴 Chipotle Mexican Grill 레스토랑
❷ 스시 쇼 Sushi Show 레스토랑
❸ 키펄 레스토랑&파티세리 Kipferl Restaurant&Patisserie 레스토랑·카페
❹ 더 브렉퍼스트 클럽 The Breakfast Club 카페
❺ 브라더 마커스 엔젤 Brother Marcus Angel 레스토랑
❻ 피스타치오 앤 피클 Pistachio & Pickle 레스토랑
❼ 포 Pho 레스토랑
❽ 카나다야 Kanada-Ya 레스토랑
❾ 프레데릭스 Frederick's 레스토랑
❿ 가쓰테 100 Katsute 100 카페
⓫ 리뎁션 커피 로스터스 Redemption Coffee Roasters 카페
⓬ 더블 놋 카페 Double Knot Cafe 카페

▶▶ 치폴레 멕시칸 그릴 Chipotle Mexican Grill

1993년 미국에서 시작한 멕시코 음식 패스트푸드 체인점으로 아직 한국에는 들어오지 않았지만 전 세계 3,200여 개의 식당이 있다. 서브웨이처럼 주문하는데 먼저 부리토, 볼, 타코, 샐러드 중에서 선택하고, 밥과 콩, 고기 종류를 선택한 후 토핑을 선택한다. 마지막으로 소스(Salsa)를 선택한다. 재료를 직접 고를 수 있어 좋고, 가격도 합리적이어서 런더너와 관광객 모두에게 인기 있는 식당이다.

주소 334 Upper St, London N1 0PB
위치 튜브 Angel역
운영 11:00~23:00
요금 £
전화 020 7354 3686
홈피 chipotle.co.uk

▶▶ 더 브렉퍼스트 클럽 The Breakfast Club

이름처럼 이른 시간부터 영업하는 식당으로 아침과 브런치를 즐기기에 좋다. 런던에 소호, 스피탈필즈, 런던 브리지, 옥스퍼드 등 14개의 지점이 있는데 이곳 엔젤 지점뿐 아니라 모든 지점이 인기다. 예약 없이 방문할 경우 오래 기다려야 하기 때문에 홈페이지를 통한 예약을 추천한다. 아보카도 토스트Smashed Avocado on Toast, 에그 베네딕트Eggs Benedict 등 다양한 메뉴가 있고 영국 로컬들과 함께 분위기와 맛을 즐기기에 그만인 곳이다.

주소 31 Camden Passage, London N1 8EA
위치 튜브 Angel역
운영 월~금 08:00~15:00, 토·일 08:00~16:00
요금 £~££
전화 020 7226 5454
홈피 thebreakfastclubcafes.com

©Hyun So Young

8

런던에서 떠나는 영국 여행

좀 더 여유 있는 여행자들을 위해 간략하게나마 런던에서 열차나 코치로 다녀올 만한 곳을 소개한다. 가장 가까운 곳으로는 영화 〈해리 포터〉 촬영지인 워너 브라더스 스튜디오부터 가장 멀게는 바스까지 다양한 지역을 포괄하고 있다.

스코틀랜드
Scotland

북아일랜드
Northern Ireland

잉글랜드
England

웨일스
Wales

스트랫퍼드 어폰 에이번
Stratford Upon Avon
열차 1시간 55분

옥스퍼드
Oxford
열차 1시간,
코치 1시간 40분

워너 브라더스 스튜디오
Warner Bros. Studios
열차+셔틀 버스 또는 코치 1시간

케임브리지 Cambridge
열차 46분, 코치 1시간 45분

코츠월드 Cotswolds
Cirencester까지 코치 2시간 20분

윈저 Windsor
열차 30분, 코치 1시간 35분

런던 London

햄프턴 코트 팰리스
Hampton Court Palace
열차 1시간

바스 Bath
열차 1시간 30분,
코치 2시간 40분

스톤헨지 Stonehenge

솔즈베리
Sailsbury
열차 1시간 25분,
코치 2시간 40분

브라이튼 Brighton
열차 1시간,
코치 1시간 40분

라이 Rye
열차 1시간 20분

이스트본
Eastbourne
열차 1시간 30분

세븐 시스터즈
Seven Sisters

런던 London

버스 1시간
버스 20분

브라이튼
Brighton

이스트본 Eastbourne

세븐 시스터즈
Seven Sisters

Special Tour

런던에서 주변 도시로 여행할 때 유용한 정보

런던에서 주변 도시로 여행을 떠날 때 버스와 기차 중에 무엇을 선택할지 많이 고민한다. 영국의 기차 요금은 버스보다 훨씬 비싸다. 2~3배 정도 차이 나기도 하니 시간이 좀 더 걸리더라도 저렴한 교통편을 찾는다면 버스도 나쁘지 않다. 그러나 대체로 영국 여행은 여유 있는 경우가 드물어 비싸더라도 기차를 이용하게 된다. 모든 교통권은 5세 미만은 무료, 5~15세는 성인의 50%, 국제학생증이 있으면 학생 할인 티켓을 끊을 수 있다.

❶ 여행 전 교통 앱 설치, 회원 가입 필수

터미널에서 줄 서서 표를 사지 않아도 되고, 가격도 온라인으로 사는 것이 더 저렴하다. 출력할 필요 없이 모바일 티켓을 이용할 수 있어 이처럼 편리한 것이 없다. 때문에 영국으로 여행 전 미리 교통 앱을 다운 받아 회원 가입을 해두자. 단, 워너 브라더스 스튜디오, 햄프턴 코트 팰리스와 같은 9존 내의 지역을 갈 예정이라면 오이스터 카드나 컨택리스 카드Contactless Card를 이용할 수 있어 앱을 다운 받을 필요가 없다.

기차 내셔널레일, 트레인라인
버스 내셔널버스

성수기 기차표를 위해 줄을 서는 것은 힘든 일이다.

❷ 일찍 예약하거나, 기차 카드를 만들거나

기차는 되도록 일찍 예약할 경우, 할인된 표를 구할 수 있다. 예를 들어, 내일 브라이튼행 티켓을 예약하면 £29.70인 데 반해 2개월 뒤에 한다면 £5인 식이다. 일정이 확실하다면 여행 준비할 때 미리 표를 끊어두는 것이 좋다. 보통 사전 구매하는 저렴한 표는 어드밴스 편도/왕복Advance Single/Return으로 환불이 불가능하다.
또는 1/3 가격으로 기차표를 구입하는 방법도 있다! 레일카드Railcard를 만든다면, 30세 미만이라면 16~17세/17~25세/26~30세 카드를 만들 수 있고, 2명이 함께 여행한다면 투 투게더 레일카드Two Together Railcard, 3명 이상이거나 가족이라면 패밀리 & 프렌즈 레일카드Family & Friends Railcard를, 60세 이상이라면 시니어 레일카드Senior Railcard를 만들 수 있다. 모든 카드의 요금은 £30(1년간 유효, 구성원 중 1명만 가입)이니 다른 도시를 여러 번 여행하지 않는 한 2명 이상의 여행자들에게 유리하다. 특히 패밀리 & 프렌즈 레일카드는 성인 4명, 5~15세 4명까지 혜택을 보기 때문에 가장 유용하다. 성인이라면 근교 여행 시 동행을 구하는 것을 추천한다. 카드는 기차역을 방문할 필요가 없으며 온라인으로 가입해 휴대폰에 저장되는 카드로 차장의 요청 시 보여주면 된다.

❸ 기차 예약 시 필수 용어

출퇴근 시간인 피크Peak 시간보다 오프 피크Off-Peak(월~금 09:00~16:00, 19:30~다음 날 06:30) 시간이 더 저렴하다. 수퍼 오프 피크Super Off-Peak는 가장 저렴한 특가로 갈 때는 특가 시간을 선택하고, 올 때는 오프 피크 시간 기차만 탑승 가능한 것으로 한 달 내에 사용하면 된다. 이와 반대로 아무 때나 탈 수 있는 티켓은 애니타임 편도/왕복Anytime Single/Return으로 정가표라고 할 수 있다.

기차표 종류

❹ 편도보다는 왕복

열차든 버스든 모든 교통수단은 편도Single 보다 왕복Return이 훨씬 저렴하다.

❺ 순방향·역방향 좌석

기차를 탈 때 방향Direction은 순방향Forward Facing, 역방향Backward Facing을 알아두면 예약 시 편리하다. 상관없으면 No Preference.

❻ 좌석 예약을 해야 할까?

일행이 있거나 또는 확실한 좌석을 원한다면 반드시 예약하자. 예약하지 않는다면 기차에 예약Reserved이 없는 자리에 앉으면 되는데 기차가 붐비거나 일행이 여럿이라면 좌석 확보를 못할 수 있어 불안하다.

모르는 사람과 앉을 수도 있다.

좌석 예약 없이 탔다면 초록 불 좌석에 앉으면 된다.

❼ 태그는 필수!

기차를 타러 플랫폼으로 갈 때 표를 찍어야지만 문이 열리기도 하지만, 문이 아예 없는 경우도 있다. 찍는 것을 잊지 말자.

※ 촉박한 일정에 여러 곳을 보고 싶거나 낯선 장소로 떠나는 것이 불안하다면, 런던 출발 투어 상품을 추천한다. 한국어 가이드 혹은 소수 정예 투어 등 편하게 다녀올 수 있는 다양한 투어가 있다. 런던 근교 투어 상품으로 인기 있는 코스는 옥스퍼드와 코츠월드, 그리고 비스터 빌리지에서 쇼핑까지 포함된 당일 코스이다. 개인의 목적과 시간에 맞춰서 여러 가지 투어 상품을 선택할 수 있으니 아래 홈페이지에서 찾아보자.

골든 투어 www.goldentours.com
마이 리얼 트립 www.myrealtrip.com

예약 홈페이지

▶▶ 기차 통합 예약

내셔널 레일 National Rail
www.nationalrail.co.uk

트레인 라인 Trainline
www.thetrainline.com
(수수료 있음)

▶▶ 기차

템즈 링크 Thames Link www.thameslinkrailway.com
서든Southern www.southernrailway.com
사우스이스턴Southeastern www.southeasternrailway.co.uk
노스 이스턴 North Eastern www.lner.co.uk
그레이트 웨스턴 레일웨이 Great Western Railway
www.gwr.com

▶▶ 버스

내셔널 익스프레스
www.nationalexpress.com
메가버스 uk.megabus.com
아리바 www.arrivabus.co.uk

★★☆

GPS 51.693118, -0.419590

워너 브라더스 스튜디오 Warner Bros. Studios

영국의 작가 J. K. 롤링J. K. Rowling의 해리 포터 시리즈가 2001년 〈해리 포터와 마법사의 돌〉을 시작으로 영화화되면서 2011년 〈해리 포터와 죽음의 성물〉까지 총 7편의 영화로 완결됐다. 워너 브라더스 스튜디오는 영화 〈해리 포터〉의 실제 촬영 스튜디오로 〈해리 포터〉 마니아라면 놓치지 말아야 하는 곳이다. 입장할 때 해리포터 패스포드를 가져가면 스튜디오에서 기념 스탬프를 찍을 수 있다. 예약제로 운영하고 있으며 내부에는 다양한 촬영 세트장과 크로마키 촬영 등 사진을 찍을 수 있는 스폿들이 많으니 동행자와 함께 방문하는 것이 좋다.

주소 Warner Bros. Studios Leavesden, Aerodrome Way, Hertfordshire, WD25 7LS
운영 09:00~18:30(30분 간격) (※ 시기별로 상이하니 홈페이지 확인)
휴무 11월 11~15일, 12월 25·26일
요금 16세 이상 £53.50, 5~15세 £43, 가족(1~2명 성인, 2~3명 어린이) £172, 5세 미만 무료
전화 0800 640 4550 (티켓 일정 변경 시 전화로 가능하며 £10의 수수료가 든다) 월~금 08:30~17:30, 토·일·공휴일 10:00~17:00
홈피 www.wbstudiotour.co.uk
예약 사진 속 QR 코드 참조

워너 브라더스 스튜디오

가는 법

❶ 열차(20분) + 셔틀버스(15분)
열차 런던 유스턴Euston역 → Watford역(오이스터 카드 사용 가능) + 셔틀버스 무료(입장권에 포함)
셔틀버스는 보통 30분 간격으로 운영되는데 셔틀버스 첫차는 당일 첫 번째 투어 시간 40~45분 전에 출발한다. 즉, 09:00가 첫 번째 투어 시간이라면 08:15에 셔틀버스가 있다. 마지막 투어 시간은 18:35이고, 스튜디오에서 기차역으로 가는 버스는 22:00에 출발한다.

❷ 직행버스
빅토리아 코치 스테이션(Bus Stop 1 Bulleid Way)과 베이커 스트리트정류장 S(144 Marylebone Rd, London NW1 5PH)에서 골든 투어Golden Tours 직행버스가 있다(※ 투어 1시간 30분 전 출발).
교통편만 이용 시 16세 이상 £44~, 5~15세 £44~, 3 · 4세 £39~, 3세 미만 무료
교통 & 입장권 이용 시 16세 이상 £129, 5~15세 £124, 3 · 4세 £45, 3세 미만 무료

9시 투어인 경우
* 빅토리아 코치 스테이션 체크인 07:15, 코치 스테이션 출발 시각 07:30
* 워너 브라더스 스튜디오 출발 시각 13:30 / 런던 도착 시각 15:00(킹스 크로스역 Pancras Road 정류장)

★★★

햄프턴 코트 팰리스 Hampton Court Palace

GPS 51.403626, -0.337784

1514년 추기경 울지Wolsey가 지은 저택으로 넷플릭스 드라마 〈브리저튼〉의 촬영지이다. 화려한 저택을 지은 것을 탐탁지 않게 여긴 헨리 8세가 "신하가 왕보다 더 좋은 저택을 짓는가"라고 묻자 당황한 울지는 저택을 헨리 8세에게 바쳤다. 이후 튜터 왕가의 궁전으로 사용되었고 헨리 8세와 그의 여섯 아내들의 역사가 이곳에서 펼쳐져 방문자들의 호기심을 불러일으킨다. 사연 많은 궁전에서는 제인 시무어와 캐서린, 헨리 8세의 유령이 출몰한다는 소문도 있다.

궁전의 정원은 영국 정원의 진수를 보여주는 공간으로 매년 7월 초에 세계적인 원예축제 햄프턴 코트 팰리스 플라워 쇼Hampton Court Palace Flower Show가 열린다. 겨울에는 스케이트장이 열린다. 햄프턴 코튼 팰리스는 정원이 아름답기 때문에 화창한 날 방문하는 것이 좋은데 음식을 준비해 피크닉을 즐기는 것도 추천한다. 내부와 정원까지 돌아본다면 반나절로는 시간이 촉박하다. 오픈 시간인 오전 10시에 맞춰 도착해 오후 3~4시쯤 런던으로 돌아간다고 생각하면 적당하다. 한국어 오디오 가이드(유선 이어폰을 가져가면 좋다)가 지원되기 때문에 궁전 곳곳을 돌아보는 데 무리가 없다. 점심으로 궁전 내부의 카페와 레스토랑에서 헨리 8세가 좋아했던 미트파이를 즐겨보자.

주소 Hampton Court Palace, East Molesey, Surrey, KT8 9AU
운영 **성수기** 10:00~17:30 **비수기** 10:00~16:30
휴무 9월 22일, 10월 13일
요금 **성수기** 일반 £30, 65세 이상 £24.00, 5~17세 £15.00, 5세 미만 무료
비수기 일반 £27.20, 65세 이상 £21.80, 5~17세 £13.60, 5세 미만 무료
전화 020 3166 6000 **홈피** www.hrp.org.uk

가는 법

런던 워털루Waterloo역에서 National Rail로 햄프턴 코트역까지 40~50분 소요된다. 30분 간격으로 운영된다.

▶▶ 헨리 8세의 아파트먼트 Henry VIII's Apartments (1509~1547)

햄프턴 코트 팰리스의 중심이 되는 공간이다. 궁전에서 가장 넓은 공간인 그레이트 홀Great Hall은 태피스트리로 둘러싸여 있으며 상단부는 헨리 8세의 화려한 스테인드글라스로, 천장은 황금색의 고딕 스타일로 화려하다. 벽면에는 헨리 8세와 그의 아내들에 대한 설명이 쓰여 있다. 그레이트 홀로 들어가는 문에는 튜터 왕가를 상징하는 장미와 첫 번째 아내였던 아라곤의 캐서린을 상징하는 스페인 석류로 장식되어 있다. 두 번째 아내인 앤 불린을 위해 특별한 이니셜을 새긴 곳도 있다. 앤의 A와 헨리의 H를 따서 'AH' 이니셜의 나무장식이 있으니 찾아보자. 튜터 왕가의 장미 문양을 볼 수 있는 그레이트 워칭 체임버Great Watching Chamber는 편안히 누워서 천장을 볼 수 있도록 큼직한 쿠션이 마련되어 있다. 헨리 8세와 왕비들이 머물던 방, 국왕을 위한 자문단인 추밀원Privy Council과, 마지막 방에서는 헨리 8세의 왕관을 볼 수 있는데 사진 촬영이 불가하다.

그레이트 홀

'AH' 이니셜 나무장식

튜터 왕가의 장미문양

▶▶ 헨리 8세의 주방 Henry VIII's Kitchens (1509~1547)

헨리 8세는 대식가로도 잘 알려져 있다. 다이어트 식사가 5,000칼로리였다니 놀라울 정도다. 당시의 테이블 매너는 오직 왕만 포크를 쓸 수 있다는 것이었다. 한 해에 궁전에서 소비한 고기만 소 1,240마리, 양 8,200마리, 사슴 2,330마리 등 엄청난 양이었다. 고기를 넣은 미트파이도 이때 만들어졌는데 곳곳에 있는 모형을 보다 보면 카페에서 미트파이를 주문하고 싶어질 것이다. 그레이트 키친Great Kitchens에서는 하루 최대 1,600인분의 식사를 만들 수 있었다. 생선과 가금류, 식기들의 저장소와 와인 보관소Wine Cellar를 돌아볼 수 있다.

Tip | 미트파이를 먹어보고 싶다면?

궁전 내에는 The Tiltyard Café (**운영** Deli Bar 10:00~17:00, Hot Food 11:30~15:00, 점심 11:30~15:00)가 있다. 중세풍으로 꾸며진 곳에서 음료와 미트파이를 즐겨보자.

헨리 8세의 주방

고기 손질하는 곳

그레이트 키친

▶▶ 윌리엄 3세의 아파트먼트 William III's Apartments (1689~1702)

윌리엄 3세의 아파트먼트로 가는 계단 벽화는 화려하기 그지없다. 계단을 올라가면 알현실, 침실, 집무실, 화장실, 그린하우스(롱 갤러리Long Gallery), 식당 등을 볼 수 있다. 그린하우스는 윌리엄 3세가 날씨 안 좋은 날 산책을 위해 식물들을 화분에 심어 놓았던 곳이다. 현재는 조각상이 있는 롱 갤러리다.

윌리엄 3세의 아파트먼트로 올라가는 계단

알현실

그린하우스(롱 갤러리)

▶▶ 정원 East Front Gardens & Privy Garden

다양한 꽃과 정원수로 아름답게 꾸며져 영국식 정원의 진수라 할 수 있다. 궁전 앞에 펼쳐진 프리비 가든Privy Garden은 바로크 양식의 정원으로 윌리엄 3세 때 조성됐다. 정원 안에는 1768년 조지 3세 시대에 심어진 그레이트 바인Great Vine(포도나무)이 있는데 둘레 3.8m, 길이 75m로 2005년 기네스북에도 등재됐다.

프리비 가든

Tip | 기념품 구입하기

궁전의 기념품점인 Palace Shops에서는 헨리 8세, 그리고 그의 아내와 관련한 다양한 기념품들을 판매한다(**운영** 수~일 10:00~18:00).

궁전과 정원, 〈브리저튼〉의 촬영지이다

★★★

라이 Rye

GPS 50.950083, 0.734189

서식스Sussex주 동쪽에 위치한 작은 마을로 동쪽 해안 방어를 담당했다. 1573년 엘리자베스 1세가 3일 동안 휴가를 보내고 간 후 라이 로열Rye Royal이라는 호칭이 붙었다. 마을이 워낙 작아 아무리 천천히 돌아봐도 1~2시간이면 충분하다. 마을 안에 아기자기한 숍과 영국 감성이 가득한 티룸이 있으니 천천히 돌아보고, 차 마시는 시간을 갖는다면 반나절 동안 여유롭게 보내기를 추천한다.

홈피 www.ryesussex.co.uk

가는 법

열차 빅토리아역에서 Southern 라인으로 이동한다. 영국에 라이가 두 곳이 있기 때문에 티켓을 구입할 때 서식스Sussex주의 라이로 구입해야 한다.

▶▶ 랜드게이트 Landgate

마을로 통하는 문으로 4개 중 유일하게 남아 있다. 1329년 에드워드 3세에 의해 방어 목적으로 만들어졌다. 삼면이 바다로 둘러싸인 라이 마을이 만조가 되었을 때 유일하게 마을을 잇는 문이다.

▶▶ 성 메리 성당 St. Mary's Church

12세기 초에 세워진 성공회 성당이다. 내부 관람은 무료이며 기부금을 내고 타워로 올라가면 라이 마을과 주변 지역을 한눈에 내려다볼 수 있다.

주소 Church Square, Rye, TN31 7HF
운영 월 10:00~17:00, 화~토 10:30~16:30, 일 09:00~16:30
요금 **타워** 일반 £4, 7~16세 £1

▶▶ 이프르 타워 Ypres Tower

프랑스 침략에 대비해 1249년에 만들어졌다. 1377년 프랑스 침략으로 마을이 불탄 이후엔 개인 주거지로, 그 후 400년 동안은 감옥으로 사용되다 현재는 라이의 역사박물관이다. 라이 성 박물관Rye Castle Museum에는 군복과 검, 라이의 유물이 전시되어 있다.

주소 3 East Street, Rye, TN31 7JY
운영 **3월 30일~10월** 10:30~17:00
11월~3월 29일 10:30~15:30
요금 일반 £5, 16세 미만 무료 **전화** 017 9722 6728
홈피 www.ryemuseum.co.uk

중세시대의 창고는 앤티크 숍으로 이용되고 있다

▶▶ 코블스 티룸 Cobbles Tea Room

작은 마을이지만 식당과 카페가 꽤 있다. 단 한 곳만 방문한다면 이곳을 추천한다. 런던에 비하면 저렴한 가격에 맛있는 크림 티와 간단한 식사를 할 수 있는 사랑스러운 티룸이다.

주소 1 Hylands Yard, Off The Mint, Rye, TN31 7EP
운영 10:00~17:00
전화 074 8543 7893

▶▶ 크눕스 초콜릿 바 Knoops Chocolate Bar

라이에서 유명한 초콜릿 카페다. 초콜릿 함량에 따라 30~100%로 다양하게 즐길 수 있으며 핫 초콜릿을 주문한다면 생강이나 레몬, 허브 등을 추가할 수 있다.

주소 Tower Forge, Tower Cottages, Rye, TN31 7LD
운영 월~목 08:00~18:00, 금~일 08:00~20:00
전화 333 360 0608

▶▶ 마리노의 피시 바 Marino's Fish Bar

라이의 몇 안 되는 피시 앤 칩스 레스토랑 중 한 곳으로 그중 가장 맛있다는 평을 받고 있다. 다른 피시 앤 칩스 식당과 마찬가지로 포장할 경우 더 저렴하다.

주소 37 The Mint, Rye, TN31 7EN
운영 월~토 12:00~21:00, 일 12:00~20:00
전화 017 9722 3268

★★★

세븐 시스터즈 Seven Sisters

GPS 50.743166, 0.201063

서식스주 남부 해안에 위치한 새하얀 절벽이다. 7개의 언덕이 마치 자매들이 서 있는 모습 같아 세븐 시스터즈라는 이름을 갖게 됐다. 오래전 조개껍데기의 석회질이 해저에 백악질의 산을 이뤘고, 점점 바다에 침식되어 깎이면서 현재의 드라마틱한 절벽이 되었다. 가장 높은 절벽은 77m에 달한다. 안전장치가 없고 절벽이 계속해서 부서지고 있으며 인명사고가 난 적도 있으니 절벽 끝으로 가지 않도록 하자. 날씨가 좋은 날에 방문하기를 추천하며 미리 물과 먹을거리를 사서 가는 것이 좋다. 여름철 수영을 하고 싶다면 수영복과 깔개 등을 가져가자. 세븐 시스터즈를 충분히 즐기려면 브라이튼에서 하룻밤 머물며 세븐 시스터즈에 다녀오는 것을 추천한다. 코스트가드 코티지Coastguard Cottages 뷰 포인트는 Seven Sisters Park Centre정류장에서 내려 The Cuckmere Inn과 연결된 길을 따라 30분 정도 걸어가면 된다.

홈피 www.sevensisters.org.uk

소나 양 때문에 문을 꼭 닫고 다녀야 한다

뷰 포인트에서 바라본 세븐 시스터즈

가는 법

런던에서 Southern, Southeastern, Thameslink 기차를 이용하는 3가지 루트가 있는데 이 중에서 가장 볼거리가 많은 브라이튼 경유를 추천한다.

Seven Sisters Park Centre 정류장

❶ 런던 빅토리아역 → 브라이튼역에서 버스
가장 많이 이용하는 방법이다. 브라이튼역에 내려(1시간 소요) 버스 12 · 12A · 12X · 13X번을 타고 1시간 정도 걸린다. 절벽 규모가 크기 때문에 동쪽(12 · 12A · 12X번은 East Dean정류장, 13X번은 Birling Gap정류장)과 서쪽(Seven Sisters Park Centre 정류장)에서 접근할 수 있다. 세븐 시스터즈에 가장 가깝게 가는 13X(일요일만 운행)를 제외하고는 정류장에서 절벽까지 40분~1시간 정도 걸어가야 한다.

한적한 곳이지만 정체된다

❷ 런던 빅토리아역 → 이스트본역에서 버스
이스트본역에 내려(1시간 30분 소요) 12 · 12A · 12X · 13X번을 타고 20분 소요

❸ 런던 빅토리아역 → 루이스Lewes역(환승) → 시포드Seaford역에서 버스
시포드역에 내려(1시간 30분 소요) 12 · 12A · 12X · 13X번을 타고 20분 소요

▶ 브라이튼 – 세븐 시스터즈 – 이스트본 구간 운행 버스
브라이튼 등에서 당일치기를 한다면 버스 편도 승차권을 운전 기사에게 사면 된다. 1박 2일을 머문다면 브라이튼, 세븐 시스터즈, 이스트본을 돌아볼 수 있으니 24시간권을 구입하는 것이 유리하다. 저녁 시간이면 브라이튼으로 돌아가는 차량으로 길이 정체되기도 한다.

요금 편도 £3(60분), 24시간권(networkSAVER Tickets 브라이튼~이스트본 지역 포함)
일반 1명 £6.25, 2명 £10.40, 학생 £4.35, 19세 미만 £3.10,
가족(일반 1~2명+5~15세 3~4명, 최대 5명) £10.40
※ Brighton & Hove: Buses 애플리케이션 다운로드 후 모바일 티켓 구매

Tip | 휴양도시 이스트본 경유하기

이스트본은 빅토리아 시대에 휴양지로 개발된 도시다. 브라이튼보다 규모가 작고 조용하다. 세븐 시스터즈를 보기 위해 브라이튼을 경유해 가는 경우가 많으나 거리상으로는 이스트본에서 더 가까워 이스트본을 경유지로 이용하기도 한다. 이스트본의 랜드마크인 항구는 1870년에 문을 열었다. 기다란 산책로 끝의 파빌리온에서는 음악 연주 등 공연이 펼쳐졌으며 현재는 모두가 즐길 수 있는 게임룸이 조성되어 있다.

이스트본 쇼핑 거리

이스트본 피어

★★★

브라이튼 Brighton

영국 최대의 해변 휴양지로 런더너들이 주말을 이용해 바닷바람을 쐬러 가는 곳이다. 볼거리로는 19세기 초, 조지 4세의 지원으로 존 내시가 설계한 로열 파빌리온Royal Pavillion(**주소** 4/5 Pavilion Buildings, Brighton BN1 1EE, **운영** 4~9월 09:30~17:45, 10~3월 10:00~17:15, **휴무** 12월 25 · 26일, **요금** 일반 £19, 5~18세 £11.50)이 있다. 외부는 이슬람 양식의 웅장한 모습이나 내부는 화려한 중국풍으로 꾸며져 있다. 낮의 모습도 아름답지만 밤에 조명이 켜지면 더욱 환상적이다. 브라이튼 피어Brighton Pier는 브라이튼의 랜드마크로 긴 산책로를 따라 놀이공원과 실내 게임장이 있다. 젊은 감각의 쇼핑 명소인 노스 래인North laine과 위아래로 움직이는 브리티시 에어웨이 i360 British Airways i360 전망대도 놓치지 말자. 브라이튼은 숙박비가 저렴한 편으로 하룻밤 숙박하면서 세븐 시스터즈와 함께 보는 것을 추천한다.

홈피 www.visitbrighton.com

로열 파빌리온의 낮

로열 파빌리온의 밤

가는 법

❶ 열차
- Southern Railway로 런던 빅토리아역 → 브라이튼역(54분 이상 소요)
- Thames Link로 런던 브리지역 → 브라이튼역(58분 이상 소요)

❷ 코치
National Express 1시간 40분~2시간 10분 소요

노스 래인

브라이튼 해변과 브라이튼 피어

★★★

GPS 51.754101, -1.254038

옥스퍼드 Oxford

옥스퍼드는 900년 동안 세계 최고의 명문으로 불리는 대학 도시이자 영화 〈해리 포터〉의 촬영지로 유명한 곳이다. 38개의 칼리지가 옥스퍼드 시내 곳곳에 독립적으로 운영되며 역사가 담긴 칼리지 건물들이 고풍스러운 분위기를 내고 있다. 기차역보다는 코치를 이용해 도착하는 Gloucester Green 버스정류장이 중심가와 가깝다. 옥스퍼드 튜브Oxford Tube가 자주 있고 저렴해 많이 이용한다. 현지 투어 상품을 이용하면 교통비와 시간을 절약할 수 있으며 옥스퍼드와 코츠월드 등을 하루 코스로 둘러볼 수 있다.

홈피 experienceoxfordshire.org

해리 포터 관련 기념품을 파는 상점

가는 법

❶ 열차
- Great Western Railways로 런던 패딩턴역 → 옥스퍼드역(56분 이상 소요)
- Chiltern Railway로 런던 패딩턴역 → 옥스퍼드역(52분 이상 소요)

❷ 코치
- Oxford Tube로 이동(빅토리아 기차역 주변 Buckingham Palace Road 10번 정류장 또는 튜브 Marble Arch역 4번 출구 14번 정류장 탑승, 1시간 10분~40분 소요)
- National Express(2시간 소요)

▶▶ 크라이스트 처치 칼리지 Christ Church College

옥스퍼드에서 꼭 방문해야 하는 곳이 크라이스트 처치 칼리지이다. 그중 영화 〈해리 포터〉에 나오는 학생 식당의 배경이 된 그레이트 홀은 실제 학생 식당으로 사용되는 곳이다. 정해진 시간에만 관람이 허용되니 학생들의 점심시간을 확인하고 가야 한다.
크라이스트 처치 칼리지는 『이상한 나라의 앨리스』를 쓴 루이스 캐럴Lewis Carrol이 수학 교수로 재직했던 곳으로 실제 앨리스의 모델이었던 앨리스 리델은 당시 학장의 딸이었다. 학교 안에는 루이스 캐럴의 초상화가 있고 앨리스와 토끼 그림도 작게 그려져 있으니 찾아보자!

주소 St Aldate's, Oxford OX1 1DP
운영 월~금 09:00~17:00, 토 10:00~18:00, **휴무** 일요일 (마지막 입장 폐장 45분 전)
요금 **온라인 예매 시** (한국어 오디오 가이드 포함) 일반 £17~20, 65세 이상·학생 £15.50~18.50, 5~17세 £14.00~16.00, 5세 미만 무료
전화 018 6527 6157
홈피 www.chch.ox.ac.uk

영화 〈해리 포터〉의 배경인 학생 식당

▶▶ 보들리안 도서관 Bodleian Library

옥스퍼드 대학의 도서관으로 1,100만여 권의 장서를 소장하고 있다. 영국에서 인쇄되는 모든 책은 의무적으로 2권씩 보들리안 도서관으로 보내진다. 1455년 구텐베르크 성경을 비롯해 셰익스피어의 희곡집 등 전 세계의 진귀한 도서를 소장하고 있다. 도서관이라기보다는 역사적인 가치가 있는 도서 박물관 같은 곳이다. 가장 인기 있는 곳은 〈해리 포터〉의 배경이자 가장 오래된 열람실인 듀크 험프리 공작 도서관Duke Humprey's Library으로 투어로만 관람이 가능하며 사진 촬영이 금지된 곳이다.

주소 Catte Street, Oxford OX1 3BG
운영 09:30~15:30(※날짜에 따라 투어가 없을 수 있으니 홈페이지를 통해 확인하자)
요금 도서관 오디오 가이드 투어(영어) 30분 £10, 60분 £15, 90분 £20
전화 018 6528 7400
홈피 visit.bodleian.ox.ac.uk/tours

▶▶ 래드클리프 카메라 Radcliffe Camera

래드클리프라는 의사의 기부금으로 지어진 옥스퍼드 대학의 참고 열람실이다. 돔으로 지어진 원형의 황금색 석조 건물이 시선을 사로잡는다. 이 건물은 옥스퍼드 대학 학생만 입장할 수 있다.

주소 Radcliffe Square Oxford OX1 3BG

▶▶ 탄식의 다리 Bridge of Sighs

옥스퍼드 대학의 과중한 학업에 지친 학생들이 교수님과의 면담을 마치고 한숨을 쉬며 지난다고 해서 이런 이름이 지어졌다. 이름에 비해 아름다운 이 다리는 래드클리프 카메라와 함께 옥스퍼드의 랜드마크가 되었다.

주소 New College Lane, Oxford OX1 3BL

Tip | 아웃렛 매장, 비스터 빌리지 (Bicester Village)

옥스퍼드에서 아웃렛 매장이 있는 비스터 빌리지까지는 버스로 30~40분, 기차로는 15분 정도 걸린다. 많은 사람이 런던에서 비스터 빌리지 왕복 티켓을 구매하는데 옥스퍼드와 함께 하루 코스로 잡으면 교통비도 절약되고 동선도 효율적이다. 옥스퍼드에서 비스터 빌리지행 버스는 C4 정류장에서 S5번 버스를 타면 된다. 표는 왕복으로 끊는 것이 좋다. 내릴 때는 이정표를 참고하거나 버스 운전 기사에게 문의하면 된다. 비스터 빌리지에 대한 자세한 정보는 p.67를 참고하자.

★★☆

코츠월드 Cotswolds

GPS 51.758469, -1.831121

아기자기하고 아름다운 영국의 시골 마을을 보고 싶다면 코츠월드로 떠나보자. 코츠월드는 마을 이름이 아니라 여러 개의 마을이 모인 지역을 뜻한다. 대중교통이 발달한 곳이 아니어서 런던에서 투어 상품을 이용해 다녀오는 경우가 많다. 개별 여행도 가능하다. 코츠월드 디스커버러Cotswold Discoverer 원데이 티켓(£10, 버스와 코츠월드 주변 기차 포함)을 구입해 버스 루트와 시간표를 참고해 계획을 세우면 여러 마을을 돌아볼 수 있다. 코츠월드에서 인기 있는 마을은 바이버리Bibury와 캐슬 쿰Castle Combe, 치핑 캠든Chipping Camden, 버튼 온 더 워터Bourton On The Water, 바클레이스Barclays 등이다.

홈피 www.cotswolds.com

Tip | 당일치기 추천 코스

런던 빅토리아 코치 스테이션(내셔널 익스프레스, 2시간 20~40분) → 사이렌세스터Cirencester(855번, 16분) → 바이버리(855번, 35분) → 버튼 온 더 워터(801번, 45분) → 첼튼엄Cheltenham(내셔널 익스프레스, 2시간 50~3시간 30분) → 런던 빅토리아 코치 스테이션역
(※ 당일치기 추천 코스를 소화하기 위해서는 사전에 버스 시간표를 체크해야 한다. 코츠월드 버스 루트와 시간표는 아래 홈페이지 참고)

홈피 (801·855 버스시간표) www.pulhamscoaches.com

▶▶ 바이버리 Bibury

영국의 공예가이자 시인인 윌리엄 모리스가 "영국에서 가장 아름다운 마을"이라고 말한 코츠월드의 마을이다. 중앙에 흐르는 작은 강은 송어 양식을 할 정도로 물이 맑다. 여유가 된다면 이곳의 상징인 스완 호텔의 카페에서 애프터눈 티를 즐겨보길 추천한다.

스완 호텔

▶▶ 버튼 온 더 워터 Bourton On The Water

코츠월드에서 여름철에 가장 인기 있는 마을이다. 윈드러시Windrush강이 마을 중심에 아름답게 흐르고 있어 코츠월드의 베니스라고 불린다. 강을 따라 앤티크 숍과 레스토랑, 카페가 있어 여유롭게 마을을 구경하며 식사를 하고 차를 마시기 좋은 곳이다.

앤티크 숍

카페에서 티타임

★★☆

GPS 52.193902, -1.708017

스트랫퍼드 어폰 에이번 Stratford Upon Avon

1564년에 태어난 윌리엄 셰익스피어의 고향으로 셰익스피어의 생가Shakespeare's Birthplace와 그의 아내인 앤 해서웨이의 집Anne Hathaway's Cottage, 그의 무덤이 있는 홀리 트리니티 교회Holy Trinity Church 등을 볼 수 있다. 입장료는 별도로 끊는 것보다 여러 장소를 돌아보는 통합권(셰익스피어 관련 5개의 집 Hall's Croft, Mary Arden's Farm, Nash's House & New Place, Shakespeare's Birthplace & Schoolroom(**운영** 10:00~17:00) Shakespeare's Grave 포함 £26, 별도로 끊을 경우 각 £14.50~19.50)이 저렴하다. 마을 중심가와 셰익스피어 관련 장소들은 도보로 충분하며 여러 장소를 돌아본다면 하루 정도 생각하고 방문하는 것이 좋다.

가는 법

열차 Cross Country로 런던 말리본역 → 스트랫퍼드 어폰 에이번역(1시간 53분 이상 소요)

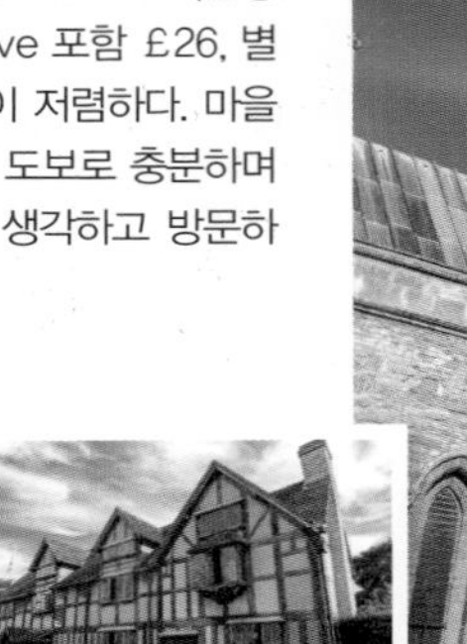

★★☆

GPS 51.483881, -0.604413

윈저 Windsor

11세기 정복왕 윌리엄 시대부터 현재까지 영국 왕실의 성으로 사용되는 윈저 성Windsor Castle(**운영** 3~10월 10:30~16:00, 11~2월 10:00~15:00, **요금** 사전 예약 시 일반 £30, 18~24세 £19.50, 5~17세 £15.00, 5세 미만 무료)이 있다. 보통은 영국 국기가 달려 있지만 여름철 왕이 머물고 있는 동안은 왕실기가 펄럭인다. 엘리자베스 2세와 필립 공의 결혼 50주기 행사가 열렸으며, 세인트 조지 교회St George's Chapel에는 엘리자베스 2세의 무덤이 있다. 매주 목 · 토요일 11:00에 근위병 교대식이 열린다.

홈피 www.rct.uk/visit/windsor-castle

가는 법

❶ 열차

Great Western Railway로 런던 패딩턴역 → 윈저 & 이튼 센트럴역(30분 이상 소요)

❷ 코치

그린라인 코치 스테이션역에서 Green line 702번(1시간 35분 소요)

★★★

GPS 51.381089, -2.359616

바스 Bath

브리튼 섬을 정복한 로마인들이 AD60~70년 온천을 중심으로 건설한 도시로 2,000여 년의 역사를 간직하고 있다. 로마인들이 떠나고 한동안 쇠락하던 도시는 18세기에 전성기를 맞는다. 온천을 방문하는 상류층을 위한 사교계의 도시로 탈바꿈한 것이다. 존 우드가 도시를 설계하고, 랄프 앨런이 건물을 짓는데 필요한 석재를 공급하고, 리처드 보 내시가 사교계를 만들며 도시는 활기로 가득 찬다. 도시 곳곳에 세워진 신고전주의 팔라디오 양식Palladianism의 건축물들은 당시 바스의 모습을 잘 보여준다. 미네르바 여신을 모시던 로마의 도시가 18세기에 사교계의 도시로 100여 년 동안 자연과 조화롭게 개발된 것으로 1986년 도시 전체가 유네스코의 세계문화유산으로 지정됐다.

가는 법

❶ 열차
Great Western Railways로 런던 패딩턴역 → 바스 스파역 (1시간 30분 이상 소요)

❷ 코치
런던 빅토리아 코치 스테이션역에서 National Express(2시간 40분 이상 소요)

▶▶ 로마 목욕탕 Roman Baths

기원후 60~70년, 로마인들에 의해 종교적이며 사교적인 목적으로 만들어진 목욕탕이다. 목욕탕은 로마인들이 물러나기 전까지 5세기까지 사용되다 폐허가 되었다. 중세 시대에는 치료 목적으로 영국 왕가에서 사용하기도 했다. 18세기 중반에는 무렵 영국 상류 계급들이 방문하는 온천 도시로 각광받으며 최고 전성기를 맞았다. 목욕탕 주변에 세워진 동상들은 1894~1897년에 만들어진 것으로 로마의 황제와 영국에 부임한 총독의 동상이다. 건물은 크게 온천, 미네르바 신전 유적, 목욕탕, 박물관으로 구성되며 지하의 목욕탕 유적은 영상으로 당시 시대상을 볼 수 있게 해놓았다. 전체를 보는 데 시간이 꽤 걸리니 여유 있게 방문하자.

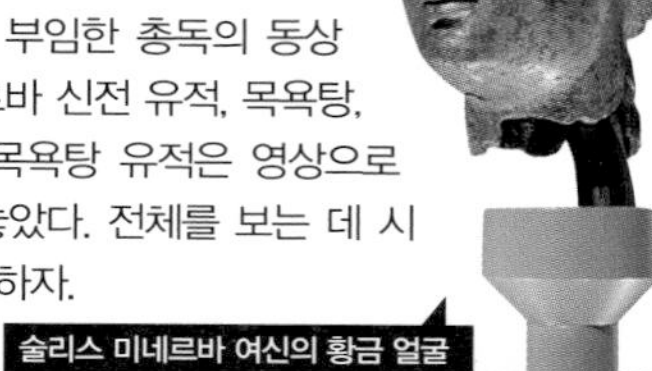

술리스 미네르바 여신의 황금 얼굴

주소 Abbey Church Yard, Bath BA1 1LZ

운영 성수기 09:00~22:00, 비수기 09:00~18:00
휴무 12월 25·26일

요금 **주중** 일반 £27.00, 65세 이상·학생증 소지자 £26.00, 6~18세 £19.50, 가족(성인 1명+6~18세 4명까지) £53.00, 가족(성인 2명+6~18세 4명까지) £66.00~73.00, 6세 미만 무료 (※주말 요금은 주중 요금의 £2.00 추가, 한국어 오디오 가이드 포함)

홈피 www.romanbaths.co.uk

입구

> **Tip** | 왜 목욕탕을 이용하지 않을까?
>
> 46℃의 온천물이 매일 1천 톤 이상 나오고 있다. 1978년 로마 목욕탕에서 수영하던 어린이가 사망한 후 조사를 통해 '파울러 자유아메바(뇌먹는 아메바)'가 발견되면서 지금은 들어갈 수 없다.

술리스 미네르바 여신을 모셨던 신전 정면의 장식 고르곤

로마 시대의 사우나

온천수

로마 시대 옷을 입은 여성

기념품 숍

▶▶ 펌프 룸 The Pump Room

1789~1799년 만들어져 200여 년간 바스 사교계의 중심에 있었던 장소다. 방문객들은 신고전주의 살롱인 그랜드 펌프 룸Grand Pump Room에서 온천수를 마시며 사교활동을 했다. 사교 장소로 쓰셨던 화려한 샹들리에가 달린 천장이 높은 식당은 브런치와 애프터눈 티로 유명하다. 트리오 연주를 들으며 리젠시 시대로 돌아가 애프터눈 티를 즐겨보는 것도 좋다. 바스에 당일치기 일정이라면 예약하는 것이 안전하다.

주소 Searcys at the Pump Room, Stall St, Bath BA1 1LZ
운영 애프터눈 티 12:00~13:00, 14:00~15:30, 16:00~17:30
전화 012 2544 4477
요금 애프터눈 티 1인 £42.50, 로마 목욕탕+아침 식사 £52.45, 로마 목욕탕+애프터눈 티 £79.50
홈피 thepumproombath.co.uk

▶▶ 바스 수도원 Bath Abbey

675년에 만들어진 베네딕트 수도원으로 여성 공동체가 있었다. 1499년 올리버 킹Oliver King 주교가 허물어져 가는 수도원을 재건 했다. 서쪽 입구에 사다리를 오르는 천사의 조각이 있는데 이는 올리버 킹 주교의 꿈과 관련이 있다. 주교는 꿈에서 천사와 올리브 나무와 왕관을 보았고 수도원을 지으라는 소리를 들었다고 한다. 이후 1539년 헨리 8세의 수도원 해산 명령으로 폐쇄되고 이후 재건되어 성공회 교회가 되었지만, 기존의 수도원이라는 명칭을 계속 쓰고 있다. 973년 에드가Edgar 왕의 즉위식이 이곳에서 열렸는데 1000년을 기념해 1973년 엘리자베스 2세 여왕이 방문하기도 했다.

주소 BA1 1LT Bath
운영 월~금 10:00~17:30, 토 10:00~18:00, 일 13:15~14:30, 16:30~18:30
전화 012 2542 2462
요금 일반 £7.50, 학생 £6.00, 5~15세 £4.00, 가족 10% 할인, 5세 미만 무료, 오디오가이드 £3.50
홈피 www.bathabbey.org

▶▶ 제인 오스틴 센터 Jane Austen Centre

『오만과 편견』을 쓴 제인 오스틴이 아버지를 따라 바스로 이사와 살았던 1801~1806년을 아카이빙한 장소다. 오스틴 일가가 살았던 집은 바스에 3곳이 있는데 그중에 가장 오래 살았던 집은 3년 정도로 시드니 광장에 있고(주소 : 4 Sydney Pl, Bathwick), 센터가 있는 길의 25번지에 아버지가 돌아가신 후 바스를 떠나기 전 잠깐 살았다. 센터에 들어가면 리젠시 코스튬을 입은 가이드가 제인 오스틴의 삶과 가족에 대해 이야기해 준다. 밀납 인형으로 만들어진 제인 오스틴과 『오만과 편견』의 달시와 사진을 찍을 수도 있고, 리젠시 코스튬을 입어볼 수 있는 공간도 있다. 매년 9월에는 '제인 오스틴 축제Jane Austen Festival in Bath'가 열리는데 18세기 후반에서 19세기 초에 입던 리젠시Regency 시대(1795~1837년을 말한다. 조지 3세의 정신병이 악화되자 그의 아들, 조지 4세가 섭정을 시작해 리젠시라는 말이 붙었다) 옷을 입은 900명의 사람들이 바스 시내를 돌아다니며 제인 오스틴 시대를 재현한다. 2009년에는 리젠시 코스튬을 입은 가장 많은 550명이 사람들이 모인 것으로 기네스북에 오르기도 했다. 축제 기간에는 퍼레이드, 무도회, 연극 등이 열리며 매년 3,500명 이상의 관광객들이 축제를 즐긴다. 2024년은 9월 13~22일에 열린다.

주소 40 Gay Street, Bath, BA1 2NT
운영 성수기 09:45~17:30,
비수기 일~금 10:00~16:30,
일 10:00~17:30
요금 17세 이상 £15.75,
6~16세 £7.50, 60세 이상
£14.50, 학생증 소지자 £13.50,
가족(성인2명+ 6~17세 4명까지)
£38.50, 6세 미만 무료
홈피 janeausten.co.uk

스완 호텔

more & more 제인 오스틴 Jane Austen(1775~1817)

Paula Byrne's 'Jane Austen'

영국의 소설가로 『오만과 편견』, 『이성과 감성』 등 6편의 소설을 발표했다. 2,000년, BBC가 밀레니엄을 기념해 온라인으로 천 년 동안 가장 위대한 소설가를 묻는 투표에서 윌리엄 세익스피어에 이어 2위에 오를 만큼 영국인들의 사랑을 받고 있다. 스테븐턴Steventon에서 태어나 10대부터 습작을 했고, 스물한 살 때 첫 장편 소설을 썼으나 출판을 거절당했다. 1801년 바스Bath로 이사해 생활했고 1802년에는 프러포즈를 받기도 했다. 바스가 배경인 「수전」(후에 『노생거 사원』(1816)으로 출간)으로 1803년 출판 계약을 맺었으나 판매되지는 않았다. 1805년 아버지가 돌아가시자 경제적으로 어려워져 어머니와 함께 친척 집을 전전하다가 1809년 쵸턴Chawton으로 이사해 『이성과 감성』(1811), 『오만과 편견』(1813), 『맨스필드 파크』(1814) 등을 발표하며 작가로서의 명성을 쌓았다. 마흔두 살의 나이로 생을 마감했다. 여행자들이 방문할만한 곳으로는 바스의 제인 오스틴 센터Jane Austen Centre, 쵸턴에 제인 오스틴 하우스Jane Austen's House, 그녀의 묘가 있는 윈체스터 대성당Winchester Cathedral이 있다.

▶▶ 풀테니 다리 Pulteney Bridge

아본Avon 강을 가로지르는 팔라디오 양식의 다리로 1774년에 만들어졌다. 풀테니라는 이름은 윌리엄 존스톤의 아내인 프란세스 풀테니Frances Pulteney에서 나왔다. 프란세스 풀테니는 아본 강 동쪽의 땅을 상속받았는데 바스로 가기 위해서는 배를 타고 건너야 했다. 상속받은 땅에 새로운 마을을 만들 계획으로 다리를 건설했다. 길이 45m, 폭 18m의 다리 양옆으로 상점, 카페, 식당이 이어져 있어 떨어져서 보지 않으면 다리라는 느낌이 들지 않는다. 세계에서 전체 다리에 걸쳐 상점이 있는 다리는 세계에 단 4개 밖에 없다. 다리 위 풀테니 브리지 커피 숍Pulteney Bridge Coffee Shop과 포피스 베이커리Poppy's Bakery의 창가에서 바라보는 아본 강의 전망이 좋다. 다리 중간에는 아본 강변으로 내려가는 계단이 있는데 이곳 분위기도 좋다. 영화 〈레 미제라블〉에서 자베르 경감이 자살하는 장면을 촬영했다.

주소 Bridge St, Bath BA2 4AT

▶▶ 로열 크레센트 Royal Crescent

로열 크레센트

서커스

넷플릭스 드라마 〈브리저튼Bridgerton〉 시즌1(2020)의 주요 촬영지로 나와 바스의 명소가 됐다. 크레센트는 초승달이란 뜻으로 30여 채의 저택이 초승달 모양으로 완벽한 대칭을 이루며 웅장하게 서 있다. 존 우드(John Wood, 1704~1754)가 근처의 서커스(The Circus, 1754~1768)를 완성하고 크레센트로 이어지는 길을 만들었는데, 같은 이름을 가진 그의 아들이 로열 크레센트를 1774년에 완성했다. 6m 높이의 이오니아식 기둥 114개가 세워져 있으며 1번지에는 1776~1796년의 인테리어를 담은 박물관(No. 1 Royal Crescent, 일반 £15.50, 65세 이상 · 학생 £13.50)도 있다. 로열 크레센트 앞에는 거대한 잔디 광장이 있는데 날씨 좋은 날 여유 있게 바스를 방문하는 여행자라면 돗자리와 피크닉 음식을 준비해 가자. 바스를 즐기기에 이만한 곳이 없다.

주소 The Royal Crescent, Royal Cres, Bath BA1 2LX

▶▶ 바스 스파 Thermae Bath Spa

영국 유일의 천연 온천에서 스파를 경험하고 싶다면 이곳을 방문해 보자. 2시간 동안 목욕탕, 옥상 노천탕, 사우나, 얼음방, 적외선방 등을 이용할 수 있는 입장권을 판매하며 옥상에는 노천탕이 있는데 바스 시내 경관을 즐길 수 있다.

주소 The Hetling Pump Room, Hot Bath St, Bath BA1 1SJ
운영 09:00~21:00
요금 Thermae Welcome(2시간 기준) 월~금 £41, 토·일 £46(수건과 가운 포함),
크로스 바스 (화요일 90분간 사용) £40(※수건과 가운 포함)
전화 012 2533 1234 **홈피** www.thermaebathspa.com

★☆☆

GPS 51.178871, -1.826270

솔즈베리와 스톤헨지 Salisbury & Stonehenge

솔즈베리는 보통 스톤헨지를 보기 위해 간다. 신석기 시대에 만들어진 거석기념물巨石記念物로 세계 7대 불가사의 중 하나다. 스톤헨지(**운영** 11~3월 09:30~17:00, 4·5·9·10월 09:30~19:00, 6~8월 09:00~20:00, **휴무** 12월 25일, **요금** 사전 예매 시 일반 £25.40, 65세 이상·학생 £22.70, 5~17세 £15)는 솔즈베리에서 15km 정도 떨어진 곳에 있다. 기차역 근처의 버스정류장에서 투어 버스로 30분 정도 걸리며 시간표와 요금은 홈페이지를 참고하자. 솔즈베리에서 볼만한 곳은 1258년에 만들어진 솔즈베리 대성당Salisbury Cathedral(**운영** 월~토 09:00~17:00, 일 12:00~16:00, **요금** 사전 예매 시 일반 £10.00, 17세 이상 학생 £7.50, 12세~16세 £6.50, 12세 미만 무료)이다. 스톤헨지 투어 버스 통합 요금도 있는데 스톤헨지 & 올드 새럼Old Sarum & 솔즈베리 대성당 입장료와 함께 £47.50~50.00다(투어 버스만 이용할 경우 일반 £19.50, 5~15세 £13.00).

홈피 **스톤헨지** www.english-heritage.org.uk
투어 www.thestonehengetour.info

가는 법

❶ 열차
South West Trains로 런던 워털루역 → 솔즈베리역(1시간 25분 소요)

❷ 코치
National Express로 2시간 40분~3시간 30분 소요

스톤헨지

솔즈베리 대성당

Tip | 런던에서 스톤헨지 투어 버스 타기

골든 투어를 이용해 스톤헨지 반나절 투어 상품을 이용할 수 있다. 오전(출발 08:15 도착 14:30), 오후(출발 13:30 도착 18:30~19:30) 2가지 출발 시간이 있어 시간 활용에 용이하다. 비수기인 경우 출발 요일이 정해져 있고 자신의 숙소에서 픽업 포인트를 찾아야 하니 자세한 내용은 홈페이지를 참고하자. 요금은 일반 £67, 60세 이상·학생 £64, 3~16세 £62이다. 근처의 바스 또는 솔즈베리를 묶어 함께 투어하는 상품도 있다.

홈피 www.goldentours.com

★★★

GPS 52.205306, 0.118349

케임브리지 Cambridge

옥스퍼드와 함께 영국의 유서 깊은 대학 도시다. 뉴턴과 스티븐 호킹 박사 등이 이곳 출신이다. 볼거리로는 그레이트 세인트 메리 교회Great St. Mary's Church(종탑에서 보는 전망이 아름답다), 케임브리지에서 가장 아름다운 대학인 퀸스 칼리지Queen's College와 킹스 칼리지King's College, 9명의 노벨상 수상자를 낸 세인트 존스 칼리지St. John's College, 못을 사용하지 않고 만들었다는 수학의 다리Mathematical Bridge 등이 있다. 여름철에는 펀팅Punting을 할 수 있다. 캠강에서 케임브리지 대학생들이 긴 장대로 배를 직접 움직이는데, 이를 타고 마을을 한 바퀴 돌아볼 수 있다. 45분간 여러 사람들과 배를 타는 요금은 1인당 £20.00, 학생 £18.00이며 단독투어는 2인 기준 £57~62, 90분 동안 셀프 펀팅은 일반 £42.50(최대 6명) 정도 한다.

홈피 www.visitcambridge.org

가는 법

❶ 열차

킹스 크로스역(Thameslink 이용), 리버풀 스트리트역(Greater Anglia 이용) → 케임브리지역(48분 이상 소요)

❷ 코치

National Express로 1시간 45분 이상 소요

Step to London

쉽고 빠르게 끝내는 여행 준비

Step to London 1.
런던 여행을 떠나기 전 알아야 할 모든 것

영국은 오랜 역사와 문화를 가진 나라로 현존하는 왕실에 대한 호기심과 매너 있는 사람들로 인해 좋은 인상을 받게 된다. 런던은 영국의 수도이자 최대 도시로 예술, 건축, 역사 등 다양한 볼거리로 가득한 곳이다. 이러한 런던을 제대로 즐길 수 있도록 런던 여행을 준비하며 기본적으로 알아야 할 영국의 역사와 생활 정보들, 그리고 여행하며 꼭 알아야 할 필수 정보들을 소개한다.

1. 언어

영어를 사용한다. 우리나라에서 배우는 영어는 미국식으로 런던에 가면 듣기에서부터 당황할지 모른다. 런던에서 A는 '아'로 O는 '오'로 발음하는데 영국 드라마나 영화를 본 사람들에겐 매력적으로 다가온다. 표현 방식도 조금 다르나 우리가 배운 대로 이해하는 데는 문제가 없다.

2. 시차

9시간 10월 마지막 주 일요일~3월 마지막 주 토요일
예) 런던이 09:00라면 우리나라는 18:00
8시간 3월 마지막 주 일요일~10월 마지막 주 토요일(서머타임)
예) 런던이 09:00라면 우리나라는 17:00

3. 전력

240V, 50Hz를 사용한다. 우리나라의 전기 제품을 그대로 사용할 수 있으나 콘센트 모양이 달라 어댑터를 미리 구입해 가야 한다. 국내에서 구입하면 5천 원 미만으로 구입할 수 있으나 공항이나 영국에서는 훨씬 비싸니 미리 어댑터를 준비해 가자.

4. 통화

영국은 파운드를 사용하며 '£'로 표시한다. £1는 약 1,760원(2024년 10월 기준)이다. 1£=100펜스(Pence)로 보통 100피(p)로 표시한다. 1p는 페니(Penny)라 읽는다. 지폐 단위는 £5, £10, £20, £50가 있고, 동전은 1p, 2p, 5p, 10p, 20p, 50p, £1, £2가 있다. £1를 약 1,700원이라 생각하고 생활하면 계산하기 쉽다. £1나 £2는 동전이기 때문에 자칫 쉽게 사용하게 되는데 한화로 꽤 큰돈이라는 것을 잊지 말자.

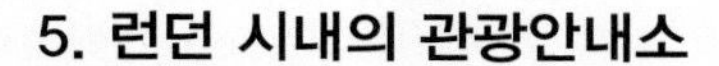

5. 런던 시내의 관광안내소

관광안내소에서는 런던의 지도, 여행안내 책자, 주변 정보를 얻을 수 있고, 각종 투어와 호텔을 알선해준다. 오이스터 카드, 트래블 카드, 버스 패스 등의 구입과 충전이 가능하다. 무료 Wifi를 사용할 수 있다.

홈피 www.visitlondon.com

시티 오브 런던 관광안내소

빅토리아역 Victoria Station Travel Information Centre

주소 Victoria Railway Station, London, SW1V 1JU

위치 플랫폼 8번 맞은편

운영 수~토 09:30~16:45

피커딜리 광장 Piccadilly Circus Travel Information Centre

주소 Piccadilly Circus Underground Station, London, W1D 7DH

운영 목~토 09:30~16:45

킹스 크로스 & 세인트 판크라스 King's Cross & St. Pancras Travel Information Centre

주소 LUL Western Ticket Hall, Euston Road, London, N1 9AL

운영 수~일·뱅크 홀리데이 09:30~16:45

시티 오브 런던 City of London Information Centre

주소 St. Pauls Churchyard, London, EC4M 8BX

운영 월~토 09:30~17:30, 일 10:00~16:00

휴무 12월 25·26일, 1월 1일

전화 020 7332 1456

그리니치 Greenwich Tourist Information Centre

주소 2 Cutty Sark Gardens Greenwich London, SE10 9LW

운영 금~일·뱅크 홀리데이 10:00~17:00

휴무 12월 24~26일

전화 087 0608 2000

빅토리아역 관광안내소

6. 환전

환율이 가장 좋은 환전 방법은 스마트폰 앱을 통하는 것이다. 환전 수수료 없는 100% 환전이 가능하다. 환전한 파운드를 저장해두고 체크카드 형식으로 사용하는 컨택리스 카드Contactless Card는 코로나 이후 여행의 혁명을 가져왔다. 고가의 현금을 가지고 다닐 때 도난과 분실에 대한 두려움, 결제와 인출 때마다 부과되는 해외 결제 수수료를 더 이상 걱정하지 않아서 좋다. 무엇보다 런던은 카드 사용이 보편화되어 더 이상 현금을 거의 사용하지 않는다. 현금이 필요한 경우는 호텔에서의 팁, 빨래방처럼 소액이다.

이러한 기능이 담긴 **가장 인기 있는 체크카드는 트래블 월렛과 트래블 로그**다. 두 카드 모두 주요 기능은 같다. 앱을 통해 환전 수수료 0%로 파운드를 카드에 충전하고 사용하면 ATM을 통해 현금 인출 시 수수료 무료, 식당이나 상점에서 해외 이용 수수료 없이 결제하고, 사용할 때마다 결제 내역을 확인할 수 있고 여행가계부를 정리하기에도 좋다. 런던에서 한국에서처럼 교통카드 기능을 사용할 수 있는 것은 정말 편리하다. 추가로 카드 분실 시 앱에서 사용정지 기능을 곧바로 적용할 수 있어 분실 도난 대책 기능도 있다.

두 카드의 차이점을 말하자면 트래블 월렛은 가지고 있는 계좌와 연동이 가능하나 트래블 로그는 하나은행 계좌를 만들어야 한다. 통화 보유금액은 트래블 월렛은 전체 통화합산 180만원, 트래블 로그는 각각의 통화당 200만원으로 트래블 로그가 더 많다. 트래블 월렛은 여행을 다녀와 재환전하는데 환불 수수료가 없는 데 반해 트래블 로그는 수수료가 든다. 트래블 월렛은 VISA, 트래블 로그는 MASTER 카드로 **서로 장단점이 있어 여행자들은 두 가지 카드 모두 준비**해 여행을 떠나는 것이 좋다.

※ 현금 환전을 원한다면

주변의 주거래 은행에서 가능하다. 파운드를 보유하고 있는지 확인하고 환전하러 가는 것이 좋다. 서울에서의 추천 환전소는 서울역의 KB 국민은행 환전센터다(운영 06:00~22:00, 연중무휴). 파운드화는 수수료가 50% 할인되며 1인당 500만 원까지 환전이 가능하다. 이때 신분증을 지참해야 한다.

또는 각 은행의 앱을 통해 환전을 신청한 후 본인이 지정한 곳에서 받을 수 있는데 공항수령이 가능해 편리하다. 수령일 전날 자정까지 신청해야 한다.

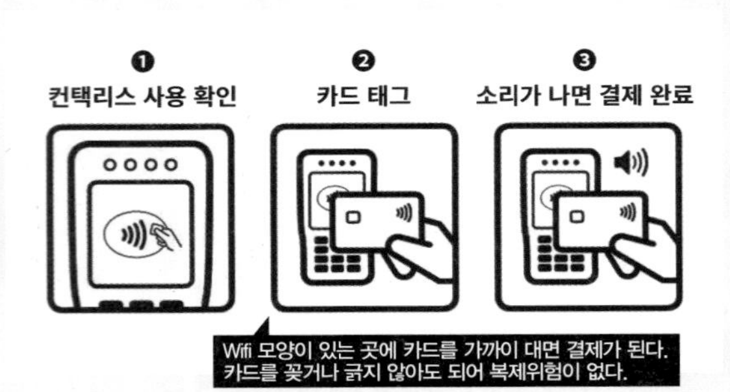

Tip | ATM기 사용법

1 현금카드를 넣는다.

2 Please Enter your Pin Number (Code)(비밀번호를 입력해주세요)가 나오면 손으로 안전하게 가리고 비밀번호를 입력한 후 확인(Enter, 초록색 버튼)을 누른다.

3 계좌 인출(Saving 또는 Withdrawal) 또는 신용 인출(Credit) 중 선택한다.
＊자신의 은행 계좌에서 돈을 뽑는 거라면 계좌 인출(Saving 또는 Withdrawal) 선택

4 화면에 적은 액수가 나온다면 이때는 Other Amount를 눌러 원하는 액수를 입력한다.

5 돈이 나오면 잊지 말고 현금카드를 챙기도록 한다.
＊카드 복제나 도난 방지를 위해 되도록 은행에 있는 현금인출기를 이용하고, 은행업무시간에 인출을 추천한다. 카드가 나오지 않더라도 은행에 곧바로 문의할 수 있다.

런던에서의 환전

코로나 시대를 지나며 비접촉Contactless 결제가 활발해졌다. 현금을 거의 사용하지 않게 되면서 환전소 또한 사라졌다. 런던에 있는 환전소는 트래블렉스Travelex로 히스로 공항을 제외하고 이제 단 두 곳이다.

◯ **셀프리지스 백화점 4층** Selfridges Store

주소 Selfridges, 400 Oxford Street

운영 월~금 10:00~22:00, 토 10:00~21:00, 일 12:00~18:00

◯ **패딩턴 기차역** Paddington Station

주소 Paddington Station, Praed Street

운영 월~토 07:30~19:30, 일 09:00~18:00

7. 전화

런던의 국가 코드는 44다. 런던의 상징인 빨간색 공중전화는 여전히 런던 시내에 남아 있지만 휴대폰의 발달로 이용하는 사람들은 거의 없는 편이다(빨간 공중전화부스는 무료 공용 Wifi 장소로 이용되고 있다). 동전 전화기 역시 거의 볼 수 없고 대부분 선불 전화카드나 신용카드 전화로 바뀌었다. 선불 전화카드는 신문 가판대에서 살 수 있는데 £5짜리부터 있다. 우리나라 또는 영국으로 전화할 때는 다음과 같은 형식을 쓴다.

런던으로 전화하기

예) 런던의 한국 대사관 번호 020 7227 5500

❶ **우리나라에서 런던으로 전화할 경우** 00 44 20 7227 5500

❷ **런던에서 전화할 경우** 7227 5500

❸ **런던 이외의 도시에서 전화할 경우** 020 7227 5500

런던에서 전화하기

예) 유선전화 02-123-4567, 휴대폰 010-1234-4567

❶ **유선전화 걸기**

00 82 2 123 4567

❷ **휴대폰 걸기**

00 82 10 1234 4567

콜렉트콜

긴급한 상황에 수신자 부담으로 전화하는 번호로 가격은 비싸지만(1분당 1,200원 정도) 유용하게 쓰일 때가 있다.

KT 080 089 00 82

8. 스마트폰 이용자

스마트폰 없는 여행은 상상할 수 없다. 숙소 예약부터 길 찾기, 관광지 입장 예약, 기차와 버스 티켓 구입, 사진과 동영상 촬영, 교통권까지 모든 것을 작은 스마트폰 하나로 해결한다. 그러나, 집중된 능력에 대한 반대급부로 분실 시 최악의 상황을 맞이할 수 있으니 분실에 단단히 대비하자. 영국에서 스마트폰을 사용하기 위해서는 유심이 필요한데 구입방법은 다음과 같다. 첫 번째, 한국에서 현지 유심을 구입하거나 두 번째, 자신의 통신사에서 데이터 로밍을 하거나 세 번째, 런던 공항에 도착해 심카드 자판기를 통해 구입하거나 네 번째, 런던 시내로 들어간 후 EE사나 Three사 대리점에서 구입하는 방법(저렴하나 공항 등의 무료 Wifi만을 이용해 숙소까지 가야 하는 불편함이 있다), 그리고 마지막으로 eSIM이 있는데 휴대폰의 유심 교체 없이 구입 후 QR코드 등록 후 바로 사용할 수 있는 편리성이 있다.

공항의 심카드 자판기

영국에서 유용한 애플리케이션

○ 응급상황일 때

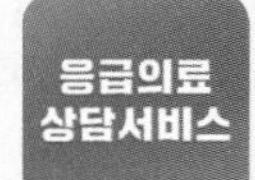

현지에서 아플 때는 카카오톡 '소방청 응급의료 상담서비스'를 친구 추가해 문의하자. 여행 중 사건 사고 등의 문제 발생 시에는 '영사콜센터' 앱에서 도움을 청할 수 있다.

○ 런던 교통 정보는 시티맵퍼 Citymapper

런던 시내의 실시간 교통상황를 반영해 빠르게 목적지를 찾아주는 런던 여행자들의 필수 앱이다. 도보로 가는 방법과 다양한 교통수단(우버 포함)의 요금, 버스 도착 예정시간, 버스정류장 번호까지 세심하게 안내한다. 목적지는 지도에 직접 표시할 수도 있지만 본문에서 제공하는 주소 맨 뒷자리 우편번호를 넣으면 빠르다.

○ 런던 교통국의 여행 플래너 Journey Planner

런던 교통국의 앱으로 튜브, 버스, 기차의 시간 정보와 루트, 파업, 공사안내, 지연 등을 곧바로 반영한다. 대중교통을 이용한다면 필수적인 앱이다.

○ 컨택리스 카드나 오이스터 카드 이용자라면 TfL Oyster and contactless

컨택리스 카드나 오이스터 카드를 이용할 때 사용 내용과 잔액 등을 확인할 수 있는 어플이다. 컨택리스 카드 이용자라면 어플 다운 후 해당되는 신용카드를 미리 등록하면 된다.

○ 다양한 정보를 담은 구글 맵스 Google Maps

해외여행에서 가장 대중적으로 사용하는 지도 앱으로 실시간 교통정보를 반영해 유용하다. 구글 맵스의 강점은 주변의 식당, 쇼핑, 관광지까지 다른 사용자들의 평점을 참고할 수 있다는 것이다.

○ 숙소 예약

숙소는 대체로 한국에서 예약하고 가지만, 현지에서 예약할 경우 유용한 앱으로는 부킹닷컴, 아고다, 에어비앤비, 그리고 한국인 민박 예약사이트 '민다'가 있다. 숙소 예약에 대한 추천 사이트는 p.284를 참고하자.

○ 기차 예약, 내셔널 레일 National Rail 트레인 라인 Trainline

런던에서 주변 도시를 갈 때 트레인 라인 어플을 이용하면 편리하다. 예약 후 출발하는 기차역에서 예약번호로 티켓을 발권할 수 있다.

○ 버스 예약, 내셔널 익스프레스

런던에서 주변 도시를 갈 때 가장 많이 사용하는 앱이다. 시간 검색과 예약이 가능하고 QR 코드로 티켓을 대신한다.

○ 번역, 파파고

영어에 어려움을 겪는다면 뛰어난 번역 능력을 자랑하는 '파파고'를 추천한다. 영어로 급하게 문의할 때, 메뉴판이나 안내문을 읽을 때 유용하다.

Tip | 무료 Wifi만 가능하도록 설정하기

비행기를 탈 때 설정에서 에어플레인 모드로 전환하면 무료 Wifi 가능 지역에서만 안테나가 뜨게 된다. 무료 Wifi 이용이 가능한 곳은 영국의 모든 공항, 기차역, 대부분의 지하철역(이동 시 불가능), 맥도날드, 프레타 망제, 네로, 코스타 커피, 스타벅스, 프랜차이즈 식당, 웨스트민스터 사원, 트라팔가 광장, 코벤트 가든, 레스터 스퀘어, 공중 전화 부스 앞, 모든 박물관과 갤러리 등 주요 관광지에 걸쳐 있다.

○ 네이버 클라우드, 구글 포토

무료 Wifi 지역에서 휴대폰으로 찍은 사진을 자동 업데이트해준다. 혹시 모를 휴대폰 분실(?)에 대비해 사진만이라도 살려 놓을 수 있는 유용한 앱이다. 구글 포토는 용량이 무제한이다. 아이폰 사용자라면 분실 시 위치 추적과 아이클라우드 자동 업로드 모드도 유용하다.

○ 우버

일반 택시보다 저렴해 유럽에서 우버는 일상이 되었다. 자신의 위치 지정과 택시 기사와의 소통을 위해 스마트폰 이용이 가능해야 한다. 여행을 떠나기 전 앱을 다운받아 회원가입을 하고 신용카드를 등록해놓으면 좋다. 우버는 기사에 대한 정보가 공개되어 안전하고, 바가지 요금이 없으며 결제와 팁 지불까지 앱으로 하기 때문에 직접 돈을 내지 않아도 되어 편리하다.

○ 배달 어플

런던도 배달문화가 일상화되었다. 줄이 긴 음식점의 음식을 맛보고 싶다면 이 방법도 좋다. 런던에서 많이 사용하는 배달 어플은 Deliveroo와 Uber Eats이다. 주문법은 한국과 동일하니 숙소에서 나가기 힘든 날 이용해 보자.

내 휴대폰 현지에서 사용하기

영국에서 사용하기 편리한 통신사는 EE, Three, O2다. 조건을 비교해 해당 통신사의 선불 유심칩을 구입하면 된다. 보통 30일간 유효하며 대부분의 다른 유럽지역에서도 이용할 수 있다. 국내에서 이용하는 데이터양을 참고해 구입하면 좋으며 데이터 소진 시 충전Top-up해 추가 이용도 가능하다. 공항 내 자판기나 시내 통신사, 그리고 국내에서 구입할 수 있으며 영국을 시작으로 유럽 여러 곳을 여행하는 여행자에게 유용하다. 다양하게 선택할 수 있는데 보통 30일간 유효한 심카드는 2GB 기준 £10, 5GB £15, 12GB £20 등의 가격에서 선택할 수 있다. 떠나기 전 자신의 휴대폰의 컨트리록이 해제되어 있는지 해당 통신사에 문의해야 한다.

홈피 **EE** shop.ee.co.uk **Three** www.three.co.uk **O2** www.o2.co.uk

9. 영업, 업무시간

관광명소 10:00~17:00 또는 18:00 또는 19:00 (여름 시즌에는 늦게까지 운영)

은행 월~금 09:00~17:00

상점 월~토 09:00~19:00, 일 11:00~17:00

백화점 월~토 10:00~20:00, 일 11:00~18:00

슈퍼마켓 07:00~23:00(지역에 따라 편차가 있지만 중심가일수록 늦게까지 운영)

펍 11:00~23:00

10. 음식

영국의 음식은 맛없기로 유명하고 영국의 대표 음식이라고 하면 영국인들 스스로도 피시 앤 칩스를 겨우 대는 정도이지만 의외로 우리와 친숙한 것들이 많다. 맥도날드의 맥모닝 세트로 친숙한 잉글리시 머핀, 버터와 딸기 잼을 발라 먹는 스콘(영국 사람들은 클로티드 크림을 발라 먹는다), 향기로운 가향차로 세계적으로 유명한 영국의 홍차, 그리고 그 어느 나라에서도 볼 수 없는 풍성한 애프터눈 티 문화와 오랜 역사를 자랑하는 브리티시 펍, 영국에서 탄생해 전 세계로 퍼진 샌드위치와 브런치까지. 이렇다 할 주식 메뉴가 없을 뿐이지 음식 문화는 의외로 풍성하다.

11. 팁 문화

해외여행을 할 때 가장 고민되는 것 중 하나가 바로 팁이다. 테이크아웃 전문점이 아닌 자리를 안내받고 들어가는 식당인 경우 12.5%의 봉사료Service Charge가 영수증에 포함되어 나오기 때문에 별도의 팁을 주지 않아도 된다. 펍에서는 조금 다르게 팁을 주지 않는다. 물론, 원한다면 가능하다. 호텔에서 머문다면 침대 정리를 해주는 메이드를 위해 떠날 때나 매일 50p~£1 정도의 팁을 잊지 말자. 택시를 이용한 뒤에는 자투리 잔돈을 주거나("킵 더 체인지Keep the change"라고 말한다) 많아도 £1 정도의 팁을 주는 편이다.

12. 쇼핑과 세일 기간

런던은 여름과 겨울 시즌 두 번의 큰 세일을 한다. 할인율은 40~70%이며 1년 중 가장 큰 세일은 복싱 데이다. 복싱 데이부터 시작한 겨울 세일은 1월 중순까지 이어진다. 그다음으로 큰 세일은 여름 세일로 기간은 7월 초부터 시작해 8월까지 이어진다. 4월에도 미드 텀Mid Term 세일이 있다. 영국은 한국과 치수가 다르므로 미리 자신의 사이즈를 알아두면 쇼핑하기 편리하다. 영국의 브렉시트Brexit로 외국인들을 대상으로 한 부가가치세 환급Tax Free은 2021년 1월 1일부터 종료됐다.

Tip | 복싱 데이(Boxing Day)

12월 26일 공휴일로 영(英)연방국가(캐나다, 호주 등)에서 유래해 유럽국가에도 확산됐다. 봉건시대 영주들이 크리스마스 다음 날인 12월 26일 상자Box에 옷, 곡물, 연장 등을 담아 농노들에게 선물하며 하루의 휴가를 주었던 전통에서 유래한다. 이 기간에는 런던의 가장 유명한 백화점인 해로즈와 셀프리지스에 엄청난 인파가 몰려들어 새벽부터 줄을 선다. 요즘은 런더너보다 관광객이 10배 이상의 돈을 쓰며 쇼핑을 즐기는데 그중 중국인들의 명품 싹쓸이는 유명하다.

치수표

○ 옷

여성

한국		영국	가슴둘레(cm)	허리둘레(cm)	엉덩이둘레(cm)
44	85	6	74~78	58~62	84~88
44		6	78~82	58~62	84~88
55	90	8	82~86	62~66	88~92
66	95	12	86~90	66~70	92~96
66		14	90~94	70~74	96~100
77	100	16	94~98	74~78	100~104
77		18	98~102	78~82	104~108
88	105	20	102~106	82~86	108~112
88		22	106~110	86~90	112~116

남성

한국	미국	영국
85~90	XS	44~46
90~95	S	46
95~100	M	48
100~105	L	50
105~110	XL	52
110~	XXL	54

○ 신발

여성

한국	220	225	230	235	240	245	250	255	260	265	270	275	280	285	290
영국	3	3.5	4	4.5	5	5.5	6	6.5	7	7.5	8	8.5	9	9.5	10

남성

한국	245	250	255	260	265	270	275	280	285	290	295	300
영국	5.5	6	6.5	7	7.5	8	8.5	9	9.5	10	10.5	11

○ 속옷

유럽의 여성 속옷은 국내 사이즈보다 치수가 세분화되어 있기 때문에 매장 직원에게 치수를 재어달라고 하는 것이 좋다. 구입 후 한국에서 교환이 어려우니 반드시 입어보고 구입하자.

13. 물가

버스 ▶ £1.75
튜브 ▶ £6.70
물 ▶ 1.5ℓ £1 안팎
커피 ▶ £3.5~
스콘 ▶ 테이크아웃 1개 £3.5~
슈퍼마켓 샌드위치 ▶ £2~
길거리 케밥 ▶ £8~
길거리 피자 ▶ £5~

테이크아웃 피시 앤 칩스 ▶ £10~
펍에서의 간단한 점심 ▶ £15~
애프터눈 티 세트 ▶
카페 £15~, 애프터눈 티 전문점 £35~
크림 티 세트 ▶ £13~
레스토랑에서의 저녁 ▶
대중음식점 £15~,
격식 있는 레스토랑 £30~

14. 슈퍼마켓

가장 많이 눈에 띄는 슈퍼마켓은 역시 테스코Tesco다. 런던에만 250여 개의 테스코가 있으며 대부분 공휴일을 제외한 모든 날에 이른 아침(06:00~07:00)부터 늦은 밤(22:00~23:00)까지 운영해서 편리하다. 중심가쪽 테스코는 공휴일과 상관없이 24시간 운영하기도 한다. 그다음으로 많은 슈퍼마켓은 세인즈버리스Sainsbury's, 막스 앤 스펜서Marks&Spencer, 웨이트로즈Waitrose 등을 자주 볼 수 있다. 한국 식료품점인 오세요Oseyo도 런던에 7곳이 있다.

15. 빨래방

머물고 있는 숙소에서 론드렛Launderettes 또는 론드러맷Laundromat을 찾으면 주변의 빨래방을 안내해준다. 동전을 넣어 셀프 세탁을 하고, 건조기에 넣어 말리는 시스템이다. 보통 작은 사이즈의 세탁기가 없기 때문에 주변 사람들과 세탁물을 모아 세탁을 하면 비싼 요금을 줄일 수 있다. 요금은 세탁 £4~6, 건조는 £1당 5~7분 정도로 비싼 편이다.

16. 화장실

우리나라는 모든 사람들이 이용할 수 있는 무료화장실이 많다. 하지만 런던의 화장실은 눈에 잘 띄지도 않을뿐더러 눈에 띄는 화장실은 대부분 유료인 경우가 많다. 보통 튜브 주요 환승역의 화장실과 공원과 같은 곳의 공공 화장실은 보통 20p의 돈을 낸다. 주요 기차역의 화장실은 무료로 바뀌었다. 박물관이나 미술관을 구경할 때, 레스토랑이나 펍에서 식사할 때, 카페에 들를 때 잘 이용하는 것이 좋다.

17. 아기와 함께하는 여행

런던은 관광명소 근처에 공원이 많아 아기와 여행하기에 좋다. 우리나라와 달리 런던은 몇몇 튜브역에만 엘리베이터가 있기 때문에 튜브는 유모차로 다니는 여행자들에게는 불편하다(친절한 런더너들이 도와주기는 하지만). p.318의 튜브 맵을 참고하면 도움이 된다. 휠체어 이동이 가능한 구간은 ①지상에서 튜브 안까지, ②지상에서 플랫폼까지인데 지상에서 플랫폼까지 엘리베이터로 연결된 곳이 유용하다. 버스는 대부분 저상 버스로 유모차를 그대로 밀고 들어갈 수 있기 때문에 아기와 함께하는 여행자라면 튜브보다는 버스가 더 편하다. 공공장소에서의 모유 수유는 우리나라보다는 관대한 분위기다. 아기와 함께 여행하는 사람들에게 몇 가지 유용한 단어를 안내한다.

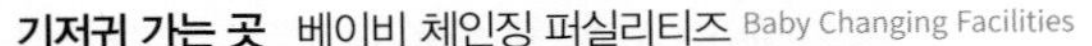

기저귀 가는 곳	베이비 체인징 퍼실리티즈 Baby Changing Facilities
수유실	피딩 룸 Feeding Room
유모차	버기 Buggy, 푸시체어 Pushchair, 프램 Pram
아기 의자	하이 체어 High Chair

런던 교통국의 버스와 튜브 지도 다운받기

홈피 tfl.gov.uk/maps

지도 다운받기

Tip | 아이와 함께하기 좋은 곳

거대한 공룡을 볼 수 있는 자연사 박물관(p.142), 흥미로운 과학 박물관(p.142), 런던 아이(p.97) 근처의 놀이터와 공원, 엠 앤 엠 런던(p.125), 햄리스 장난감 백화점(p.124), 워너 브라더스 스튜디오(p.232), 슈렉 어드벤처, 다양한 동식물이 모여 있는 세인트 제임스 파크(p.94), 하이드 파크(p.147), 테이트 모던(p.168), 분수광장이 있는 서머셋 하우스(p.164)와 킹스 크로스(p.169)를 추천한다.

18. 5~15세와 함께하는 여행

런던은 어린이, 청소년과 함께 여행하기에 가장 좋은 도시 중 하나다. 가족과 함께하면 할인율이 꽤 높다. 관광지의 입장료는 대체로 5세 이상부터 생기는데 성인 1명+5~15세 2명까지, 또는 성인 2명+5~15세 3명까지 가족요금이 적용된다. 5~15세 기차요금은 성인의 50%이며, 일행 중 1명이 패밀리 레일카드Family Railcard를 가입할 경우 성인 4명+5~15세 4명까지 1/3 할인된 가격으로 이용할 수 있다. 호텔에서도 성인이 조식 이용 시 자녀는 무료 식사 혜택이 있다.

19. 도난 · 응급상황

런던의 치안은 다른 유럽에 비해 비교적 좋은 편이나 사람들이 많거나 관광객들로 번잡한 튜브, 버스 터미널, 기차역, 벼룩시장 등에서는 소지품 관리에 주의하는 것이 좋다. 한국에서처럼 가방을 놓고 화장실을 다녀온다거나 패스트푸드점에서 의자에 가방을 놓고 주문을 하러 가는 일은 도난 사건의 시작이다. 중요 물품이 든 휴대용 가방은 항상 몸에서 떼지 말고 대각선으로 메야 한다. 식당에서도 항상 무릎 위에 올려놓는 습관을 들이자. 소매치기에 대비해 가방 속 지갑에는 하루 사용할 현금만을 넣어두자. 신용카드는 주 사용카드와 비상용 카드를 추가로 가져가되 비상용 카드는 숙소의 짐 속 깊은 곳이나 숙소에서 운영하는 안전금고Safety Box에 두는 것이 좋다. 현금카드는 은행에서 추가로 만들 수 있는데 비상용 현금카드 역시 비상용 신용카드와 함께 보관한다. 복대를 이용하는 것도 좋은 방법이다. 하루 사용할 현금을 제외한 나머지 귀중품은 복대에 보관하는 것이 가장 안전하다. 분실을 대비해 여권 복사본, 여분의 항공권 프린트, 신용카드의 분실신고 전화번호를 따로 적어두자.

① 여권 분실 시에는 여권을 대신할 여행자증명서 또는 단수여권을 발급받을 수 있다. 필요서류는 여권용 사진 1매(6개월 이내 촬영 사진), 여권 복사본(또는 여권번호와 발행일, 발행장소) 또는 주민등록증이나 운전면허증(원본 또는 사본 가능), 여권발급신청서(대사관에 비치)와 여행자 증명서 £20, 단수여권 £45가 필요하다. 발급 소요시간은 반나절~하루 정도가 걸린다.

② 휴대폰 분실 시에는 찾을 방법이 희박하다. 때문에 구형 휴대폰을 가져가기도 한다. 출국 전에 위치추적 모드를 켜 놓고, 시리얼 번호를 적어가면 되찾게 될 경우 유용하게 사용된다. 누군가 국제전화를 사용해 거액의 전화요금이 청구되는 경우가 있으니 도난 사실을 안 즉시 휴대폰 사용 정지를 요청하자. 여행에 다녀온 후 보험청구나 휴대폰 회사에 도난을 증명해야 하는 경우가 있기 때문에 번거롭더라도 경찰서에서 도난증명서Police Report를 발급받아야 한다. 휴대폰은 크기가 작고 고가이기 때문에 소매치기의 표적이 되기 쉽다. 분실 시를 대비해 구글 포토, 네이버 클라우드 등의 서비스를 이용, 사진과 동영상 등을 백업해두자.

③ 카메라 등의 휴대품 분실 시 되찾을 방법은 희박하다. 고가의 휴대품을 가져간다면 출국 전에 반드시

여행자보험을 들어 놓는 것을 추천한다. 보험사마다 휴대품 분실에 대한 조건이 다양한데 보험료를 최대로 지급하는 보험을 드는 것을 추천한다. 인터넷을 검색하면 여행자보험 전문몰이 있는데 이곳에서 비교 검색 후 자신에게 맞는 보험사를 선택하면 된다. 현지 경찰서에서 도난증명서를 쓸 때는 현지 경찰에게 도난 사건의 상황을 설명하고 그에 해당하는 내용을 육하원칙(누가, 언제, 어디서, 무엇을, 어떻게, 왜)에 따라 영문으로 쓰게 된다. 이때 주의할 것은 '분실Lost(자신의 잘못)'이 아닌 '도난Stolen'이라 써야 보상을 받을 수 있다.

④ 현금 분실 시 되찾을 방법은 없다. 런던은 현금을 받지 않는 경우가 많아 약간만 준비해도 된다. 고가의 현금을 가져갈 경우 복대에 보관하는 것이 좋다.

⑤ 다쳤을 시에는 병원에 가서 진료를 받아야 한다. 유럽의 경우 여행자들이 진료 받을 수 있는 병원이 한정되어 있으므로 숙소나 현지인에게 물어야 한다. 진료를 마치고 비용을 지불한 후 창구에서 '보험용 서류Paper for Insurance'를 만든 후 한국으로 돌아와 보험사에 서류를 제출하면 된다.

전화 경찰 112, 경찰·앰뷸런스·화재 999

소매치기가 가장 많은 언더그라운드

대한민국 대사관

영국 런던에 있는 대한민국 대사관이다. 웨스트민스터 지역에 있다. 여행자들이 대사관을 방문할 때는 여권을 분실했거나 긴급 송금을 받을 때다.

주소 60 Buckingham Gate, London, SW1E 6AJ
위치 **튜브** St. James's Park역에서 웨스트민스터 시청 방향으로 도보 3분
기차 Waterloo역에서 507, 211번 버스로 웨스트민스터 시청에서 하차, Victoria역에서 웨스트민스터 시청 방향으로 도보 5분
버스 211, 24, 11, 507, 148번 Westminster City Hall정류장 하차 도보 1분
운영 민원실 월~금 09:00~12:00/14:00~16:00,
일반 월~금 09:00~12:00/13:30~17:30
휴무 1월 1일, 3월 1일, 성 금요일(2025년 4월 18일),
부활절 월요일(2025년 4월 21일)
5월 초 뱅크 홀리데이(2025년 5월 5일),
봄 뱅크 홀리데이(2025년 5월 26일)
8월 15일, 여름 뱅크 홀리데이(2025년 8월 26일),
10월 3·9일, 12월 25·26일
전화 020 7227 5500(※ 근무시간 외 078 7650 6895)
홈피 overseas.mofa.go.kr/gb-ko/index.do

Tip | 대사관을 통한 긴급 송금

신용카드와 현금을 모두 분실했을 경우 대사관을 통해 긴급 송금하는 방법이 있다. 현지 대사관에서 신청하면 국내의 연고자가 안내에 따라 입금하고 대사관에서 해당 금액을 찾을 수 있는 서비스다. 송금 수수료는 송금액에 포함되어 있는데 사설 업체인 웨스턴 유니온Western Union사를 통하는 것보다 수수료가 저렴하고 편리하다. 유럽의 경우 최대 송금 한도는 미화 3천 불(주영대사관은 £1,500) 상당이다. 때문에 분실에 대비한 현금카드를 큰 가방 안에 여분으로 보관해 두는 것을 추천한다.

Step to London 2.
런던과 영국의 역사

신석기 시대부터 인류가 살기 시작해 BC 6세기 유럽에서 건너온 켈트족이 영국에 정착했다. BC 55년, 로마 제국이 정복하면서 선진문화가 흘러들어 간다. 바스(p.255) 역시 이 시기에 건설된 도시다. 로마인들은 410년까지 영국을 지배했다. 로마인들이 영국 땅을 떠나고 앵글로 색슨족이 그 자리를 차지하자 켈트족은 북쪽으로 터전을 옮긴다.

참회왕 에드워드

9세기 초 앵글로 색슨의 7왕국 중 하나인 웨식스의 왕 에그버트Egbert가 7왕국을 복속시키며 통일된 잉글랜드 왕국을 위한 기틀을 마련한다. 데인인이 침략해 이민족이 왕위에 오르기도 하나 사후에 참회왕 에드워드Edward the Confessor가 돌아와 앵글로 색슨 왕가가 부활한다. 에드워드 왕이 죽자 노르만에서 온 정복자 윌리엄William the Conqueror이 노르만 왕조를 시작한다. 런던 타워(p.184)는 이때 지어졌다. 이후 1 · 2차 십자군 원정이 시작되는데 왕들의 무리한 실정으로 반발이 심해진다. 귀족들은 왕권을 제한하는 '마그나 카르타Magna Carta, 1215'를 존John 왕에게 서명하게 하는데 이것이 1265년 영국 하원의 씨앗이 됐다.

런던 타워의 중세궁전

100년 전쟁

런던 타워와 타워 브리지

프랑스의 카페 왕조가 단절되자 카페 왕조 후손임을 근거로 에드워드 3세Edward III는 프랑스 왕위 계승권을 요구하며 프랑스의 플랑드르 지방을 차지하기 위해 '100년 전쟁Hundred Years' War'을 일으킨다. 그러나 잔 다르크의 활약 등으로 영국은 패배하고 1453년에 전쟁은 끝이 난다. 이후 영국 내에서 왕위 계승권을 두고 붉은 장미 문장을 쓰는 랭커스터가와 흰 장미 문장을 쓰는 요크가 사이에 전쟁이 시작되는데 이름하여 '장미 전쟁Wars of the Roses'이다. 이 전쟁으로 마침내 승리한 요크가의 에드워드 4세Edward IV가 왕위에 오른다. 얼마 뒤 랭커스터가의 왕위 계승자였던 튜더가의 헨리가 요크가의 딸과 결혼해 두 가문은 하나가 되면서 더 이상의 피를 흘리는 전쟁은 사라졌다. 에드워드 4세의 죽음 이후 튜더가의 헨리는 헨리 7세Henry VII로 왕위에 오르며 우리에게 잘 알려진 튜더 왕조가 시작된다.

헨리 8세

헨리 8세Henry VIII는 영국 역사상 가장 유명한 왕이다. 6명의 아내 중 2명을 죽이고 3명의 아내를 내쫓았다. 이 때문에 헨리 8세만큼이나 소설, 드라마, 영화에 많이 등장한 왕이 없다(p.190 참고). 정치적으로는 중앙집권체제를 강화하고 절대왕정을 확립했다. 헨리 8세는 앤 불린과의 결혼을 위해 로마 가톨릭을 배제하고 영국의 왕이 직접 수장이 되는 영국국교회를 세운다. 때문에 그의 사후부터 로마 가톨릭과 영국국교회를 믿는 아내 사이에서 낳은 자식들 간에 피비린내 나는 권력 다툼과 종교 탄압이 시작된다. 피의 메리Bloody Mary라 불리는 로마 가톨릭 신자 캐서린의 딸 메리 1세의 등장이다. 이런 상황을 수습한 사람이 엘리자베스 1세Elizabeth I 다. 엘리자베스 1세는 영국국교회를 확립시키고 안으로는 정치적 · 문화적 안정과 밖으로는 식민지 사업에 뛰어든다. 세계 최강 국가였던 스페인의 무적함대를 격파하며 해상권을 잡는 등 영국의 절대주의가 꽃피는 시기였다. 윌리엄 셰익스피어William Shakespeare(태어난 곳은 p.254, 활동한 극장은 p.171 참고)가 활동한 문학의 황금기이기도 했다.

엘리자베스 1세

엘리자베스 1세는 평생 독신으로 살았기에 그녀를 마지막으로 튜더 왕조는 끝이 난다. 이후 왕이 된 사람은 스코틀랜드의 왕이었던 제임스 1세로 이때 잉글랜드와 스코틀랜드가 통합된다. 왕위를 계승한 찰스 1세는 아버지와 마찬가지로 절대주의 왕권을 주장하다 의회의 반발을 산다. 마침내 청교도 혁명이 시작된다. 올리버 크롬웰은 이 과정에서 찰스 1세를 처형하고 1649년 공화정을 선포한다. 그리고 스스로 '호국경護國卿, Lord Protector'에 취임한다. 올리버 크롬웰은 비록 독재 정치가였으나 당시 영국에서 최초로 왕이 없는(배제된) 공화정을 실시하였기에 오늘날 런던 국회의사당 앞에서 올리버 크롬웰의 동상을 만날 수 있다. 그의 죽음 후 왕정복고로 찰스 2세가 즉위했고, 이후 제임스 2세는 다시 전제 정치를 주장했다. 1688년 이에 반발한 영국의회는 네덜란드 공화국의 총독이었던 오렌지 윌리엄William III을 지지하면서 제임스 2세를 퇴위시킨다. 제임스 2세는 프랑스로 망명하고 잉글랜드의 새로운 국왕이 즉위한 명예혁명(무혈혁명)이 일어났다. 그 이듬해인 1689년 '의회의 동의 없이 법률의 제정이나 금전의 징수 및 상비군의 유지는 금지하며, 선거 및 언론

헨리 8세와 6명의 왕비

튜더 왕가가 살았던 햄프턴 코튼 팰리스

의 자유, 왕위 계승자의 로마 가톨릭 교도 배제' 등을 골자로 한 권리장전에 잉글랜드의 공동 왕, 메리 2세와 윌리엄 3세가 서명한다. 이들의 집권과 동시에 영국의 의회 정치가 확립되고 입헌군주제의 기본이 마련된 것이다.

권리장전에 서명하는 메리 2세와 윌리엄 3세

이후 7년 전쟁Seven Years' War이 시작된다. 이 전쟁의 결과로 영국은 인도, 아프리카, 아메리카 등의 식민지에서 독점적 지위를 갖게 됐다. 1755년 미국의 독립전쟁으로 아메리카 대륙의 식민지를 잃었으나 1770년에 발견한 오스트레일리아에 대한 식민지 건설이 진행됐다. 1806년, 프랑스의 나폴레옹이 대륙봉쇄령을 선포하며 영국과의 전쟁을 일으키나 1815년 워털루 전투Battle of Waterloo에서 나폴레옹 군대를 격퇴하며 끝이 난다. 이 전쟁의 결과로 나폴레옹은 세인트 헬레나 섬으로 유배되어 최후를 맞는다. 이후 빅토리아 여왕의 재위 기간인 1837년부터 1901년까지 빅토리아 시대가 시작된다. 이 시기 영국은 식민지 지배에 따른 경제적 · 정치적 안정 속에서 산업혁명을 이루어낸다. 자본주의가 시작된 것이다. 산업혁명은 근대화의 시작이 되었지만 이면에는 빈부 격차, 도시 빈민의 증가, 환경오염 등의 문제가 있었다. 때문에 기계를 파괴하는 러다이트 운동과 같은 반작용이 나타나기도 했다.

7년 전쟁

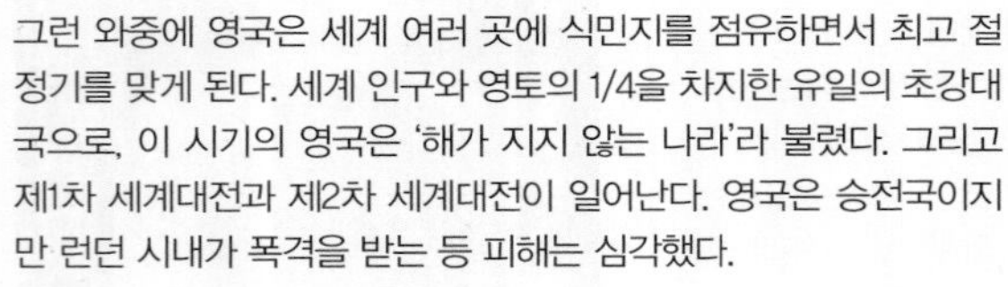

워털루 전투

그런 와중에 영국은 세계 여러 곳에 식민지를 점유하면서 최고 절정기를 맞게 된다. 세계 인구와 영토의 1/4을 차지한 유일의 초강대국으로, 이 시기의 영국은 '해가 지지 않는 나라'라 불렸다. 그리고 제1차 세계대전과 제2차 세계대전이 일어난다. 영국은 승전국이지만 런던 시내가 폭격을 받는 등 피해는 심각했다.

제1차 세계대전 이후에는 아일랜드의 독립 선언으로 영국과 아일랜드가 분리된다. 이후 아일랜드 내전으로 1922년 북아일랜드만이 영국 연방에 속하게 되어 현재의 그레이트 브리튼 북아일랜드 연합 왕

국이 됐다. 영국은 근대적 의회제도와 의원내각제를 전 세계로 전파시킨 정치 선진국이며 제일 먼저 산업화가 된 나라다. 그러나 이는 식민 정복 과정에서 세계 여러 국가들의 경제적 수탈을 기반으로 했음이 분명하다. 그 논란은 영국 박물관(p.160)을 통해 오늘날까지 이어지고 있다.

1952년 조지 6세가 서거함에 따라 엘리자베스 2세가 같은 해 2월 6일 영국의 여왕으로 왕위에 올라 오늘날까지 이어지고 있다. 영국은 1973년에 유럽 연합에 가입해 유럽연합의 주요 구성원으로 활동하였으나 2016년 6월 23일 브렉시트 국민투표로 유럽연합 탈퇴를 결정했다.

2011년에는 고 다이애나 왕세자비의 첫째 아들인 윌리엄 왕자와 케이트 미들턴과의 결혼식이 열렸고, 2022년에는 엘리자베스 2세 여왕의 즉위 70주년을 기념하는 플래티넘 주빌리가 열렸다.
2022년 엘리자베스 여왕의 사망 이후 2022년 9월부터 찰스 3세가 영연방 국왕으로 재임하고 있으며 2023년 5월 6일, 대관식을 올렸다. 윌리엄 왕자와 케이트 미들턴 사이에서 3명의 자녀가, 해리 왕자와 매건 마클 사이에서 두 명의 자녀가 태어나면서 왕실 가족이 훌쩍 늘었다. 영국 정치는 2024년에 노동당이 14년 만에 정권교체를 이루며 키어 스타머Keir Starmer가 영국 총리로 부임했다.

조지 왕자 탄생 기념 앨범

영국 박물관

영국 최초로 공화정을 시작한 올리버 크롬웰

제2차 세계대전을 승리로 이끈 처칠

이곳은 과거에 런던 역사의 중심지였고, 현재는 런던 금융의 중심이다.

Step to London 3.
런던의 사계절과 축제

1. 런던의 사계절

런던은 우리나라와 마찬가지로 사계절이 있다. 섬나라의 해양성 기후를 지녀 여름에는 선선하고 겨울은 따뜻한 편으로 평균 기온이 영하로 떨어지는 일이 거의 없다. 대체로 날씨가 흐린 날이 많고 섬나라의 특성상 날씨가 변덕스럽다. 런던을 방문하기에 가장 좋은 달은 6~9월이다. 우리나라의 따뜻한 봄과 초여름 날씨와 같다. 이때에는 따뜻하고 꽃이 피어 햇살을 간절히 기다리던 창백한 런던 사람들의 표정도 밝아진다.

봄 4~5월

겨울보다는 낫지만 구름이 많고 비바람이 불거나 우박이 내리는 등 좋지 않은 날씨가 계속된다. 4월 중순부터 날씨가 점차 따뜻해지고 꽃이 피기 시작하나 여전히 흐리고 쌀쌀한 날이 많다. 따뜻한 옷을 챙기고 비바람에 대비해야 한다. 5월부터 날씨가 점차 따뜻해지고 장미가 피기 시작한다.

여름 6~8월

연중 기온이 가장 높고 흐리거나 비 오는 날이 비교적 적어 여행하기에 가장 좋은 시기다. 그렇다 하더라도 날씨를 종잡을 수 없기 때문에 스카프나 모자 달린 옷이 유용하다. 평균 기온이 20~22도 정도로 우리나라의 여름과 비교해 선선하다. 해가 10시쯤에 져서 하루가 길다.

가을 9~10월

9월 중순까지 여행하기에 비교적 좋은 계절이다. 중순이 지나면 구름이 많아지며 흐리고 비 오는 날씨가 지속된다. 우리나라의 가을 날씨와 비슷하나 온도가 좀 더 낮다. 가볍고 따뜻한 겉옷을 준비해가는 것이 좋다.

겨울 11~3월

우리나라의 겨울보다 따뜻하다. 영하로 내려가는 일은 거의 없지만 비가 자주 내리고, 비가 오지 않더라도 구름이 많고 바람 부는 을씨년스러운 날이 계속된다. 때문에 우산과 방수되는 가볍고 따뜻한 겉옷을 준비하는 것이 좋다. 해가 4~5시쯤에 져서 하루가 짧게 느껴진다.

Tip | 여행 시즌

성수기 5~9월

1년 중 가장 여행하기 좋은 시기는 6~9월이다. 특히 7~8월이 되면 방학과 휴가를 맞은 여행자들로 런던이 북적인다. 9~10월은 우리나라의 가을 날씨와 비슷하나 온도가 좀 더 낮다. 이즈음에는 관광객들도 적당히 빠져나가고, 여행하기에 좋은 선선한 날씨가 계속된다.

비수기 10~4월

10~4월은 평균기온이 영상 8도 정도로 우리나라의 겨울보다는 따뜻하며 강수량이 높다. 으슬으슬한 추위가 지속되고, 흐리고 비가 내려 우울한 날씨다. 여행하기에 좋은 계절은 아니지만, 겨울 세일 시즌이 있고 여행자가 적어 한가한 런던 여행을 할 수 있다.

2. 런던의 휴일과 축제

휴일

(*는 매년 변동)

휴일	날짜
새해 New Year's Day	1월 1일
성금요일 Good Friday	4월 18일(2025년)*
부활절 휴일 Easter, Ester Monday	4월 20~21일(2025년)*
5월 초 뱅크 홀리데이 Early May Bank Holiday	5월 첫 번째 월요일(2025년은 5월 5일)*
봄 뱅크 홀리데이 Spring Bank Holiday	5월 마지막 주 월요일(2025년은 5월 26일)*
여름 뱅크 홀리데이 Summer Bank Holiday	8월 마지막 주 월요일(2025년은 8월 25일)*
크리스마스 Christmas Day	12월 25일
복싱 데이 Boxing Day	12월 26일

축제(2025년)

5월 20~24일
첼시 꽃 박람회

주소 Royal Hospital, Chelsea, London, SW3 4SL
위치 **튜브** Sloane Square역에서 도보 10분
버스 11, 44, 137, 170, 211, 360, 452번
셔틀버스(Victoria역 출발) 07:00~20:00
운영 화~금 07:00~19:30, 토 07:00~18:00
요금 일반 £38~67, 5세 미만 무료
홈피 www.rhs.org.uk/shows-events/rhs-chelsea-flower-show

6월 28일
런던 프라이드 London Pride

게이 페스티벌로 유럽 최대 규모다. 베이커 스트리트에서 퍼레이드를 시작해 옥스퍼드, 리젠트 스트리트를 거쳐 트라팔가 광장에서 끝이 난다.

홈피 prideinlondon.org

8월 24~25일
노팅 힐 카니발 Notting Hill Carnival

런던에서 가장 큰 축제 중 하나로 이민자들의 신나는 퍼레이드를 즐길 수 있다. 일요일은 아이들의 날로 예쁘게 치장하고 연주하는 아이들을 볼 수 있다.

위치 튜브 Notting Hill역
홈피 nhcarnival.org

리젠트 스트리트 페스티벌
The World on Regent Street Festival

리젠트 스트리트는 특별한 행사가 있는 날에는 도로를 통제하고 시민들이 즐길 수 있는 공간으로 변신한다. 7월 일요일에는 Summer Streets라는 쇼핑을 위한 행사가, 12월에는 크리스마스 조명이 설치되고 어린이들을 위한 크리스마스 장난감 퍼레이드Christmas Toy Parade가 펼쳐진다.

홈피 www.regentstreetonline.com

9월 13~21일 오픈 하우스 런던 Open House London

런던에 지어진 건축물 800여 개의 내부가 공개되는 귀한 날이다. 1년 중 단 12일간 개인 소유의 세계적인 건축물들을 방문할 수 있다.

홈피 open-city.org.uk

9월 13~21일
런던 디자인 페스티벌 London Design Festival

매년 런던 곳곳에서 펼쳐지는 디자인 페스티벌로 전시 정보는 홈페이지를 참고하자.

홈피 www.londondesignfestival.com

12월 31일 새해맞이 불꽃 축제 New Year's Eve Fireworks

런던 아이 주변에서 펼쳐지는 불꽃놀이로 25만 명이 관람할 정도의 대규모 축제다.

Step to London 4.
짐 꾸리기 노하우

가방은 무조건 가볍게!

출국 시 여행 짐은 무조건 가볍게 싸는 것이 좋다. 배낭이든 캐리어든 나갈 때의 짐은 최소화하자. 그래야 캐리어를 끄느라 손바닥에 굳은살이 생기거나 배낭을 메고 다니느라 어깨 근육통에 시달리지 않고, 이동이 쉬워 현지에서 고생하지 않는다.

배낭가방 VS 캐리어

배낭가방

Good

유럽의 구시가지 바닥은 울퉁불퉁하다. 이런 길에서 이동할 때는 캐리어보다 배낭이 좋다. 지하철에서 계단을 오르거나 긴급할 때의 기동력은 배낭가방을 따라갈 수가 없다.

Bad

배낭여행자들은 캐리어 여행 때보다 짐을 더 줄여야 한다. 돌아오기 전 쇼핑을 많이 한다면 캐리어나 가방을 추가로 구매하면 된다.

VS

캐리어

Good

인생사진을 찍을 다양한 패션 아이템을 챙겼거나 쇼핑으로 꽉꽉 채워올 예정이라면 캐리어 추천. 무거운 짐도 힘들지 않게 나를 수 있다.

Bad

숙소 예약 시 엘레베이터가 있는지 반드시 체크할 것. 지하철에서도 계단을 오르락 내리락 해야 할 경우가 많다. 특히, 숙소에 엘리베이터 유무 체크!

쇼핑에 대비하자!

짐을 꾸릴 때는 이후에 쇼핑으로 부피가 늘어날 것을 감안하는 것이 좋다. 특히 현지에서 입을 옷은 **부피가 작고, 구김이 안 가는 옷으로** 적당히 가져가자. 새 옷이 필요하면 언제든지 예쁜 옷을 사는 즐거움을 누릴 수 있기 때문이다. 특히, 여름과 겨울의 세일 시즌이라면 지갑을 닫고 있기란 정말 어렵다. 쇼핑을 할 때는 비행기 화물칸으로 부칠 수 있는 짐이 20kg(항공사마다 조금씩 차이가 난다), 기내 반입이 가능한 무게는 10kg이라는 것을 잊지 말자. 공항에서 짐 무게가 초과되면 국제 소포로 보내는 것이 나을 만큼, 초과 1kg 당 4~5만 원의 비싼 추가 비용이 든다.

화장품과 욕실용품을 줄이자!

무게가 많이 나가는 화장품과 욕실용품을 최대한 줄이는 것이 중요하다. 화장품, 보디용품 샘플을 가져가거나 다이소나 올리브영에서 구입도 가능하다. 여행 기간을 감안하는 것이 포인트다. 호텔 이용자라면 칫솔과 치약, 헤어컨디셔너 정도만 챙겨 가면 된다. 물론, 여행 중에 부츠Boots에서 유럽 브랜드의 화장품과 보디용품을 구입해 사용할 수 있다.

변화무쌍한 날씨에 대비하는 옷차림

옷차림은 항상 변화무쌍한 런던 날씨에 대비해야 한다. 왜 영국에서 버버리 코트나 캐스 키드슨 가방, 헌터 부츠 등이 유명한지 생각해보면 답이 나온다. 그건 바로 하루에도 몇 번씩 바뀌는 날씨 때문! 해가 났다가 불현듯 먹구름이 끼고 보슬보슬 비가 내리더니 바람이 휘리릭 몰아친다. 갑자기 우박이 후드득 떨어지고, 해가 있는 가운데 비가 내리기도 한다. 영국이 이런 날씨라면 믿겠는가? 때문에 안에 반팔을 입고, 얇은 카디건을 입은 후, 가볍고 휴대성이 좋은 모자가 달린 바람막이 점퍼를 가져가면 유용하다. 동시에 두고두고 보게 될 사진을 찍는다는 것을 염두에 두자. 옷은 날씨에 따라 입고 벗고 할 수 있고 가방에 넣어도 부담 없는 무게라면 OK. 입고 버려도 되는 저렴한 옷도 OK. 스카프는 멋내기에도 좋고, 비상시 비바람을 어느 정도 차단해주기 때문에 유용하다(기능상으로는 등산복이 최적이나 여행이 등산은 아니기에 조금은 비추!). 여행 기간이 짧다면 체류날짜만큼 입을 옷 세트를 맞춰 짐을 싸두면 편리하다. **여행 기간이 길다면** 빨래하며 돌려 입을 수 있는 5~7일 분량을 준비하면 된다. **봄이나 여름, 가을철**에는 가볍고 휴대성이 좋은 모자 달린 방수 바람막이 점퍼, 따뜻한 레깅스나 긴바지를 가져가면 유용하다. 여름철이라도 비가 흩뿌리거나 해가 나지 않으면 기온이 급속도로 떨어지기 때문에(날이 추워지면 순식간에 민소매에서 가을 옷차림으로 바뀐다) 위아래 긴 옷 한 벌은 꼭 챙겨가자. 자외선이 강하기 때문에 자외선 차단 지수 높은 선크림, 챙이 넓은 모자와 선글라스, 그리고 양산과 우산 겸용 3단 우산도 유용하게 쓰인다.

보온을 놓치지 말자!

가을부터 봄까지는 가벼우면서 보온성이 뛰어난 경량 오리털 점퍼와 장갑과 목도리, 모자가 필수다. 겨울철 예쁜 모자는 우리나라보다 런던에서 더 많이 파니 기념품으로 현지에서 구입해도 좋다. 휴대용 핫팩이나 수면 양말, 여성이라면 좌훈 쑥 찜질 패드도 좋다. 겨울옷 부피를 줄이기 위해서는 생활용품 매장에서 파는 압축 비닐 팩을 이용하면 큰 도움이 된다. 또한, 호텔이나 숙소의 난방은 우리나라처럼 온돌식이 아니라 라디에이터로 공기만 덥히는 방식이기 때문에 미니 전기매트를 가져가는 것도 유용하다.

안 가져가면 아쉬운 물품은 꼭!

없으면 아쉬운 물품으로는 손톱깎이, 면봉, 휴대용 반짇고리, 비닐팩, 물티슈, 휴대용 섬유 향수가 있다. 최근에는 석회수가 많은 물 때문에 휴대용 필터 샤워기도 각광받는다. 장기 여행이라면 휴대용 빨래걸이나 빨랫줄도 유용하다. 전자제품이 많다면 3구 멀티탭, 멀티 충전기를 챙기고 충전 케이블 여분도 꼭 준비하자. 다이소에서 파는 '스프링 고리'나 '클리어 릴홀더'는 휴대폰과 연결 가능하고 옷핀은 가방 지퍼를 고정할 수 있어 소매치기 방지에 도움이 된다.

배터리는 어떻게 할까?

모든 배터리의 위탁수하물은 불가하며 기내에 가지고 타야 한다. 노트북, 카메라, 휴대전화 등에 부착된 배터리 등은 100Wh 이하는 제한 없이 가능, 100Wh 초과~160Wh 이하의 배터리는 1인당 2개만 반입 가능하며, 160Wh 초과 제품은 반입 불가하다.

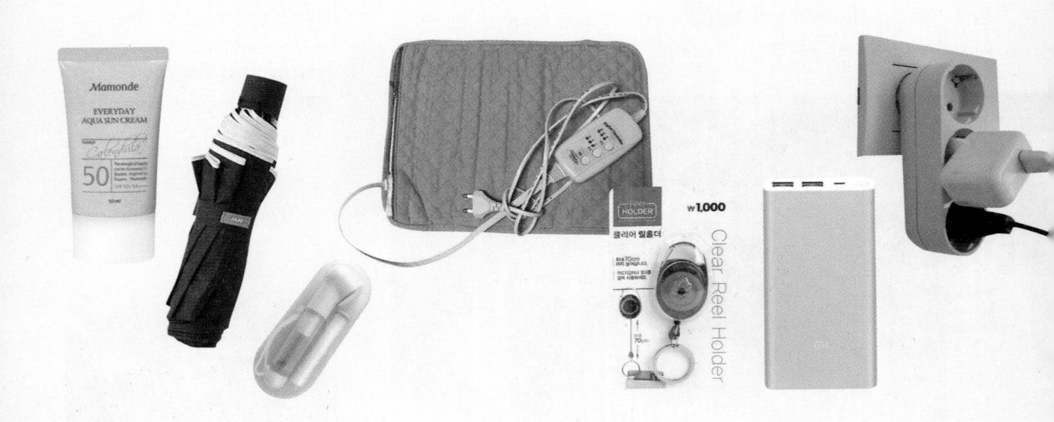

Step to London 5.
런던의 추천 숙소

런던의 숙소는 위치에 따라 다음과 같이 구분할 수 있다. 쇼핑과 늦은 밤까지 놀기 좋은 옥스퍼드와 피커딜리 광장 중심가 지역, 뮤지컬 관람과 근교 여행에 최적인 빅토리아역 주변, 타워 브리지 야경과 버로우 마켓이 있는 런던 브리지 근처, 마지막으로 유로스타가 있는 세인트 판크라스역 근처다. 이렇게 4곳에 숙소가 몰려 있으니 이 지역을 기준으로 자신에게 맞는 곳을 찾아보자! 대표적인 숙소 종류는 한인 민박, 호스텔, 호텔이 있는데 한식과 한국어 서비스를 원한다면 한인 민박을, 외국인 여행자들과 소통하고 싶다면 호스텔을, 다른 사람들과 함께 생활하는 것이 불편하다면 호텔이나 B&B에 머물면 된다.

예산 £ £80 미만 | ££ £80~£150 미만 | £££ £150~£300 미만 | ££££ £300 이상

1. 호텔

런던에는 다양한 콘셉트의 호텔이 있다. 최고의 서비스를 자랑하고 유명인사들도 사랑하는 런던의 대표 럭셔리 호텔의 하룻밤은 특별한 경험이 될 것이다. 럭셔리 호텔은 웨스트엔드 지역에 모여 있으며 엄청난 가격을 내야 한다. 그래서 좀 더 저렴한 가격대의 부티크 호텔과 중급 호텔을 선호하게 된다. 그중에서도 깨끗한 시설과 위치, 그리고 친절한 서비스를 받을 수 있는 호텔, 가성비가 좋은 호텔을 소개한다.

색다른 느낌의 유니크 호텔

원헌드레드 쇼디치 One Hundred Shoreditch £££

런던의 핫플레이스 쇼디치에 위치한 이 호텔은 힙스터의 모임 장소로 유명하며 주말이면 로비는 음악과 파티가 있는 공간이 된다. 포틀랜드의 1호점을 시작으로 미국에만 8개의 지점이 있고 그 외의 지역에는 런던의 쇼디치 지점이 유일하다(p.221 지도 참조).

주소 100 Shoreditch High Street, E1 6JQ
위치 튜브 Shoreditch High Street역
전화 020 7613 9800
홈피 onehundredshoreditch.com

W 런던 W London £££££

화려한 외관처럼 내부 인테리어도 독특하면서 세련된 부티크 호텔. 웨스트엔드의 중심부에 있으며 근처에 차이나타운이 있다(p.111 지도 참조).

주소 10 Wardour Street, London, W1D 6QF
위치 튜브 Leicester Square, Piccadilly Circus역
전화 020 7758 1000
홈피 www.marriott.com

샌크텀 소호 호텔 Sanctum Soho Hotel ££££

런던에서 가장 세련된 부티크 호텔 중 하나로 객실마다 다른 개성 있는 인테리어로 꾸며졌다(p.110 지도 참조).

주소 20 Warwick Street, London, W1B 5NF
위치 튜브 Piccadilly Circus, Oxford Circus역
전화 020 7292 6100
홈피 www.sanctumsoho.com

루커리 호텔 Rookery Hotel ££££

더 시티 중심에 위치하여 도보로 세인트 폴 대성당을 갈 수 있다. 자유 여행에 최적인 장소에 있으며 유럽을 느낄 수 있는 고즈넉하고 클래식한 분위기의 객실이 특징이다.

주소 12 Peter's Lane, London EC1M 6DS
위치 튜브 Barbican역
전화 020 7336 0931
홈피 www.rookeryhotel.com

쇼디치 하우스 Shoreditch House ££££

투숙객을 위한 수영장과 여느 카페보다 멋지게 꾸며진 공간이 있어 편안하게 휴식할 수 있는 부티크 호텔이다(p.221 지도 참조).

주소 Ebor Street, London, E1 6AW
위치 튜브 Shoreditch High Street역
전화 020 7739 5040
홈피 www.sohohouse.com

바운더리 쇼디치 Boundary Shoreditch £££

테렌스 콘란이 디자인한 객실을 이용할 수 있는 부티크 호텔이다. 객실 내부는 영국의 대표 가구 디자이너들의 작품으로 채워져 있다. 옥상의 루프트 바와 1층의 카페 겸 식료품점인 알비온도 유명하다(p.220 지도 참조).

주소 2-4 Boundary Street. London E2 7DD
위치 튜브 Shoreditch High Street역
전화 020 7729 1051
홈피 www.boundary.london

시티즌M 타워 오브 런던 £££
CitizenM Tower of London

네덜란드의 획기적인 체인 호텔로 런던에 4개의 지점이 있다. 그중 런던 타워 지점을 소개한다. 가장 클래식한 지역이지만 호텔로 들어서면 가장 현대적인 공간이 펼쳐져 색다른 경험이 된다(p.183 지도 참조).

주소 40 Trinity Square, London EC3N 4DJ
위치 튜브 Tower Hill역
전화 020 3519 4830
홈피 www.citizenm.com

시티즌M 호텔 로비의 셀프 체크인 데스크

세계적인 체인 호텔

더 리츠 런던 The Ritz London £££££

피커딜리에 위치한 럭셔리 호텔. 이곳 레스토랑은 애프터눈 티의 진수를 보여준다. 영화 〈노팅 힐〉에 나왔던 호텔로 유명하다(p.110 지도 참조).

주소 150 Piccadilly, London, W1J 9BR
위치 튜브 Green Park역 **전화** 020 7493 8181
홈피 www.theritzlondon.com

사보이 호텔 The Savoy £££££

더 리츠 런던과 함께 런던을 대표하는 호텔로 불린다. 코벤트 가든 근처에 있으며 세계적으로 유명한 칵테일 바를 가지고 있다(p.82 지도 참조).

주소 Strand, London, WC2R 0EZ
위치 튜브 Charing Cross, Covent Garden, Temple역
전화 020 7836 4343
홈피 www.thesavoylondon.com

인터콘티넨탈 런던 파크 레인 ££££

Intercontinental London Park Lane

버킹엄 궁전 근처에 있는 전망이 뛰어난 럭셔리 호텔이다(p.82 지도 참조).

주소 1 Hamilton Place, London, W1J 7QY
위치 튜브 Hyde Park Corner역
전화 020 7409 3131 **홈피** www.ihg.com

노보텔 런던 웨스트 Novotel London West £££

런던 시내에 있는 노보텔 체인 중에서 가격 대비 깔끔한 객실과 시내와 가까운 위치로 인기 있는 호텔이다.

주소 1 Shortlands, London, W6 8DR
위치 튜브 Hammersmith역
전화 020 8741 1555 **홈피** all.accor.com

베스트 웨스턴 빅토리아 팰리스 £££

Best Western Victoria Palace

런던 빅토리아역 근처에 위치하여 근교 여행에 최적인 호텔이다. 가격대가 합리적이지만 런던 대부분의 객실이 그렇듯 좁다는 단점이 있다(p.82 지도 참조).

주소 60-64 Warwick Way, Pimlico, London, SW1V 1SA
위치 튜브 Victoria, Pimlico역
전화 020 7821 2988
홈피 bestwestern.co.uk

메리어트 리젠트 파크 £££

Marriott Regents Park

런던에는 다양한 가격대의 메리어트 호텔이 있는데 그중 가장 합리적인 가격대인 리젠트 파크 근처에 위치한 지점을 소개한다.

주소 128 King Henry's Road, London, NW3 3ST
위치 튜브 Swiss Cottage역
전화 020 7722 7711
홈피 www.marriott.co.uk

힐튼 런던 뱅크사이드 £££

Hilton London Bankside

런던에 18개의 지점이 있으며 그중 멋진 바가 있어 가장 인기 좋은 뱅크사이드 지점을 추천한다(p.159 지도 참조).

주소 2-8 Great Suffolk Street, London, SE1 0UG
위치 튜브 Southwark역
전화 020 3667 5600
홈피 www.hilton.com

가성비 호텔

로얄 내셔널 호텔 Royal National Hotel £££

영국 박물관 근처에 있는 대규모 호텔로 수학여행 단체여행자들이 많다. 가격대비 시설과 위치가 만족스러워 한국인들이 선호한다(p.207 지도 참조).

주소 38-51 Bedford Way, London, WC1H 0DG
위치 튜브 Russell Square역
전화 020 7637 2488 **홈피** imperialhotels.co.uk

허브 바이 프리미어 인 런던 코벤트 가든 ££
Hub by Premier Inn London Covent Gardens

프리미어 인의 스마트하고 합리적인 호텔로 영국에 800여 지점이 있다. 객실은 작지만 편리한 구조가 돋보이고 여행하기에 최적인 장소에 지점이 있다. 그중 관광명소와 쇼핑거리가 가까운 코벤트 가든 지점을 소개한다(p.82 지도 참조).

주소 110 St. Martin's Lane, London, WC2N 4BA
위치 튜브 Leicester Square, Charing Cross역
전화 333 321 3104 **홈피** www.premierinn.com

이지호텔 쇼디치 ££
easyHotel London City Shoreditch

호스텔과 민박보다 더 저렴한 호텔, 최소한의 공간에 최소한의 필요한 것만 제공해 준다. 6개의 호텔 중 가장 평이 좋은 곳을 소개한다. 리모컨 이용과 체크아웃 후 짐 보관은 유료다.

주소 80 Old St, London EC1V 9AZ
위치 튜브 Old Street역
전화 020 3976 4890 **홈피** www.easyhotel.com

2. 호스텔

개별여행자에게 가장 저렴한 숙박 시설로 세계 여행자들을 만날 수 있다. 대체로 조식이 포함되어 있고 공용 주방, 빨래방, 카페, 펍 등의 시설이 있다. 요일별로 요금이 다른데 금 · 토와 연휴에는 비싸진다. 국제유스호스텔(YHA)은 런던 시내 중심부에 있어 위치가 좋아 성수기에는 빨리 마감된다. 유스호스텔증이 있으면 할인된다.

제너레이터 런던 Generator London £

유럽의 유명 관광지 위주로 생겨나는 호스텔. 감각적인 인테리어가 돋보이는 호스텔로 최근 미국까지 진출했다(p.206 지도 참조).

주소 37 Tavistock Place, London, WC1H 9SE
위치 튜브 Russell Square, King's Cross St. Pancras역
전화 020 7388 7666
홈피 staygenerator.com

세인트 크리스토퍼스 인 St.Christopher's Inn £

세인트 크리스토퍼 인 호스텔은 런던에 7개가 있는데 그중 가장 평이 좋은 곳으로 스피탈필즈 마켓에 도보 10분 거리에 있다.

주소 52 Wilson Street, London, EC2A 2ER
위치 튜브 Liverpool Street역
전화 020 7247 5338
홈피 www.st-christophers.co.uk

웜뱃 시티 호스텔 런던 Wombat's City Hostel ££

런던, 빈, 뮌헨, 부다페스트에 있는 평좋은 체인호스텔로 런던타워 근처에 위치해 있다(p.183 지도 참조).

주소 7 Dock St, London E1 8LL
위치 튜브 Tower Hill역
전화 020 7680 7600
홈피 www.wombats-hostels.com

클링크 261 호스텔 Clink 261 Hostel £

네덜란드 체인 호스텔로 런던에 두 곳이 있다. 261번지에 있어 클링크 261, 78번지에 있는 클링크도 있는데 휴업 중이다.

주소 261-265 Grays Inn Road, London WC1X 8QT
위치 튜브 King's Cross역
전화 020 7183 9400

YHA 세인트 폴 호스텔 YHA Saint Paul's Hostel £

세인트 폴 대성당 근처의 문화재로 등록된 고풍스러운 호스텔(p.159 지도 참조).

주소 36 Carter Lane, London, EC4V 5AB
위치 튜브 St. Paul's역
전화 345 371 9012
홈피 www.yha.org.uk

카바나스 세인트 판크라스 Kabanas St. Pancras £

깔끔한 회색 건물의 현대적이고 내부도 깨끗한 호스텔(p.207 지도 참조).

주소 79-81 Euston Road, London, NW1 2QE
위치 튜브 King's Cross St. Pancras역
전화 020 7388 9998

YHA 센트럴 호스텔 YHA London Central Hostel £

깨끗하고 조용한 런던 중심의 호스텔(p.207 지도 참조).

주소 104-108 Bolsover Street, London, W1W 5NU
위치 튜브 Regent's Park, Oxford Circus역
전화 345 371 9154

YHA 옥스퍼드 스트리트 YHA Oxford Street £

옥스퍼드 스트리트 중심에 있어 쇼핑 위주의 여행에 최적화된 호스텔(p.111 지도 참조).

주소 14 Noel Street, London W1F 8GJ
위치 튜브 Oxford Circus역
전화 020 7734 1618

YHA 옥스퍼드 스트리트점

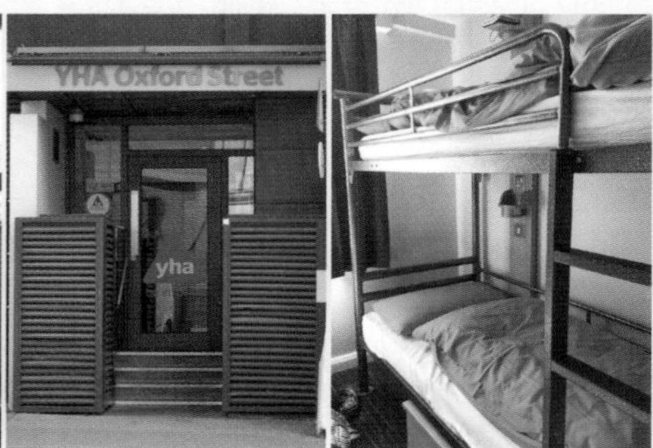

3. 스튜디오 · 아파트먼트 ££~££££

런던에서 열흘 이상 머문다면 스튜디오 · 아파트먼트를 추천한다. 스튜디오는 우리나라로 치면 원룸 형태의 집이다. 이런 숙소는 런던에서 현지인처럼 생활해 보고 마트를 이용해 저렴하게 식사를 해결할 수 있다는 것이 장점이다. 스튜디오 · 아파트먼트만 전문적으로 대여하는 곳(에어비앤비)도 있고, 개인이 방학이나 여행 기간에 자신의 집을 임대해 주는 경우도 있다. 아이와 함께라면 아파트 호텔이나 런던의 기숙사를 이용해 보자.

아파트 호텔

시타딘스 아파트 호텔 Citadines Apart' Hotel

가족 단위 여행객에게 좋은 아파트 호텔이다. 전자렌지, 냉장고가 구비되어 음식을 만들어 먹을 수 있고 4~6인실도 있다(p.83 지도 참조).

홈피 www.discoverasr.com/en/europe/united-kingdom/london

기숙사

LSE 베케이션 LSE Vacations

런던 기숙사에서 머무는 경험도 좋다. 방학 기간에만 운영하며 가격도 호스텔 가격에 개인실을 얻을 수 있으며 런던 시내에 6개의 기숙사가 있다. 3~4명이 머물 수 있는 객실도 있어 가족 단위나 친구들끼리 여행에도 추천한다. 공용 화장실과 주방도 있고 카페테리아 공간에서 조식도 제공해 준다.

홈피 www.lsevacations.co.uk

에어비앤비 airbnb

미국이 본사인 최신 숙박 예약 사이트. 현재 세계적으로 많은 숙박리스트를 보유하고 있으며 다양한 사진과 정보가 보기 좋게 정리되어 현지 숙소 선택에 도움을 준다. 숙소에 대한 신뢰도, 자세한 소개와 후기가 있고, 결제 시스템이 안전하다. 한국어 페이지가 있고 홈페이지 · 앱으로 언제든 주인에게 간편하게 문의 가능하다.

홈피 www.airbnb.co.kr

4. 한인 민박 £~££

아침 식사와 라면과 같은 간단한 저녁을 제공하고 한국어가 통하는 장점으로 선호하는 숙박 형태다. 여행 정보 제공, 축구 티켓 판매, 투어 등의 연계가 가능하다. 요즘은 한식에 집중하는 민박집이 줄어들고 감성적인 인테리어의 숙소가 주류가 되는 추세다. 비용은 1박에 1인 £45~60 정도로 호스텔과 비슷하며 성수기 기간 요금이 따로 있다. 런던에는 한인 민박이 많다. 아래 사이트 후기를 참고해 예약하는 것이 좋다. 홍보글도 많이 올라오니 주의해서 살필 것!

네이버 유랑 cafe.naver.com/firenze
한인 민박 예약 사이트 민다 www.theminda.com

한식 조식제공

런던 볼빨간민박

주소 142 Warwick Way, Pimlico, London, SW1V 4JE
위치 튜브 Victoria역에서 도보 8분

만나자 런던민박

주소 Hawkshead, Stanhope Street, London, NW1 3RJ
위치 튜브 Euston역에서 도보 10분

킹스 크로스역, 세인트 판크라스역 근처

런던 영국신사민박

주소 102 Caledonian Rd, London, N1 9DN
위치 튜브 King's Cross St. Pancras역

런던 두근두근 하우스

주소 86A Caledonian Rd, London, N1 9DN
위치 튜브 King's Cross St. Pancras역

Tip | 추천 예약 사이트

호텔 예약은 국내 사이트보다 아래 사이트에서 하는 것이 더 저렴하다. 대부분 애플리케이션도 잘 되어 있어 예약하기 편리하다.

트립어드바이저 Tripadvisor
www.tripadvisor.co.kr

부킹닷컴 Booking
www.booking.com

Booking.com

호텔스닷컴 Hotels.com
www.hotels.com

Hotels.com

익스피디아 Expedia
www.expedia.co.kr

Expedia

아고다 Agoda
www.agoda.co.kr

agoda

트립닷컴 Trip
www.Trip.com

Trip.com

Step to London 6.
런던 출입국

1. 한국에서 런던 가기

영국은 우리와 사증면제협정을 통해 관광 목적인 경우 6개월 무비자로 입국이 가능하다. 우리나라에서 런던으로 가는 직항은 대한항공과 아시아나항공으로 12시간 30분이 걸린다. 경유하는 항공 중 저렴한 항공으로는 상해를 경유하는 중국동방항공과 베이징이나 광저우를 경유하는 중국남방항공이 있다. 중국항공사는 경유 시간이 2~3시간으로 직항보다 가격이 저렴해 추천한다. 중국 경유 시 짐 검사를 다시 하는데, 국내 면세점에서 산 액체류가 규정 이상일 경우 면세 포장이 되어 있더라도 반입이 불가하니 주의하자. 연결 시간이 짧은 편인 저렴한 항공으로는 프랑크푸르트를 경유하는 루프트한자와 암스테르담을 경유하는 KLM이 있다.

이보다는 가격이 비싸지만 동남아를 함께 여행할 수 있는 항공으로는 베트남항공, 말레이시아항공, 케세이퍼시픽이 있다. 유럽을 경유하는 매력적인 항공으로는 터키항공이 있는데 이스탄불에 스톱 오버할 수 있고 비교적 저렴한 가격에 티켓 구입이 가능하다.

좋은 기종의 항공기를 이용하고 싶다면 에미레이트항공, 카타르항공, 에티하드항공 홈페이지에서 실시하는 얼리버드항공 특가(일찍 예매할 경우 저렴한 할인 항공권)를 노리면 좋다. 헬싱키를 경유하는 핀 에어나 코펜하겐을 경유하는 SAS항공도 북유럽에 관심 있는 여행자라면 스톱 오버를 할 수 있는 장점이 있다. 가격도 다른 유럽항공보다 저렴한 편이다.

여권

해외여행을 하려면 반드시 필요한 신분증이다. 출국 시 여권 유효기간이 6개월 이상 남아 있어야 한다.

❶ 필요서류

여권용 사진 1매(6개월 이내 촬영), 신분증, 여권발급신청서(여권 신청장소에 비치 또는 홈페이지에서 다운로드 후 컬러 출력), 병역 관계 서류(남성 해당자만. 단, 행정정보 공동이용망을 통해 확인 가능한 경우 제출 생략), 여권 유효기간이 남아 있다면 지참(구멍 뚫은 후 돌려받음)

* 미성년자는 기본증명서나 가족관계증명서(행정전산망으로 확인 불가능 시)를 가져가면 친권자가 신청 가능

❷ 신청장소

- 구청, 시청, 도청 등
- 온라인(전자여권 발급 이력이 있는 성인-수령 시 본인 직접 방문)
  국내 정부24 www.gov.kr **국외** 영사민원 consul.mofa.go.kr

❸ 소요시간 보통 3~5일

❹ 요금

성인 58면 53,000원, 26면 50,000원 **8~18세** 58면 45,000, 26면 42,000 **5~8세** 58면 33,000원, 26면 30,000원 **5세 미만** 15,000원

* 온라인 신청은 약간의 수수료 발생

❺ 홈피 www.passport.go.kr

Tip | 여행증명서와 단수여권

여행 중 여권을 도난당하거나 분실했을 때 바로 신청한다(p.274 참고). 여행증명서는 여권 대신 쓸 수 있는 서류로, 기재된 국가에서 입국할 때까지만 사용 가능하다. 단수여권은 복수여권보다 빨리 발급돼 시간을 아낄 수 있다. 유효기간 1년의 사진 부착식 비전자 여권이다.

필요서류 : 여권용 사진 1매(6개월 이내 촬영), 여권발급신청서(대사관에 비치), 신분증(여권 사본 가능)
신청장소 : 가까운 한국대사관
가격 : 여행증명서 £20, 단수여권 £45

more & more 쉥겐 협약(Schengen Agreement) 이해하기

장기여행자는 쉥겐 협약을 반드시 알아두어야 한다. 쉥겐 협약 국가는 모두 합쳐(입국일과 출국일을 모두 합산) 90일 체류가 가능하다. 비쉥겐 협약국으로 나갔다 오더라도 180일 내에는 누적되니 총 여행 기간은 최대 90일을 넘겨서는 안 된다. 여권의 유효기간은 최소 3개월 이상 남아 있어야 한다.

쉥겐 협약국(27개국, 총 90일 체류 가능)

그리스, 네덜란드, 노르웨이, 덴마크, 독일, 라트비아, 룩셈부르크, 리투아니아, 리히텐슈타인, 몰타, 벨기에, 스웨덴, 스위스, 스페인, 슬로바키아, 슬로베니아, 아이슬란드, 에스토니아, 오스트리아, 이탈리아, 체코, 포르투갈(180일 중 누적 90일까지), 폴란드, 프랑스, 핀란드, 헝가리, 크로아티아

비쉥겐 협약국 체류 가능 일수

30일 바티칸 교황청, 벨라루스(러시아 경유 또는 육로를 통한 출입국시 비자 필요), 우즈베키스탄, 카자흐스탄 60일 러시아, 키르키즈스탄 90일 루마니아, 마케도니아, 모나코, 몬테네그로, 몰도바, 보스니아 헤르체고비나, 불가리아, 사이프러스, 산마리노, 세르비아, 아일랜드, 안도라, 알바니아, 우크라이나, 코소보, 튀르키예 180일 아르메니아, 영국 360일 조지아

비자

각 나라를 방문할 때 원칙적으로 비자(입국허가)가 필요하나 국가 간 협약을 통해 비자 없이 여행할 수 있다. 대한민국 국민인 경우 유럽 대부분의 국가에서 비자 없이 90일간 여행이 가능하며 영국은 6개월 동안 체류가 가능하다. 유럽을 장기 여행할 경우 쉥겐 협약Schengen Agreement을 반드시 알아두어야 한다. 쉥겐 협약국인 경우 쉥겐 협약 국가를 모두 합쳐(입국일과 출국일을 모두 합산) 90일 체류가 가능하다. 비쉥겐 협약국으로 나갔다가 오더라도 180일 내에 누적되니 여행 일정을 최대 90일을 넘겨서는 안 된다. 여권의 유효기간은 최소 6개월 이상 남아 있어야 한다.

유용한 증명카드

○ 국제학생증(ISIC)

유럽에서 인정받는 ISICInternational Student Identity Card(국제학생증)는 만 12세 이상의 학생에게 발급되는 국제학생증이다. 박물관 · 미술관 등의 입장료 할인, 런던 아이 15% 할인, 히스로 익스프레스와 같은 교통 15~25% 할인, 내셔널 익스프레스 20% 할인, 그리고 위타드, 크로스타운 도넛 등에서도 10% 할인이 되기 때문에 학생이라면 반드시 만들어 가는 것이 좋다. 어디든 일단 국제학생증을 내밀어 보는 습관을 기르자.

발급방법 ISIC 제휴 학교 또는 ISIC 홈페이지에서 온라인 신청
필요서류 사진, **대학생** 재 · 휴학증명서(1개월 이내) *ISIC 제휴 학교 홈페이지 신청 시 불필요 **중고생** 학생증
요금 17,000원(1년), 34,000원(2년)
홈피 www.isic.co.kr

○ 국제교사증(ITIC)

해외에서 교사 신분을 인증하는 카드로, 입장료 할인혜택이 있으니 해당자라면 발급받는 게 좋다. 정부가 인정하는 정규 교육 기관에 재직 중인 교사 · 교수 및 청소년지도자 자격증 소지자에게 발급된다.

발급방법 홈페이지 또는 일부 여행사
필요서류 사진, 재직증명서(1개월 이내) 또는 교사 공무원증 앞뒷면 중 택 1
요금 17,000원(1년), 34,000원(2년)
홈피 www.itic.co.kr

국제운전면허증

○ 국제운전면허증

한국인이 해외에서 운전을 하려면 반드시 발급받아야 한다. 운전 시 국제운전면허증, 한국운전면허증, 여권을 같이 소지하고 있어야 무면허 운전으로 처벌받지 않는다. 경찰서에서 발급 가능하다. 영국에서 운전할 경우 운전석과 운전 방향이 한국과 반대인 것이 큰 차이이다. 도심보다는 근교 운전을 추천한다. 로터리Round About와 일방통행로가 많다.

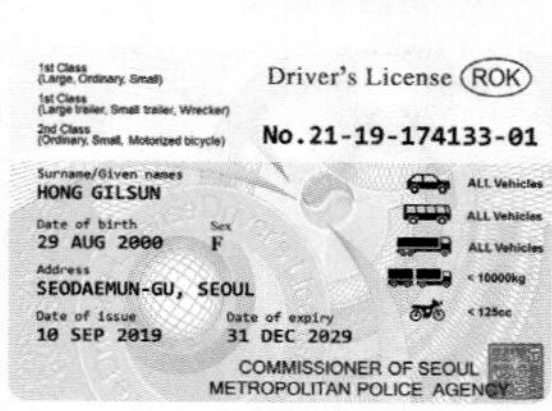

인천국제공항에서 출발

인천국제공항은 2004년에 문을 연 대한민국의 국제공항이다. 개항 이후 세계 공항 서비스평가에서 연속 1위 수상을 할 정도로 현대적인 각종 편의 공간, 빠른 수속 절차 등으로 명실공히 세계 최고의 공항이다.

❶ 여객터미널 확인하기

자신의 항공사가 제1여객터미널인지, 제2여객터미널인지 확인해야 한다. 최악의 경우 비행기를 놓칠 수도 있으니 공항으로 출발하기 전 자신의 터미널을 확인하자. 만약 다른 여객터미널에 도착했다면 공항철도로 이동하거나(6분 소요), 여객터미널 간 무료 셔틀버스(운행간격 5분, 소요시간 터미널1에서 15분, 터미널2에서 18분)를 타고 이동할 수 있다.

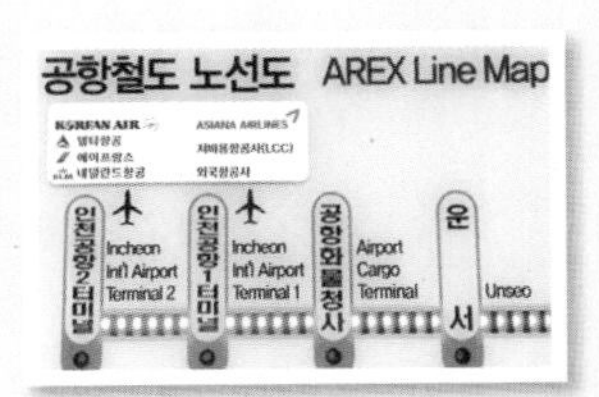

* 셔틀버스 첫차/막차 시간
 제1여객터미널 05:54/22:25, 제2여객터미널 06:11/22:42

제1여객터미널 취항 항공사 (스타얼라이언스 항공동맹과 기타 항공사)	아시아나항공, 저가항공사, 기타 외국항공사
제2여객터미널 취항 항공사 (스카이팀 동맹항공사)	대한항공, 델타항공, 에어프랑스, KLM, 아에로멕시코, 알리탈리아, 중화항공, 가루다인도네시아, 샤먼항공, 체코항공, 아에로플로트

공항 라운지

❷ 체크인 카운터 찾기

공항에 도착하면 먼저 근처의 모니터나 전광판을 확인한다. 자신의 항공권에 적힌 항공편명(예: KE123)과 출발시각 · 목적지를 참고해 해당 체크인 카운터 번호(예: F123~135)를 확인한다. 모니터에 Check In 표시가 깜빡이고 있으면 체크인 수속을 받을 수 있다.

❸ 체크인 하기 ＊ 여권 필요

유아동반을 제외한 승객들은 셀프 체크인(웹, 모바일, 키오스크 중 선택)을 한 뒤에 탑승권을 발급받아 카운터로 가야한다. 키오스크는 해당 카운터 근처에 있으며 직원들이 체크인을 도와줘서 편리하다. 탑승권을 받은 후 체크인 카운터로 가서 짐을 부치면 된다.

❹ 짐 부치기 ＊ 여권 & 탑승권 필요

탑승권을 발권한 후 카운터에 가면 이코노미 클래스, 비즈니스 클래스, 퍼스트 클래스 줄 중에 해당하는 곳에 서면 된다. 체크인 카운터에서 여권과 탑승권을 보여주면 짐을 부칠 수 있다. 수하물은 위탁수하물과 기내수하물로 나뉘는데 위탁수하물의 무게는 보통 20kg, 기내수하물은 10kg 정도이며 수하물의 최대 크기는 항공사마다 다르니 해당 항공사의 수하물 규정을 사전에 확인하고 짐을 싸는 것이 좋다.

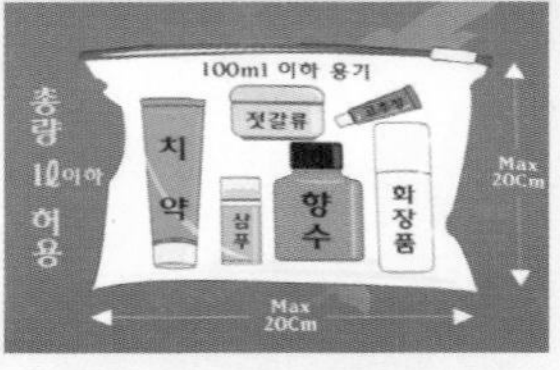

기내 수하만 반입 가능	리튬배터리가 장착된 전자장비(노트북, 카메라, 휴대전화 등), 여분의 리튬이온 배터리(160Wh 이하만 가능), 화폐, 보석 등 귀중품, 전자담배, 라이터(1개만 가능)
제한적 기내수하 가능	물 · 음료 · 식품 · 화장품 등 액체류, 스프레이 · 겔류(젤 또는 크림)로 된 물품은 100mL 이하의 개별용기에 1인당 1L투명 비닐지퍼백 1개에 한해 반입이 가능하다. 남은 용량이 100mL 이하라도 용기가 100mL보다 크면 반입이 불가능하니 주의하자. 유아식 및 의약품 등은 항공여정에 필요한 용량에 한하여 반입 허용된다. 단, 의약품 등은 처방전 등 증빙서류를 검색요원에게 제시해야 한다.

❺ 보안 검색하기 ＊ 여권 & 탑승권 필요

탑승게이트가 있는 면세구역으로 들어가기 위해서는 보안 검색대를 통과해야 한다. 보통 30분 정도 소요되나 게이트가 멀거나 성수기인 경우 보안 검색구역이 혼잡하니 최소 탑승시간 1시간 전에 여유 있게 들어가자. 보통 체크인 카운터에서 보안 검색 상황을 안내해 준다. 보안검색을 할 때는 두꺼운 겉옷은 벗고, 노트북이나 태블릿PC 등은 별도로 꺼내 검색을 한다.

Tip | 자동출입국

만 19세 이상 전자여권 소지 한국인이라면 사전등록 없이 자동출입국심사대를 이용할 수 있다. 여권과 지문, 안면 인식으로 출입국 심사를 통과할 수 있어 편리하다.

자동출입국심사 등록센터

위치 제1여객터미널 3층 체크인 카운터 F구역 맞은편(3번 출국장 옆)
운영 06:30~19:30(연중무휴)
전화 032-740-7400

❻ 탑승게이트로 이동하기 * 탑승권 필요

출국심사 후 면세구역에 들어오면 명품부터 식품까지 다양한 면세품을 만날 수 있다. 인터넷으로 면세품을 산 고객이라면 면세품 찾는 곳으로 가면 된다. 보딩 시간이 되면 탑승게이트로 이동한다.

인천공항 내

❼ 탑승하기

제1여객터미널

- 1~50 게이트 탑승객은 제1여객터미널에서 탑승
- 101~132 게이트 탑승객은 제1여객터미널에서 셔틀트레인을 타고 이동(5분). 이동 후에는 돌아올 수 없다.

제2여객터미널

- 230~270번 게이트 탑승객은 제2여객터미널에서 탑승한다.

셔틀트레인
면세품 인도장

Tip | 항공기 내에서의 에티켓

1 이착륙 시 의자와 탁자를 제자리에 놓고 창문 덮개는 연다. 전자기기는 끄는 것이 원칙이나 에어플레인 모드 설정 시 켜놓아도 된다.

2 식사 시 뒷사람의 식사에 방해되지 않게 의자를 제자리로 세우는 것이 예의다.

3 승무원을 부를 때는 손을 들며 눈을 맞추거나 자신의 좌석에 딸려있는 버튼 중 사람표시 버튼을 누르면 된다. 승무원의 몸을 만지거나 크게 부르는 것은 무례한 행동이다.

4 화장실은 Vacant(초록색) 표시일 때 사용 가능하다. 다른 사람이 사용 중인 경우 Occupied(빨간색) 표시등이 뜬다. 화장실 문은 가운데 부분을 누르면 열린다. 화장실에 들어간 후 문을 잠그지 않으면 밖에서 Vacant(초록색)로 표시되어 다른 사람이 문을 열 수 있으니 주의하자. 변기를 사용할 때 1회용 변기 시트를 사용하면 위생적이다. 세안 등은 기내 화장실이 너무 좁기에 탑승 전에 화장실에서 씻는 것이 편리하다. 기내에서 흡연은 엄격하게 금지된다.

5 식사 시간 외에 승무원을 통해 음료나 라면을 부탁해 먹을 수 있다. 라면을 요청할 때는 "Can I get a instant noodle soup?"라고 물어보면 된다.

6 기본적으로 장거리 비행 구간인 경우 안대, 수면양말, 베개와 담요, 칫솔과 치약 등을 제공해주나 춥거나 베개가 필요하다면 승무원에게 요청하면 추가로 가져다준다. 이때 역시 "Can I get a pillow(베개. 담요인 경우 blanket)?"라고 물어보면 된다. 베개, 담요, 헤드폰은 항공사의 자산이므로 절대 가져가면 안 된다.

7 기내에서 사용하는 문장에 "Please"와 "Thanks"를 항상 붙여 사용하면 매너 있는 승객이 된다. 무언가를 달라고 할 때 Please만 붙이면 공손한 표현이 된다. 예를 들어, "Water Please(물 주세요)."라고 한다. 물 대신 주스, 커피 등 많은 응용이 가능하다. "Thanks"는 물건을 받은 뒤에 사용하면 된다.

2. 런던에 도착하기

입국 수속

터미널에 도착하면 도착Exit 또는 짐 찾는 곳Baggage Reclaim 화살표를 따라 간다. 줄이 길게 늘어서 있는 곳은 입국 심사장이나 한국은 2019년 5월부터 전자심사가 가능하게 되어 영국UK과 함께 줄을 서면 된다.

입국 심사

런던은 입국 심사가 까다롭기로 유명했으나 2019년 5월부터 전자여권심사대E-Passport Gates를 통해 빠른 입국이 가능하게 됐다. 기존의 랜딩카드Landing Card 기입 과정도 생략되어 영국 여행이 더욱 편리해졌다. 단, 12세 이하 어린이와 함께 입국할 경우 기존의 대면 심사 줄에 서야 한다.

대면 심사를 하게 된다면 질문을 미리 염두에 두고 있으면 쉽게 통과할 수 있다. 보통은 기본적인 질문(아래 Tip 참고) 후에 입국도장을 찍어주는데, 때에 따라 돈을 얼마나 가지고 있냐고 묻거나, 신용카드를 보여 달라거나 이와 관련된 월급, 직업 등을 자세하게 묻는 경우도 있다. 이때 당황하지 말고 침착하게 질문에 대답하면 된다.

짐 찾기

입국 심사 후 짐 찾는 곳Baggage Reclaim 화살표를 따라가 자신의 항공편명을 전광판에서 확인하고 해당 벨트에서 짐을 찾아 밖으로 나오면 된다. 짐 찾는 곳에 유심판매 자판기가 있으니 필요한 사람은 짐을 기다리며 구입할 수 있다. 종종 여행자들을 무작위로 불러 짐을 풀게도 하는데 안내하는 대로 보여주면 된다. 아무리 기다려도 짐이 나오지 않는다면 Baggage Claim 카운터로 가서 항공권에 붙여준 Baggage Tag을 보여주면서 문의하자. 짐을 찾지 못하게 되면 직원의 안내에 따라 가방 색, 크기 등을 체크해 해당 종이에 기입하고 지연이나 분실에 따라 항공사 규정을 적용해 보상금을 받게 된다.

Tip | 입국 심사 영어

Q. 런던에 온 목적이 무엇입니까?
[What's your purpose in London?]
A. Travelling 또는 Sightseeing이라고 말하면 된다.

Q. 런던에 얼마나 체류할 예정입니까?
[How long do you stay in London?]
A. 런던에 체류할 날짜를 말하면 된다. ex) 5days

Q. 런던 어디서 머물 예정입니까?
[Where will you stay in London?]
A. 민박집이나 친구 집은 말하지 않는 것이 좋다. 민박집인 경우 불법이 많아 문제가 될 수 있고, 친구라고 했을 경우 친구 집에 전화해 신원조회까지 하기도 하니 일반적인 숙소 이름을 준비해가는 것이 좋다. 예를 들어, 런던 시내의 큰 호스텔이나 호텔 이름을 말하면 된다.

Q. 다음 목적지는 어디입니까?
[What's your next destination?]
A. 다음 목적지를 말하면 된다. 서울이면 Seoul, 파리면 Paris.

Q. 돌아가는 비행기 티켓이 있나요? 볼 수 있을까요?
[Do you have a return ticket? Can I have a look?]
A. 우리나라로 돌아갈 경우 Seoul이라고 말하면 된다.

Q. 무엇을 타고 가십니까?
[How do you by?]
A. 자신이 끊은 유로스타, 유로라인, 또는 항공을 말하면 된다.

3. 런던에서 유럽과 주변 국가 가기

비행기

런던에서 주변 국가로 많은 저가항공사들이 취항하고 있다. 일찍 예매하거나 행사시기에 예매할 경우 단돈 몇 만 원에 항공권을 끊을 수 있다. 런던에서 주변 도시로의 최저가 항공을 찾을 수 있는 사이트는 다음과 같다. 목적지를 넣으면 취항하는 항공사가 나열되며 그 중 최저가를 누르면 해당 항공사 홈페이지로 들어가는 시스템이다.

스카이 스캐너 www.skyscanner.co.kr

유로스타

유로스타Eurostar는 가장 빠르고 편리하게 런던과 유럽 대륙을 잇는 교통수단이다. 유로스타는 런던 세인트 판크라스St. Pancras International역에서 출발해 프랑스 파리, 디즈니랜드 파리, 릴, 아비뇽(여름에만), 마르세유와 벨기에의 브뤼셀, 네덜란드의 암스테르담을 잇는다. 티켓은 기차역, 온라인 홈페이지, 스마트폰 앱으로 구입할 수 있다. 출발 당일 끊으면 좌석이 없거나 정가로 사야 하며 £10의 수수료가 든다. 최소 한 달 전(360일 전부터 예약 가능) 반드시 예매하는 것이 유리하다. 스탠더드Standard 좌석, 날짜 변경이 안 되는 논 플렉서블Non Flexible 티켓인 경우 최소 편도 £88부터 시작한다. 최소 30분 전에 체크인 해야 하며 간단한 출입국수속을 한다.

소요 시간 **런던 → 파리**(Paris Gare Du Nord역) 2시간 17분~
런던 → 브뤼셀(Brussel Midi역) 1시간 56분~
런던 → 암스테르담(Amsterdam CS역) 3시간 57분

요금 스탠다드 기준(어린이는 성인의 30% 할인) £88~
* Flexable Ticket을 구입할 경우 7일까지는 무료이나 이후에 날짜나 시간 변경 시 £30(스탠다드 기준)의 수수료가 든다.
* 구입한 티켓은 환불이 불가하며 다른 날짜나 시간대의 저렴한 티켓으로 바꿀 경우 차액 환불 또한 불가하니 신중하게 선택하자.

○ 세인트 판크라스역

유로스타의 출 · 도착역이다. 역 내에는 환전소, 경찰서, 약국, 즉석 사진촬영소, 무료화장실, 관광안내소, 짐 보관소(3시간 £7.5, 예약 www.left-baggage.co.uk)가 있고, 무료 Wifi 이용이 가능하다. 고풍스러운 외관을 지나 안에는 포트넘 앤 메이슨, 막스 앤 스펜서, 부츠, 햄리스, 조 말론 등 한국 여행자들이 선호하는 영국의 숍들과 거의 모든 프랜차이즈 음식점들이 입점해 있다. 런던을 떠날 예정이라면 수속을 위해 최소 1시간 30분 전(성수기라면 2시간 전) 기차역을 방문하는 것을 추천한다.

주소 St. Pancras International Station, Euston Road, London, N1C 4QP
위치 튜브 King's Cross St. Pancras역
홈피 stpancras.com

짐 보관소

대륙 간 버스

버스는 비행기나 기차보다 시간은 많이 걸리지만 가장 저렴하게 유럽 대륙으로 이동할 수 있는 교통수단이다. 홈페이지나 앱을 통해 되도록 일찍 예매하는 것이 가장 저렴하다. 시기에 따라 다르지만 런던에서 파리, 브뤼셀, 암스테르담 등 대륙으로 이동할 때는 £26부터 시작한다. 배낭 여행자들은 보통 야간버스를 타고 다음 날 아침에 도착하는 버스를 이용한다. 차 안에서는 무료 Wifi 사용이 가능하다.

소요시간 **런던 → 파리**(Bercy Seine역) 8시간 50분~9시간 30분(야간버스)
런던 → 암스테르담 11시간~12시간
런던 → 브뤼셀 8~9시간

요금 £26~50

홈피 플릭스 버스 www.flixbus.com
메가버스 uk.megabus.com
블라블라 버스 www.blablacar.com

빅토리아 코치 스테이션

주소 164 Bucking Palace Road, London, SW1W 9TP
위치 튜브 Victoria역
전화 020 3835 4130

빅토리아 코치 스테이션 내부

Tip | 유로스타를 이용할 경우 출입국 수속 방법

영국에서 유럽 대륙으로 갈 때 보안 검색과 출국 수속을 해야 한다(유럽 대륙에서 들어올 때는 입국 수속). 때문에 기차 시간에 딱 맞춰 가다가는 놓칠 수도 있다. 최소 1시간 30분 전에 도착해(수속 마감은 출발 30분 전) 출국 수속을 마치도록 하자. 유로스타로 런던에 입국할 때도 마찬가지로 2019년 5월부터 전자입국 심사가 적용되어 편리해졌다. 대면심사 시에는 입국 심사와 관련된 질문(p.296)에 대답할 준비를 해두자. 여유 있게 도착한 여행자라면 길 바로 건너편의 킹스 크로스역에서 〈해리 포터〉에 나온 9와 3/4 플랫폼과 해리포터 숍을 방문해보는 것도 좋겠다.

유로스타 출국장
파리행 탑승구

4. 런던에서 주변 도시 가기

런던에서 주변 도시로 갈 때는 보통 기차나 코치Coach(영국에서는 시외버스를 '코치'라고 부른다)를 이용해 가게 된다. 기차는 코치보다 빠르지만 요금이 더 비싸다. 티켓은 기차나 코치 모두 홈페이지 또는 앱에서 되도록 일찍 예매하는 것이 저렴하다. 기차역이나 코치역에서 직접 사는 것과 요금 차이가 꽤 크고 수수료가 든다는 것을 잊지 말자. 또 편도보다는 왕복이 저렴하고 3명 이상 구매 시, 컨택리스 카드와 오이스터 카드로 결제한다면 좀 더 할인된다. 5세 미만은 무료, 5~15세는 성인의 50%, ISIC 국제학생증이 있으면 학생할인 혜택을 받을 수도 있으니 무조건 내밀어 보는 것이 좋다.

기차

런던에는 11개의 주요 기차역이 있다. 패딩턴Paddington, 말리본Marylebone, 유스턴Euston, 세인트 판크라스St. Pancras international, 킹스 크로스King's Cross, 리버풀 스트리트Liverpool Street, 캐넌 스트리트Cannon Street, 런던 브리지London Bridge, 워털루Waterloo, 차링 크로스Charing Cross, 빅토리아Victoria역이다. 이 역들은 영국의 주요 도시와 마을로 연결된다. 이처럼 런던 시내에 기차역이 많으므로 인터넷으로 티켓 예약을 할 때에는 출발역 이름을 눈여겨보아야 한다. 기차역 내에는 관광안내소, 짐 보관소, 환전소, ATM, 화장실, 카페, 프랜차이즈 식당, 상점 등의 편의시설이 있으며 무료 Wifi가 제공된다. 주요 목적지별 출발 기차역은 다음과 같다.

① **세인트 판크라스역** : 유로스타(파리, 브뤼셀 등)
② **빅토리아역** : 유로라인(파리, 브뤼셀 등), 브라이튼, 라이, 이스트본
③ **패딩턴역** : 옥스퍼드, 바스, 윈저·이튼
④ **유스턴역** : 리버풀, 맨체스터, 랜디드노
⑤ **킹스 크로스역** : 케임브리지, 에든버러, 리즈
⑥ **리버풀 스트리트역** : 케임브리지
⑦ **말리본역** : 스트랫퍼드 어폰 에이번
⑧ **워털루역** : 솔즈베리

코치

○ 내셔널 익스프레스 National Express

코치로 주변 도시까지 이동할 때는 대부분 내셔널 익스프레스를 이용한다. 짐은 20kg짜리 2개와 손가방 1개까지 가능하다. 런던에서 버밍엄, 바스, 브라이튼, 케임브리지, 옥스퍼드, 스트랫퍼드 어폰 에이번, 포츠머스, 에든버러 등으로 가는 여행자들에게 유용하다. 터미널에서 끊는 것보다 홈페이지나 앱을 통해 예매하는 것이 훨씬 저렴하다. 터미널은 빅토리아 코치 스테이션이다. 앱의 QR 코드를 보여주거나 프린트 해야 한다.

홈피 www.nationalexpress.com

빅토리아 코치 스테이션

주소 164 Bucking Palace Road, London, SW1W 9TP
위치 튜브 Victoria역 **전화** 020 3835 4130

○ 플릭스 버스 Flix Bus

유럽 내 구간을 운영하는 가장 대중적인 버스다. 영국 내외 모두 노선이 다양하고 배차수도 많아 버스를 타고 이동한다면 우선적으로 고려하자.

홈피 www.flixbus.com

○ 메가버스 Mega Bus

저렴한 버스 노선으로 인기 있다. 암스테르담, 브뤼셀, 파리의 국제 노선과 영국 내에는 옥스퍼드, 에든버러, 리버풀, 요크 등을 운행한다. 요금은 £1부터 시작한다.

홈피 uk.megabus.com

○ 이지버스 Easy Bus

히스로 공항, 루턴 공항, 스탠스테드 공항, 개트윅 공항에서 런던 중심의 튜브까지 운행한다. 요금이 £4부터 시작하는 것이 매력이다. 예매 시 티켓을 프린트해야 한다.

홈피 www.easybus.com

빅토리아 코치 스테이션

그린라인 코치 스테이션

◯ 그린라인 Greenline

히스로 공항(724번), 루턴 공항(757번), 윈저(702, 703번) 등의 노선을 가지고 있다. 주로 런던에서 윈저를 갈 때나 루턴 공항을 이용할 때 유용하다.

홈피 www.arrivabus.co.uk/greenline

그린라인 코치 스테이션

주소 Bulleid Way, London, SW1W 9SZ

위치 튜브 Victoria역 (빅토리아 코치 스테이션 대각선 맞은편)

Step to London 7.
런던 공항에서 시내 이동하기

런던에는 5개의 공항이 있다. 가장 많이 이용되는 것은 히스로 공항이다. 공항에서 시내로, 시내에서 공항으로 가는 운행 시간과 운행 간격은 변동될 수 있으니 대략적으로 참고하고 늦은 시간 도착하거나 이른 아침 비행기를 이용할 경우 해당 홈페이지에서 한 번 더 확인하자.

히스로 공항 Heathrow Airport(LHR)

런던 시내에서 서쪽으로 32km 떨어진 공항이다. 인천국제공항에서 영국행 비행기를 탄다면 이곳으로 들어가게 된다. 히스로 공항은 터미널 2 · 3, 터미널 4, 터미널 5로 이루어져 있다. 터미널 2 · 3과 터미널 4, 5와의 이동은 히스로 익스프레스Heathrow Express 또는 엘리자베스 라인Elizabeth line으로 가능하며 20분 정도가 소요된다. 이동 요금은 무료이나 발권기를 통한 티켓이 필요하다.

공항 안에는 환전소, ATM, 유심판매소, 렌터카와 호텔 예약, 짐 보관소, 우체국 등이 있고 무제한 무료 Wifi를 사용할 수 있다. 대한항공을 포함한 스카이팀을 이용할 경우 터미널 4로, 아시아나와 스타얼라이언스를 이용할 경우 터미널 2에 도착하게 된다. 공항에서 시내로 들어가는 교통수단은 터미널에 따라 조금 다른데 전체 교통수단은 공항의 중심인 터미널 2 · 3에서 출발한다. 관광안내소는 터미널 2 · 3 언더그라운드에 있으며 지도, 관광안내 책자 등을 얻을 수 있고, 오이스터 카드, 트래블 카드, 버스 & 트램 패스와 같은 교통권도 끊을 수 있어 편리하다.

런던 시내로 들어오는 일반적인 방법은 히스로 익스프레스, 튜브, 내셔널 익스프레스, 일반 버스, 택시이다. 이 중 가장 빠른 교통수단은 히스로 익스프레스(패딩턴역까지 15분)이고, 가장 저렴하고 대중적인 교통수단은 튜브로 피커딜리 라인(피커딜리 서커스역까지 1시간), 엘리자베스 라인(패딩턴역까지 35분)이 있다.

주소 The Compass Centre, Nelson Road, Hounslow, Middlesex, TW6 2GW
전화 084 4335 1801
홈피 www.heathrow.com

Tip | Tax Refund 면세품 부가세 환급

영국의 브렉시트Brexit로 외국인들을 대상으로 한 부가가치세 환급Tax Free은 2021년 1월 1일부터 종료됐다.

more & more 공항에서 런던 시내로 가는 교통권을 고민한다면 필독!

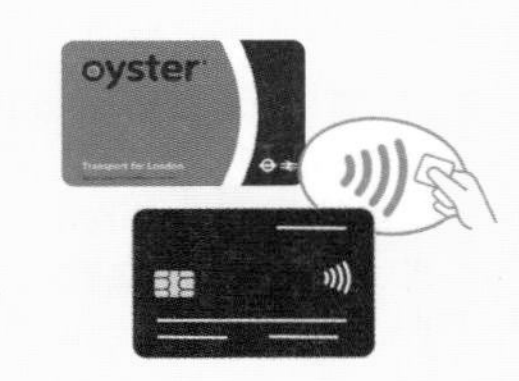

❶ 컨택리스 카드를 이용하거나 오이스터 카드를 구매하자!

국내에서 컨택리스 카드를 가져오지 않았다면 공항에서 오이스터 카드를 구매하는 것이 좋다. 두 카드의 Pay as you go 기능은 같다. 두 카드를 이용하는 것이 편도 승차권을 구입보다 저렴하며 Pay as you go는 최대 한도금액이 있어 여러 번 탈 경우에도 상한선 이상으로 요금이 올라가지 않아 오전에 공항에 도착해 하루 종일 대중교통을 이용할 예정이라면 카드 이용은 필수다.

❷ 오프 피크 시간을 이용하자!

런던의 교통 요금은 크게 피크 요금(월~금 06:30~09:30, 16:00~19:00)과 오프 피크(피크 이외의 시간) 요금으로 나뉜다. 피크 시간은 직장인과 학생들이 대중교통을 이용하는 시간을 말한다. 기본 요금 지역이 아닌 그리니치(3존), 시티 공항(3존), 히스로 공항(6존)은 피크 요금만 적용된다. 이용 시 되도록 오프 피크 시간대를 이용해야 한다.

❸ 밤늦은 시간 이용해야 한다면 시간표를 꼭 확인해 두자!

런던에 밤늦게 도착하거나 새벽에 공항으로 가야 할 경우 새벽 시간에 운행하는 열차나 야간 버스를 이용하게 된다. 낮과는 달리 운행 간격이 넓으니 교통 어플을 통해 시간표를 확인해 두는 것이 좋다.

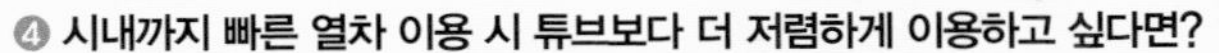

교통 시간표 보기

❹ 시내까지 빠른 열차 이용 시 튜브보다 더 저렴하게 이용하고 싶다면?

열차를 이용할 경우 90일 전에 온라인으로 예매 시 최대 75%까지 저렴해진다. 또한 편도보다 왕복이 더 저렴하기 때문에 며칠 뒤 다시 같은 공항으로 갈 경우 왕복 티켓Return Ticket을 구입하면 추가 할인이 되어 좋다. 성인 3명 이상이라면 할인율이 올라간다.

공항마다 교통권 안내&판매 창구가 있다

튜브

히스로 공항에서 가장 저렴하게 런던 시내로 들어오는 방법이다. 피커딜리 라인이 히스로 공항에서 런던 시내까지 한 번에 운행한다. 히스로 공항 터미널 2 · 3, 터미널 4, 터미널 5 세 곳에서 탈 수 있다.

운영 **터미널 5 → 튜브 Piccadilly Circus역**
월~토 05:23~23:42, 토·공휴일 24시간, 일 03:14~23:25
튜브 Piccadilly Circus역 → 터미널 2&3
월~토 05:47~00:22, 토·공휴일 24시간, 일 03:43~23:24
시간 튜브 Piccadilly Circus역까지 52분
요금 일반 편도 £6.70, 오이스터 카드 사용 시 피크 편도 £5.60
(공항은 오프 피크 적용 요금 없음)
홈피 www.tfl.gov.uk

Tip | 오이스터 카드로 저렴하게 런던 시내 가기!

컨택리스 카드가 없다면 먼저 오이스터 카드를 구입해 자신의 여행 일정에 맞춰 £20~40 충전Top-up한다. 오전에 도착해 짐을 숙소에 두고 대중교통(튜브와 버스)을 이용해 여행할 예정이라면 1일 상한 요금인 £15.60가 든다. 만약 숙소로 와서 도보로만 근처를 돌아다니고 쉴 예정이라면 편도 티켓만 필요한데 오프 피크 시간대에 숙소에 가는 것을 추천한다. 현금 승차 시에는 £6.70이기 때문에 되도록 오이스터 카드를 만들도록 하자.
런던 시내로 들어와 도보와 버스만 이용해 다닐 예정이라면 히스로 공항에서 오프 피크 요금을 내고 런던 시내로 들어와 버스만 이용하거나 또는 버스 & 트램 패스를 이용하자. 7일권 £24.70은 오이스터 카드(1일 £8.50)의 3일치에 해당하므로 훨씬 절약이다. 5일 이내로 머문다면 패스를 구입할 필요 없이 버스(1일 상한 요금 £5.25)만 타고 다니면 된다. 7일권은 오이스터 카드로 구입할 수 있다.

엘리자베스 라인 Elizabeth Line

2022년 5월에 새로 개통한 하이브리드 노선으로 히스로 공항 터미널 2 · 3 · 4 · 5에서 패딩턴역과 시내 중심가를 관통해 이후 카나리 워프까지 이어진다. 최신 개통한 튜브답게 깨끗하고 전 노선 배리어 프리 역으로 유모차나 장애인의 접근이 편해졌다. 요금은 튜브와 동일하며 컨택리스 · 오이스터 카드 사용이 가능하다.

운영 **터미널 5 → Paddington역**
월~금 05:15~23:30, 토 05:15~23:30, 일 07:49~21:50
Paddington역 → 터미널 5
월~금 06:06~23:09, 토 05:54~23:08, 일 08:03~22:48
시간 Paddington역까지 32분

터미널 2 · 3과 터미널 4, 5와의 이동은
히스로 익스프레스 또는 엘리자베스 라인을 이용한다

열차

히스로 익스프레스 Heathrow Express

히스로 공항(터미널5–터미널2 · 3)에서 시내까지 가장 빠르게 이동할 수 있는 교통수단이다. 오이스터 카드나 컨택리스 카드 이용도 가능하나 일찍 예약할수록(최대 90일) 최대 75%까지 저렴해지기 때문에 미리 예약하는 것이 최고다.

운영 05:00~24:00
시간 Paddington역까지 15분(운행 간격 15분)
요금 편도 £25, 왕복 £37, 피크 (월~금 06:30~09:30/ 16:00~19:00) 외에는 더 저렴해진다. 15세 이하 무료
홈피 www.heathrowexpress.com

내셔널 익스프레스

코치

내셔널 익스프레스

운영 **터미널5/4/2·3-Paddington역** 24시간
시간 빅토리아 코치 스테이션까지 35분~45분(운행 간격 10~25분) (※ 새벽에는 늘어남)
요금 일반 £6.3, 3~15세 성인의 50%, 3세 미만 무료
홈피 www.nationalexpress.com

버스

심야에만 운행하는 N9 야간버스Night Bus다. 새벽에 공항에 도착하거나 공항에 가야 할 때 저렴하고 유용하다.

운영 **터미널 5/2·3 ↔ 트라팔가 광장** 23:55~04:55
시간 트라팔가 광장까지 1시간 20분(운행 간격 15분~20분)
요금 컨택리스·오이스터 카드 사용 시 £1.75

택시

공항과 런던 시내를 편리하게 이어준다. 택시를 탈 때는 블랙 캡Black Cab이나 평판이 좋은 미니 캡Mini Cab(Minicabit, Green Tomato Cars, EcoExpress Airport Cars)을 이용하는 것이 좋다. 택시 안내 표지판을 따라 나가면 택시 승차장이 있다. 공항에서 택시를 이용할 때는 £3.60의 비용이 추가되며 탑승 시간에 따라 3가지 요금제로 나뉜다(p.312 참조). 택시에서 내릴 때 잔돈 팁은 매너다.

시간 시내까지 거리에 따라 30분~1시간(평균 45분)
요금 £50~90
홈피 www.greentomatocars.com/services/heathrow-taxis

심야버스 N9

우버

영국에서의 우버는 합법이다. 블랙 캡보다 2배 정도 많고, 가격 또한 30% 이상 저렴하다. 우버를 이용할 예정이라면 유심사용은 필수이며 미리 우버 앱을 깔고 가면 편리하다. 첫 사용 시 할인혜택도 받을 수 있다. 공항에서 우버를 타는 곳은 'Mini Cab/Private Hire/Pick Up Area' 표지를 따라가면 된다.

홈피 www.uber.com

개트윅 공항 Gatwick Airport(LGW)

히스로에 이어 영국에서 두 번째로 큰 공항이다. 영국항공, 이지젯, 에미레이츠 등이 취항한다. 런던 시내와 47.5km 떨어져 있으며 교통편은 열차, 코치, 택시뿐이다. 가장 빠른 방법은 열차이고 가장 저렴한 방법은 이지 버스이다. 교통 상황에 따라 차가 막히기도 하니 버스를 이용할 경우 여유 있게 출발하자. 무료 Wifi를 제공한다.

주소 Gatwick Airport, West Sussex, RH6 0NP
전화 084 4892 0322
홈피 www.gatwickairport.com

열차

개트윅 익스프레스Gatwick Express와 24시간 운행하는 서던 트레인Southern Train, 공항에서 곧바로 유로스타를 타러 갈 때 편리한 템스링크 & 그레이트 노던Thameslink & Great Northern 세 가지가 있다.

❶ 개트윅 익스프레스
운영 **개트윅 공항 ↔ Victoria역** 06:00~23:00
시간 Victoria역까지 30분(운행 간격 30분)
요금 일반 £18.5~
홈피 www.gatwickexpress.com

❷ 서던 트레인
운영 **개트윅 공항 - London Bridge역 - Victoria역** 24시간
시간 Victoria역까지 30~35분(운행 간격 5~10분)
요금 일반 £12
홈피 www.southernrailway.com

❸ 템스링크 & 그레이트 노던
운영 **개트윅 공항 ↔ St. Pancras International역** 24시간
시간 St.Pancras International역까지 45분~1시간, (운행 간격 15~50분)
요금 일반 £13.20~
홈피 www.thameslinkrailway.com

코치

내셔널 익스프레스와 이지버스가 런던 시내를 연결한다. 이지버스가 내셔널 익스프레스보다 저렴하다. 이지버스는 얼스 코트Earl's Court까지 운행하는데 튜브로 갈아탈 수 있다.

❶ 이지버스

운영 1 개트윅 공항 북쪽 터미널 → 남쪽 터미널 → Earl's Court(West Brompton)
2 개트윅 공항 남쪽 터미널 → 빅토리아 코치 스테이션
시간 Earl's Court까지 1시간 5분
요금 일반 £4~
홈피 www.easybus.com/en/london-gatwick

❷ 내셔널 익스프레스

운영 개트윅 공항 → 빅토리아 코치 스테이션
시간 빅토리아 코치 스테이션까지 1시간 20분~
요금 일반 £5
홈피 www.nationalexpress.com

택시

런던 시내까지 1시간 15분 이상 소요

요금 £70~100

시티 공항 City Airport(LCY)

런던 시내에서 9.5km 떨어진 가장 가까운 공항으로 3존에 위치해 있다. 루프트한자와 KLM, 스위스항공, 유럽 대륙으로 가는 저가항공을 이용할 수 있다. 무료 Wifi를 제공한다.

주소 Hartmann Road, Royal Docks, London, E16 2PX
전화 020 7646 0088
홈피 www.londoncityairport.com

도클랜드 경전철 + 튜브

도클랜드 경전철을 타고 런던 시내로 들어올 수 있다.

운영 **시티 공항 → Bank역** 월~토 06:00~24:00, 일 07:00~23:00
시간 Bank역까지 21분(운행 간격 8~15분)
요금 튜브 요금과 동일

택시

요금 £30~50

스탠스테드 공항 Stansted Airport(STN)

런던에서 세 번째로 큰 공항으로 런던의 북동쪽으로 48km 떨어져 있다. 주로 저가항공사인 라이언에어, 이지젯, 톰슨항공, 토마스쿡항공, 페가수스항공 등이 취항하고 있다.

주소 Enterprise House, Bassingbourn Road, Essex, CM24 1QW
전화 084 4335 1803
홈피 www.stanstedairport.com

열차

스탠스테드 익스프레스 Stansted Express Operation

스탠스테드 공항으로 가는 방법들 중 유일하게 오이스터 카드 이용이 가능하다. 단, 오이스터 카드 사용은 런던 리버풀 스트리트역에서 토트넘 헤일역까지만 가능하며 이후부터는 별도 요금이 필요하다. 일찍 예매할 경우 저렴하다.

운영 **스탠스테드 공항 - Tottenham Hale역 - Liverpool Street역** 05:30~23:30
시간 Liverpool Street역까지 47분 (운행 간격 15분)
요금 일반 £7~
홈피 www.stanstedexpress.com

택시

스탠스테드 공항에서 런던 시내까지의 택시 요금은 보통 £100 정도다. 저렴하게 택시를 이용하는 방법은 우버나 '24x7'에서 운영하는 8명 정원의 셰어 택시를 추천한다.

24x7 Stansted
요금 1인당 £20 **홈피** 24x7stansted.com

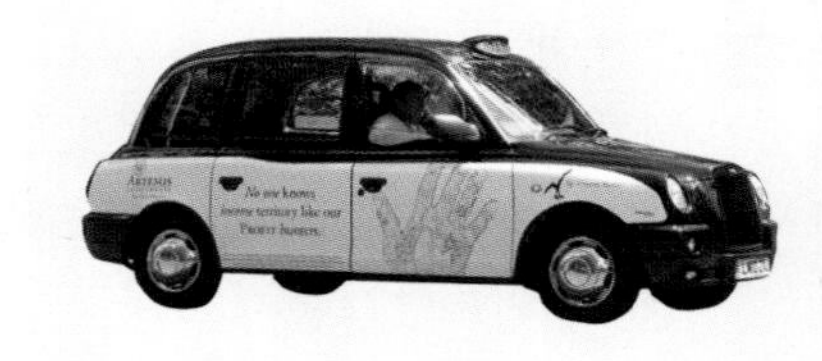

코치

❶ **에어포트 버스 익스프레스** Airport Bus Express

스탠스테드 공항에서 출발해 스트랫퍼드, 리버풀 스트리트, 베이커 스트리트, 빅토리아 코치 스테이션까지 운행한다. 24시간 운영된다.

시간 **Victoria Coach Station까지** 2시간 (운행 간격 20~30분)
요금 일반 £15~, 4~12세 일반의 50%
홈피 www.airportbusexpress.co.uk

❷ **내셔널 익스프레스** National Express

코치들 중 가장 많은 런던 지역을 연결한다. A6(패딩턴, 베이커 스트리트), A7(워털루, 서더크, 빅토리아 코치 스테이션), A8(킹스 크로스, 리버풀 스트리트, 쇼디치), A9(스트랫퍼드) 4종류의 버스가 있으며 24시간 운영되어 편리하다.

시간 **A6** 1시간 15분, **A7** 1시간 45분, **A8** 1시간 45분, **A7** 50분(운행 간격 15~30분)
요금 일반 £17~, 3~15세 일반의 50%
홈피 www.nationalexpress.com

❸ **테라비전** Terravision

스탠스테드 공항에서 런던 시내를 잇는 버스다. 스탠스테드 공항에서 베이커 스트리트를 거쳐 빅토리아 코치 스테이션까지 운행하는 버스와 스트랫퍼드를 거쳐 리버풀 스트리트까지 운행하는 2가지 버스가 있다.

시간 **Victoria Coach Station까지** 2시간
Liverpool Street까지 1시간 25분 (운행 간격 10~20분)
요금 일반 £12~
홈피 www.terravision.eu

루턴 공항 Luton Airport(LTN)

런던에서 북서쪽으로 56.5km 떨어진 6존에 있는 공항으로 주로 이지젯, 위즈에어, 라이언에어 등의 저가항공 이용자들이 이용한다. 오이스터 카드 이용은 불가능하다. 기차보다는 코치가 저렴한데 시간은 더 걸린다. 코치 요금은 모두 비슷비슷하나 내셔널 익스프레스가 가장 저렴하다.

주소 Navigation House, Airport Way, Luton, Bedford, LU2 9LY
전화 015 8240 5100
홈피 www.london-luton.co.uk

기차

공항에서 무료 운행하는 보라색 셔틀버스를 타고 Luton Airport Parkway역에 내린 뒤 열차를 타면 된다.

① 템스링크 & 그레이트 노던 Thameslink & Great Northern

세인트 판크라스역까지 24시간 운행한다.

시간 35~50분(운행 간격 10분~1시간)
요금 일반 £22.40~, 5~15세 일반의 50%
홈피 www.thameslinkrailway.com

② 이스트 미들랜즈 트레인 East Midlands Train

템스링크 & 그레이트 노던보다 조금 빠르고 요금도 더 비싸다. 24시간 운행하지는 않는다.

운영 루턴 공항 ↔ St. Pancras International역 06:00~23:30
시간 21분~45분(운행 간격 5~40분)
요금 일반 £16.70~, 5~15세 일반의 50%
홈피 www.eastmidlandsrailway.co.uk

택시

요금 £70~80

코치

① 내셔널 익스프레스 National Express

옥스퍼드 스트리트, 레스터 스퀘어, 스탠스테드 공항, 히스로 공항, 개트윅 공항, 빅토리아 코치 스테이션까지 운행한다.

시간 1시간 5분~(운행 간격 40분~1시간 20분)
요금 일반 £10~, 3~15세 £7.5, 3세 미만 무료
홈피 www.nationalexpress.com/en

② 그린라인 Green Line

757번이 베이커 스트리트, 하이드 파크 코너, 마블 아치, 빅토리아 그린라인 코치 스테이션까지 운행한다. ISIC 할인이 가능하고 24시간 운영한다.

시간 1시간(운행 간격 20분~1시간)
요금 15세 이상 £11.5~, 5~14세 £8~, 5세 미만 무료
홈피 www.arrivabus.co.uk/greenline

③ 테라비전 Terravision

베이커 스트리트, 마블 아치, 빅토리아역까지 운행한다.

시간 1시간 15분~1시간 45분 (운행 간격 15분~1시간)
요금 일반 £11.50, 5~12세 £8, 5세 미만 무료
홈피 www.terravision.eu/airport_transfer/bus-luton-airport-london

Step to London 8.
런던의 시내 교통

런던의 시내 교통은 버스, 튜브, 도클랜드 경전철(DLR), 트램, 우버 보트(템스 리버 버스), IFS Cloud Cable Car, 국철 등으로 나뉘는데 여행자들이 주로 이용하는 것은 튜브, 버스 정도다. 대중교통 이용법은 대체로 한국과 비슷해 무리가 없고, 노선도는 한국보다 훨씬 알아보기 쉽게 되어 있다. 런던은 거리에 따라 요금이 올라가는 1~9존으로 나뉘어져 있다. 런던 시내는 1존, 히스로 공항은 6존이라고 알아두면 편리하다. 모든 시간 Anytime 요금만 적용되는 히스로 공항은 현금 승차 시 £6.70인데 오이스터 카드나 컨택리스 카드를 이용할 경우 £5.60로 차이가 크지 않지만, 1존 내에서 비혼잡 시간에 이동할 경우 현금은 £6.7, 오이스터 카드로는 £2.7로 무려 £4 차이가 나기 때문에 컨택리스 카드가 없다면 오이스터 카드 구입은 필수다. 오이스터 카드를 구입할 때 £7의 보증금이 필요하며 보증금 환불은 불가하다. 잔액 환불은 £10 미만일 경우 가능하다.

홈피 https://tfl.gov.uk/fares/find-fares/tube-and-rail-fares

오이스터 카드 Oyster Card

버스, 튜브, 도클랜드 경전철, 트램, 템스 클리퍼, 에미레이트 에어라인, 대부분의 국철까지 런던 내 모든 대중교통 수단을 사용할 수 있는 선불 교통카드로 플라스틱 교통카드를 보증금 £7에 구입해, 최소 £5 이상의 요금을 충전해 사용하는 카드다. 카드 사용법은 우리나라의 티머니카드와 동일하다.

○ 오이스터 카드 구입하고 충전하기

구입과 충전은 모든 지하철역과 여행안내소 또는 오이스터 카드의 로고가 보이는 상점에서 가능하다. 가장 간편하게 사용할 수 있는 티켓머신으로 구입하고 충전하는 방법을 소개한다.

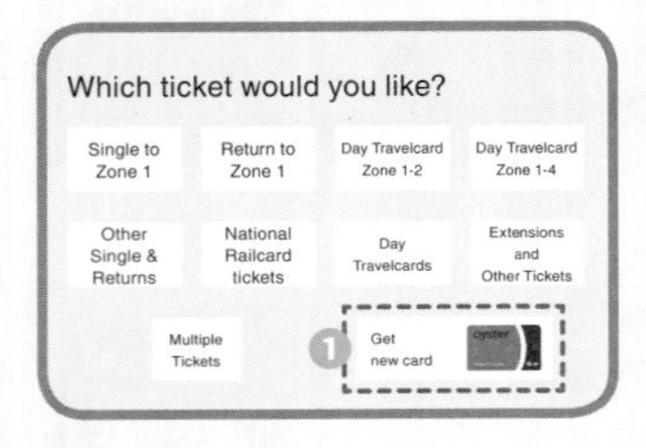

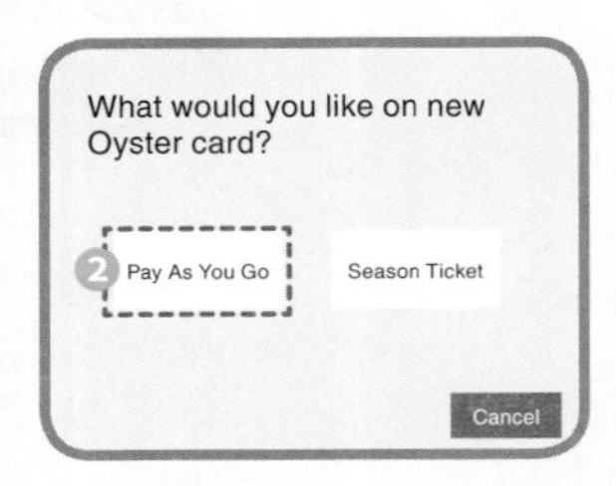

How much money do you want to add to your new Oyster card?
£5 £10 £15 £20
£30 £35 £45 £50
Cancel

① 첫 화면에서 오이스터 카드 마크가 있는 버튼을 선택한다(이는 처음으로 카드를 살 경우고 충전을 할 때는 티켓머신의 오이스터 카드를 대는 부분에 카드를 대면 현재 남은 금액이 나오고 Top–up Pay As You Go 버튼을 누르면 ③번 화면으로 넘어간다).
② 화면에서 원하는 금액만큼 충전해서 사용하는 Pay As You Go를 선택한다.
③ 원하는 금액을 누르면 보증금 £7와 합쳐진 금액이 나오고 신용카드나 현금으로 결제하면 된다. 신용카드의 경우 PIN번호를 요구하면 카드 비밀번호를 입력하면 된다.

◯ 오이스터 카드·트래블 카드 요금 비교표(2024년 기준)

존 (Zone)	현금 승차 시	오이스터 카드(Oyster Pay As You Go) / 컨택리스 카드			트래블 카드(Travel Cards)		
		1회권 (모든 시간) Day Peak* · Anytime**	1회권 (비혼잡시간) Day Off-Peak	1회권 상한선 (Day Anytime/ Daily Off-Peak 동일)	1일권 (모든 시간) Day Peak · Anytime	1일권 (비혼잡시간) Day Off-Peak	7일 (월~일요일) 7days
1존	£6.70	£2.80	£2.70	£8.50	£15.90	£15.90	£42.70
1-2존	£6.70	£3.40	£2.80	£8.50	£15.90	£15.90	£42.70
1-3존	£6.70	£3.70	£3.00	£10.00	£15.90	£15.90	£50.20
1-4존	£6.70	£4.40	£3.20	£12.30	£15.90	£15.90	£61.40
1-5존	£6.70	£5.10	£3.50	£14.60	£22.60	£15.90	£73.00
1-6존	£6.70	£5.60	£3.60 (공항 £5.60)	£15.60	£22.60	£15.90	£78.00

* 혼잡시간(Peak) : 월~금 06:30~09:30/16:00~19:00　　** 모든 시간(Day Anytime) : 모든 시간

※ 유아·어린이·청소년 요금
만 11세 미만은 보호자 동반 시 무료, 11~15세는 오이스터 카드 구입 후 'Young Visitor discount'를 신청하면 일반의 50% 할인
* 18세 이상 학생은 18+ Student Oyster photocard가 있을 경우 일반의 30% 할인이 가능하나 런던 거주 조건이 있어 대부분 해당되지 않는다.
* 내셔널레일 트래블 카드 National Rail Travel Cards
두 명이 여행할 경우, 튜브역이 아닌 기차역에서 트래블 카드 '2 For 1'을 만들면 런던아이와 런던 브리지 관광지에서 1명만 요금을 내도 2명이 입장할 수 있는 혜택이 있다.
홈피 www.nationalrail.co.uk/days-out-guide/2for1-london

◯ 버스와 트램 요금

현금승차는 이제 사라졌다. 버스/트램 – 버스/트램 1시간 이내 환승 시 무료다.
1회 오이스터 카드(Pay as you go)·컨택리스 카드 이용 시 £1.75
1일 상한선 £5.25　　**7일(월~일요일) 상한선** £24.70

◯ 튜브 요금

오이스터 카드로 오프 피크 시간에 이용하는 것이 가장 저렴하다. 히스로 공항이 있는 6존에서 시내 중심인 1존까지 온다고 할 때 현금으로 £6.70인데 오이스터 카드를 이용할 경우 모든 시간Anytime 요금(공항은 Off-Peak 요금이 없음) £5.60으로 현금보다 저렴하다. 5세 미만은 무료다.

런던 버스 & 트램 패스 London Bus & Tram Pass

런던 시내의 모든 버스와 트램만을 이용할 수 있는 패스로 튜브처럼 존이 나뉘어 요금이 추가되는 경우가 없다. 오이스터 카드로 여러 번 탈 경우 최대 지불요금이 £6.00, 7일 요금이 3일 요금 정도이므로 4일 이상 버스와 트램만을 이용할 여행자들에게 유리하다.

요금 1일 £6, 7일 £24.70, 1개월 £94.90

Tip | 11~15세 50% 할인 카드 만들기

11~15세의 청소년인 경우 먼저 오이스터 카드를 구입한 후 튜브 역과 오버그라운드 역의 역무원에게 'Young Visitor discount' 카드로 만들어 달라고 하면 기능을 넣어준다. 최대 14일까지 여행할 수 있다. 11세 미만은 보호자와 동행한다는 조건에서 버스와 튜브는 11세 미만, 국철은 5세 미만이 무료다.

런던의 교통수단

○ 버스 Bus

런던의 상징이라고도 할 수 있는 빨간색 2층 버스다. 영어로는 '더블 데커Double Decker'라고 한다. 우리와 같은 1층 저상 버스도 있다. 런던 시내에만 8천여 대의 버스가 다닌다. 2층 맨 앞줄에 앉아 가다 보면 마치 2층 관광버스를 탄 것 같은 느낌을 받는다. 실제로 런던 주요 곳곳을 다니는 몇몇 노선을 타면 투어 버스가 따로 필요 없을 정도다. 런던의 버스 시스템은 24시간으로 새벽 시간대는 운행 간격이 넓어지기는 하지만 편리하다. 단, 나이트 버스는 손을 흔들어야 정차한다. 서울의 버스 시스템과 달리 탈 때만 찍고 내릴 때는 찍지 않는다.

요금 **일반** 오이스터 카드 이용 시 £1.75
(현금 승차는 불가능하다)
버스·트램
1일권 £6, 7일권 £24.70(학생 £14.80)
16~17세
일반의 50%. 현금 승차 시 £2.55,
오이스터 카드 이용 시 £0.85
11~15세
'Young Visitor discount' 등록 시 일반의 50%
10세 이하 무료(보호자 동반 시)

○ 튜브 Tube(Underground)

세계에서 가장 오래된 지하철로 2013년 150주년을 맞았다. 가장 빠르고 쉽게 런던 시내를 돌아다닐 수 있는 교통수단이다. 튜브는 1~9존으로 나눠지며, 런던의 중심가는 1 · 2존에 해당된다. 싱글 티켓을 사용할 경우 비싸기 때문에 여러 번 탈 예정이라면 오이스터 카드를 구입하거나 트래블 카드를 구입하는 것이 유리하다.

요금 **일반** 현금 승차 시 £6.70
1존 오이스터 카드 사용 시
피크 £2.80, 오프 피크 £2.70
11~15세
'Young Visitor discount'
등록 시 일반의 50%
10세 이하 무료
(보호자 동반 시)

○ 도클랜드 경전철 Docklands Light Railway(DLR)

런던 동부와 동남부를 운행하는 무인전철로 런던 시티 공항과 그리니치를 갈 때 이용하게 된다. 요금은 튜브와 동일하다. 버스와 달리 탈 때와 내릴 때 모두 태그해야 한다.

○ 우버 보트 Uber Boat by Thames Clippers

템스강을 운행하는 대중교통 보트로 시티 익스피어리언스보다 저렴하다. 요금은 거리에 따라 차이가 있는데 주로 이용하는 Central Zone 기준 요금은 다음과 같다.

요금 **일반** 현장 £11.40, 오이스터 카드·온라인
예매 시 £9.00, 트래블 카드 £8.95
원데이 현장 £24.60,
오이스터 카드·온라인 예매 시 £22.10
홈피 www.thamesclippers.com

○ 택시 Cab(Taxi)

클래식 카 마니아나 영국 영화를 좋아하는 사람이라면 전통적인 블랙 캡Black Cap에 대한 로망이 있을 것이다. 요금은 비싸나 가까운 거리라면 시도해볼 만하다. 서유럽과 달리 짐의 개수나 승차하는 인원수에 대한 추가 요금이 없으며 신용카드와 체크카드 사용도 가능하다. 기본 요금은 £3.80이고 추가되는 요금은 3가지로 구분되는데 다음과 같다.

요금 **월~금 05:00~20:00** 1마일당 £7.60~£11.80
월~금 20:00~22:00/토·일 05:00~22:00
1마일당 £7.60~£12
월~일 22:00~05:00/공휴일 1마일당 £9~£13

사이클스 Cycles

런던도 파리처럼 시에서 운영하는 1만 2,000여 대의 시티 자전거가 있다. 자전거 정류장은 '도킹 스테이션Docking Station'이라고 하는데 런던 시내에만 800여 곳이 있을 정도로 런더너들의 사랑을 받고 있다. 사용 방법은 간단하다. Santander Cycles 앱을 다운받은 후 회원가입을 하고 30분간 탑승이 가능한 1회권Single ride을 구입하면 된다. 한가지 주의할 점은 자전거를 반납할 때 도킹 스테이션에 제대로 꽂지 않으면 미 반환 요금Non Return Charge £300를 내야 한다는 것을 명심하자. 도킹 스테이션은 300~500m 간격으로 시내 곳곳에서 쉽게 찾을 수 있지만, 지도를 찾는다면 앱을 통해 확인할 수 있다. 자전거 전용 도로는 우리와 차량 통행이 반대여서 위험하기 때문에 공원에서 타는 걸 추천한다.

요금 **대여료** 1회 £1.65(E-bike는 £3.30) 1일 £3
(30분까지 무료, 이후 30분마다 일반은 £1.65, E-bike는 £3.30씩 추가)

어플 

○ 런던에서 브롬톤 brompton

1975년 영국에서 만들어진 접이식 자전거 브랜드로 런던에서 무인 렌탈이 가능하다. 런던 시내에 25개의 도킹 장소가 있다. 브롬톤 자전거를 타고 런던 시내를 달려보는 경험도 좋다.

요금 대여료 1일 £5

어플 

Tip | 런던 패스로 교통과 관광을 한번에!

런던 내 80여 개의 주요 관광명소를 원하는 날짜 안에 입장할 수 있는 패스다. 장점은 성수기 시즌에 런던 타워, 웨스트민스터 사원, 세인트 폴 대성당, 윈저 성 등에 긴 줄을 설 필요 없이 곧바로 입장할 수 있다. 이런 종류의 패스를 사용할 때는 비싼 입장료 위주로 동선과 계획을 잘 세워야지 본전을 뽑을 수 있다는 것을 명심하자. 구입 시 모바일 패스로 구입해 QR 코드로 입장할 수 있어 편리하다.

요금 **1 Day** 일반 £104, 5~15세 £69 **2 Day** 일반 £144, 5~15세 £89
3 Day 일반 £169, 5~15세 £109 **5 Day** 일반 £189, 5~15세 £114 등

홈피 www.londonpass.com

more & more 런던이 더 즐거워지는 특별한 투어!

홉-온-홉-오프 관광버스 Hop-on Hop-off Bus

주요 관광명소에서 자유롭게 타고 내릴 수 있는 홉-온-홉-오프Hop-on-Hop-off 시스템의 관광버스다. 런던에는 이런 관광버스 업체가 많은데 대표적으로 빅 버스 투어Big Bus tour, 골든 투어Golden Tours, 툿 버스Toot Bus가 있다. 보통 런던을 3구역으로 나누어 빨강Red Route, 파랑 루트Blue Route, 초록 루트Green Route를 운영하며 이어폰으로 언어를 선택해 듣는 시스템이다(한국어는 없다). 버스에서 내리지 않고 런던 한 바퀴를 도는 데는 2시간 15분 정도가 걸린다. 오픈된 2층은 사진 찍기에 좋으며 1층은 냉난방 장치가 있어 편안하다. 걷는 것이 힘들거나 싫어하는 사람, 어르신들에게 안성맞춤이며 주요 관광지와 도시 분위기를 느끼기에도 좋다. 티켓은 1일권, 24시간, 48시간, 72시간 등으로 구입할 수 있다. 티켓은 인터넷으로 사는 것이 15~25% 정도 저렴하며 가족 여행객들을 위한 할인가도 있다.

툿 버스

빅 버스

홈피 **골든 투어** www.goldentours.com/london-hop-on-hop-off-bus-tours
빅 버스 www.bigbustours.com/en/london/london-bus-tours
툿 버스 www.tootbus.com/en/london/home

런던 버스를 나만의 투어 버스로!

런던의 버스를 이용해 저렴한 비용으로 시내 곳곳을 한 바퀴 돌아보는 코스다. 일명 대중교통을 이용한 나만의 투어 버스! 2층 버스를 탔다면 맨 앞자리 좌석을 놓치지 말자. 오리지널 투어 버스와 달리 유리로 막혀있지만 런던 곳곳을 둘러보며(특히나 비가 온다면!) 기분 내기에는 그만이다. 아래는 추천할 만한 버스 노선이다.

버스 내부

헤리티지 버스 15번

❶ 옛날 스타일의 버스를 타고 싶다면! 해리티지Heritage 9 · 15번

런던에서 몇 안 남은 올드 스타일 버스다. 루트마스터Routemaster라 부르는 차장이 있고, 하차벨 대신 기다란 줄을 잡아당겨야 한다는 점이 특이하다. 런던 여행을 왔다면 이 버스 한 번쯤은 타봐야 하지 않을까?! 교통카드가 아닌 별도 요금을 내야 한다.!

요금 일반 £2.50, 5~15세 £1.25
루트 **9번** 켄싱턴 궁전 → 자연사 박물관 → 과학 박물관 → 빅토리아 앨버트 박물관 → 해로즈 백화점 → 하이드파크 → 스피커스 코너 → 세인트 제임스 궁전 → 트라팔가 광장 → 사보이 호텔 → 서머셋 하우스
15번 트라팔가 광장(Charing Cross역) → 코톨트 갤러리 → 세인트 폴 대성당 → 런던 타워 → 블랙월Blackwall역

레프터눈 티 버스

고스트 버스

❷ 런던의 박물관 루트! 74번

런던 시내의 주요 박물관을 돌아볼 수 있는 버스 루트다.

루트 자연사 박물관 → 과학 박물관 → 빅토리아 앨버트 박물관 → 해로즈 백화점 → 하이드 파크 → 스피커스 코너 → 베이커 스트리트

시티 크루즈 City Cruises

관광객들을 위한 크루즈 보트로 템스강의 대중교통인 리버 버스와는 차이가 있다. 노선은 웨스트민스터/런던 아이~그리니치, 웨스트민스터/런던 아이~런던 타워~그리니치 두 루트가 있다. 그리니치를 방문할 예정이라면 편도로 크루즈를 경험해보는 것도 좋다. 런치, 디너, 애프터눈 티를 즐기며 크루즈를 즐길 수도 있는 것도 특징이다. 트래블 카드 소지자는 현장에 서만 할인을 받을 수 있다. 현장에서 구입하는 것보다 인터넷 예약 요금이 10% 정도 저렴하다.

요금 **24시간 리버 패스 (24h Hop-On Hop-Off River Pass)** 일반 £24, 5~15세 £16, 5세 미만 무료, 가족(어른 2명&아이 3명) £48
전화 800 459-8105
홈피 www.cityexperiences.com/london

Step to London 9.
서바이벌 영어 회화

영국은 공손한 표현을 많이 사용하는 나라입니다. 모든 문장에서 "Please"나 "Thank you"와 같은 말을 쓰는 경우가 많고, 조금만 미안해도 "Sorry", 좋은 경우 "Fabulous", "lovely", "Perfect", "Excellent" 등의 표현을 많이 사용합니다. 최대한 "Please"나 "Thank you"를 자주 사용해주는 것이 좋습니다.

유용한 단어

화장실	Toilet / Loo	감자칩 / 감자튀김	Crisps / Chips
엘리베이터	Lift	냅킨	Serviette
약국	Chemist's	수돗물	Tap Water
줄	Queue	일반 생수 / 탄산수	Still Water / Sparkling Water
무료	For Free	1층 / 2층	Ground floor / First floor
관광안내소	Visitor Centre	쓰레기 / 쓰레기통	Rubbish / Bin

상황별 문장

○ 인사하기

안녕하세요?	Hi / Hello / Are you alright? / How are you?
네, 저는 잘 지내요.	I'm alright thanks. / I'm good thanks.
실례합니다.	Sorry to bother you. / Excuse me.

○ 교통수단 이용할 때 ('Excuse me' 또는 'Sorry to bother you'로 말을 시작하자!)

표 한 장 주세요. / 왕복 표 한 장 주세요.	A ticket please. / A round-trip ticket please.
버킹엄 궁전으로 가려면 어디에서 내려야 하나요?	Where do I get off to Buckingham Palace?
£5 충전해 주세요.(오이스터 카드 사용 시)	£5 Top up, please.

○ 기차표 예약 시 유용한 단어

편도 / 왕복	Single Ticket / Return Ticket
바로 가서 사는 표	Walk-up Ticket
정해진 시간과 날짜가 없는 타는 가장 비싼 표	Anytime Ticket
정해진 날짜와 시간에만 타는 저렴한 한정 표	Advance Ticket
피크 시간 이외에만 타는 저렴한 표	Off-Peak Ticket / Super Off-Peak Ticket
구간이나 기간에 무한정 사용하는 표(7일, 한 달, 한 달 이상)	Season Ticket
특정 지역에서 무한정으로 탈 수 있는 표	Rovers and Rangers Ticket

◯ 길을 물을 때

버킹엄 궁전은 어디로 가야 하나요?	Could you tell me where the Buckingham Palace is?
여기에서 먼가요? / 걸어갈 만한 거리인가요?	Is it far from here? / Can I walk there?
얼마나 걸리나요?	How long does it take?

◯ 레스토랑 & 카페 & 펍에서

음식을 추천해주시겠어요?	Could you recommend for me?
피시 앤 칩스를 주문할게요.	Fish&Chips please.
Well Done으로 주문한 스테이크가 잘못 나왔어요.	I'm not really happy with my steak, it's not a well done. It's undercook.
기네스 한 잔 주세요.	Can I have a pint of Guinness, please.
맥주에 탄산이 없어요.	The beer is flat.
계산해주세요.	The bill, Please.
아이스 라테 주세요.	Could I have a iced latte, please.
매장에서 드실 건가요? / 밖으로 가져갈게요.	Have in the cafe? / To go, please.

◯ 카페에서 유용한 단어

아메리카노	Black Americano, Americano without milk(영국은 아메리카노에 우유를 조금 넣어 주기 때문에 이렇게 표현해야 합니다.)
아이스 아메리카노 / 라테 / 카푸치노	Iced Americano / Latte / Cappuccino
일반 우유 / 저지방 우유	Whole milk / Semi Skimmed milk
무지방 우유 / 두유	Skimmed milk / Soya milk

◯ 숙소에서

체크인(체크아웃)은 몇 시인가요?	What time is check in(check out)?
체크인(체크아웃)할게요.	Check in(Check out), please.
아침 식사가 포함되었나요?	Is breakfast included in my room?
짐을 맡아주실 수 있나요?	Could you keep my baggage?

◯ 상점에서

얼마입니까?	How much is it?
입어볼 수 있을까요?	Can I try this on?
이거 주세요.	I'll take this, please.
환불해주세요.	Can I get a refund?

◯ 위급 상황일 때

도와주세요!	Help!
경찰을 불러주세요.	Call the police please.
오후 2시쯤에 길에서 내 휴대폰을 도난당했어요.	Someone stole my phone on the street, about 2PM.
길에서 강도를 만났어요.	I just got mugged/robbed on the street.

Watford Junction
Towards St Albans City and Luton Airport Parkway
Chesham
Chalfont & Latimer
Amersham
Watford High Street
Elstree & Borehamwood
Bushey
Watford
Croxley
Chorleywood
Carpenders Park
Edgware
Mill Hill Broadway
Rickmansworth
Moor Park
Hatch End
Burnt Oak
Northwood
Headstone Lane
Stanmore
Colindale
Mill Hill East
West Ruislip
Northwood Hills
Harrow & Wealdstone
Canons Park
Hendon Central
Hillingdon
Ruislip Manor
Eastcote
Pinner
Queensbury
Brent Cross
Uxbridge
Ickenham
Ruislip
Hendon
Rayners Lane
North Harrow
Kenton
Kingsbury
Golders Green
Ruislip Gardens
Northwick Park
Preston Road
Wembley Park
Hampstead
West Harrow
Harrow-on-the-Hill
Cricklewood
Reading
South Kenton
Neasden
Gospel Oak
South Ruislip
North Wembley
Dollis Hill
Twyford
Sudbury Hill
Wembley Central
Willesden Green
West Hampstead Thameslink
Hampstead Heath
Kentish Town West
Northolt
Stonebridge Park
Kilburn
Maidenhead
Sudbury Hill
Harlesden
Kensal Rise
Brondesbury Park
West Hampstead
햄프스테드 히스
Belsize Park
Taplow
Willesden Junction
Chalk Farm
Sudbury Town
Brondesbury
Finchley Road & Frognal
캠든 마켓
Camden Town
Burnham
Kensal Green
South Hampstead
Greenford
Kilburn High Road
Kilburn High Road
Mornington Crescent
Alperton
Queen's Park
Swiss Cottage
Euston
Slough
Kilburn Park
St John's Wood
Edgware Road
Marylebone
Perivale
Maida Vale
Warwick Avenue
Baker Street
Langley
Edgware Road
Great Portland Street
Euston Square
Hanger Lane
Royal Oak
Paddington
Warren Street
Iver
Acton main Line
패딩턴 기차역
(히스로 공항행)
Regent's Park
Park Royal
Westbourne Park
Goodge Street
West Drayton
Ladbroke Grove
Tottenham Court Road
North Ealing
Bayswater
Bond Street
Latimer Road
Marble Arch
Oxford Circus
Covent Garden
Hayes & Harlington
Hanwell
Ealing Broadway
West Acton
East Acton
White City
Shepherd's Bush
Notting Hill Gate
Lancaster Gate
Green Park
Leicester Square
Southall
West Ealing
North Acton
Wood Lane
Holland Park
Queensway
Hyde Park Corner
Piccadilly Circus
Acton Central
Shepherd's Bush Market
High Street Kensington
Charing Cross
Kensington (Olympia)
Knightsbridge
Ealing Common
South Acton
Goldhawk Road
Gloucester Road
Acton Town
Barons Court
Sloane Square
Westminster
South Ealing
Hammersmith
Chiswick Park
Turnham Green
Stamford Brook
Ravenscourt Park
West Kensington
Earl's Court
South Kensington
Victoria
St.James's Park
Embankment
Boston Manor
Northfields
West Brompton
대한민국 대사관
Osterley
빅토리아 기차역(개트윅 공항행)
빅토리아 코치 스테이션(유로라인)
그린라인 코치 스테이션
Waterloo
Hounslow East
Hounslow Central
Gunnersbury
히드로 공항 터미널 2 & 3(6존)
Heathrow Terminals 2 & 3
Hounslow West
Fulham Broadway
Lambeth North
Parsons Green
Pimlico
Hatton Cross
Kew Gardens
Putney Bridge
Imperial Wharf
Richmond
East Putney
Battersea Power Station
Nine Elms
Kennington
Southfields
Vauxhall
Wimbledon Park
Clapham Junction
Wandsworth Road
Oval
히드로 공항 터미널 5
Heathrow Terminals 5
히드로 공항 터미널 4
Heathrow Terminals 4
Wimbledon
Clapham High Street
Stockwell
Clapham North
Dundonald Road
Clapham Common
Brixton
Clapham South
Wimbledon Chase
Haydons Road
Balham
Merton Park
Tooting Bec
Colliers Wood
Tooting Broadway
South Merton
Tooting
Morden South
South Wimbledon
St Helier
Morden
Morden Road
Phipps Bridge
Belgrave Walk
Mitcham
Mitcham Junction
Sutton Common
Hackbridge
West Sutton
Sutton
Carshalton
Balerloo
Hammersmith&City
Victoria
Central
Jubilee
Waterloo&City
Circle
Metropolitan
DLR(도클랜드 경전철)
Elizabeth Line
London Overground
IFS Cloud Cable Car
Thameslink
District
Northern
London Trams
District(주말과 휴일에만 운행)
Piccadilly
갈아타는 곳
기차역
페리 선착장
코치 스테이션
공항역
케이블카
튜브 안까지 휠체어 이동 가능
플랫폼까지 휠체어 이동 가능
내부 환승
10분 이상 이동
냉방 가능

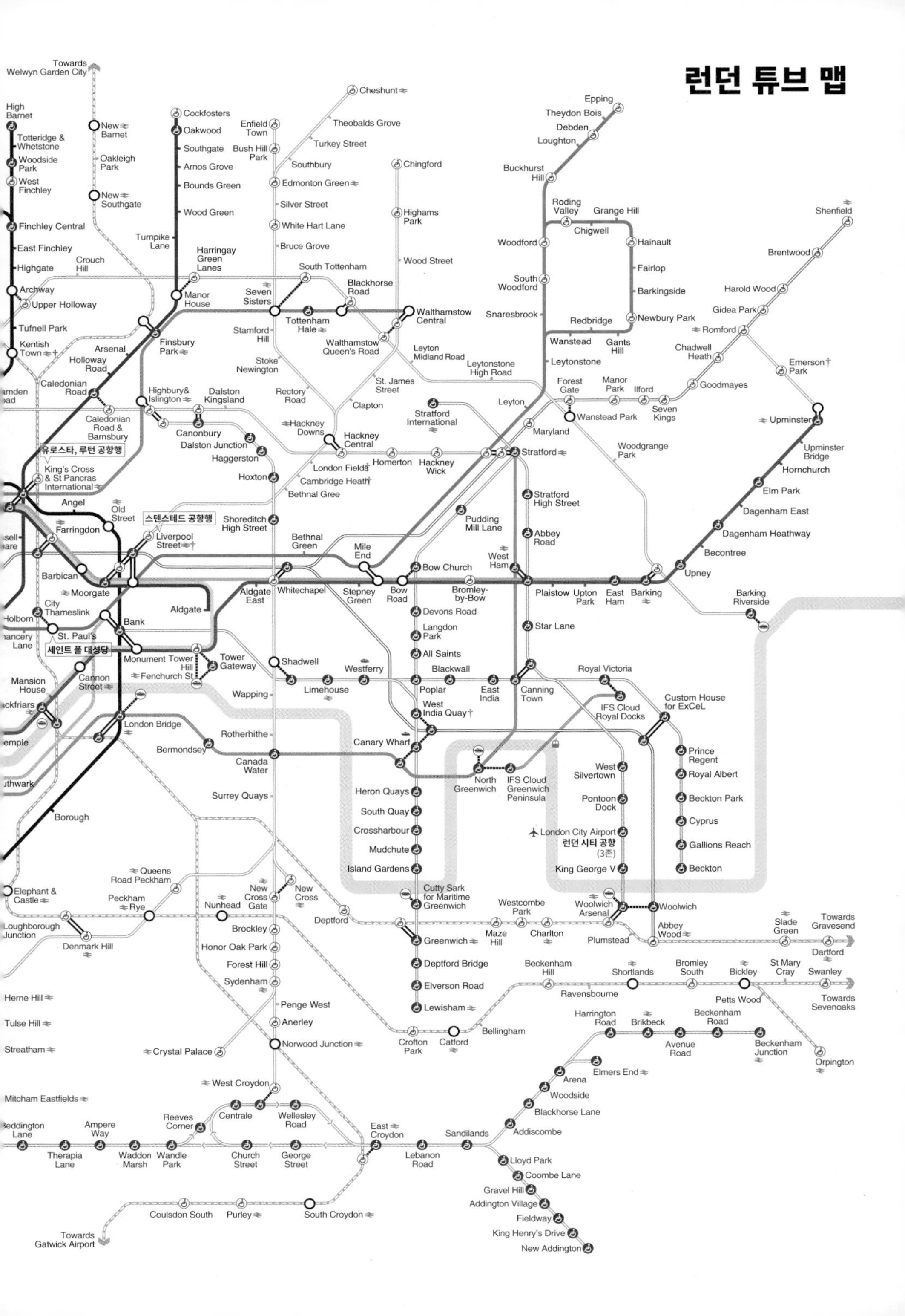

런던 튜브 맵
Towards Welwyn Garden City
High Barnet
Totteridge & Whetstone
Woodside Park
West Finchley
Finchley Central
East Finchley
Highgate
Archway
Upper Holloway
Tufnell Park
Kentish Town
New Barnet
Oakleigh Park
New Southgate
Crouch Hill
Cockfosters
Oakwood
Southgate
Arnos Grove
Bounds Green
Wood Green
Turnpike Lane
Harringay Green Lanes
Manor House
Finsbury Park
Arsenal
Holloway Road
Caledonian Road
Caledonian Road & Barnsbury
Highbury & Islington
Canonbury
Dalston Kingsland
Dalston Junction
Haggerston
Hoxton
유로스타, 루턴 공항행
King's Cross & St Pancras International
Angel
Old Street
Farringdon
Barbican
Moorgate
City Thameslink
St. Paul's
세인트 폴 대성당
Bank
Aldgate
Monument
Tower Hill
Tower Gateway
Fenchurch St
Mansion House
Cannon Street
London Bridge
Borough
Bermondsey
Elephant & Castle
스텐스테드 공항행
Liverpool Street
Shoreditch High Street
Bethnal Green
Enfield Town
Bush Hill Park
Edmonton Green
Silver Street
White Hart Lane
Bruce Grove
Seven Sisters
South Tottenham
Tottenham Hale
Stamford Hill
Stoke Newington
Rectory Road
Hackney Downs
Hackney Central
London Fields
Cambridge Heath
Bethnal Green
Cheshunt
Theobalds Grove
Turkey Street
Southbury
Chingford
Highams Park
Wood Street
Blackhorse Road
Walthamstow Central
Walthamstow Queen's Road
Leyton Midland Road
Leytonstone High Road
St. James Street
Clapton
Homerton
Hackney Wick
Stratford International
Stratford
Pudding Mill Lane
Mile End
Stepney Green
Whitechapel
Aldgate East
Bow Road
Bow Church
Bromley-by-Bow
West Ham
Plaistow
Upton Park
East Ham
Barking
Stratford High Street
Abbey Road
Devons Road
Langdon Park
All Saints
Shadwell
Limehouse
Westferry
Blackwall
Poplar
East India
West India Quay
Canary Wharf
Canning Town
Star Lane
Wapping
Rotherhithe
Canada Water
Surrey Quays
North Greenwich
IFS Cloud Greenwich Peninsula
IFS Cloud Royal Docks
Royal Victoria
Custom House for ExCeL
Prince Regent
Royal Albert
Beckton Park
Cyprus
Gallions Reach
Beckton
West Silvertown
Pontoon Dock
London City Airport
런던 시티 공항 (3존)
King George V
Heron Quays
South Quay
Crossharbour
Mudchute
Island Gardens
Cutty Sark for Maritime Greenwich
Greenwich
Deptford Bridge
Elverson Road
Lewisham
Deptford
Woolwich Arsenal
Woolwich
Westcombe Park
Maze Hill
Charlton
Plumstead
Abbey Wood
Slade Green
Towards Gravesend
Dartford
Epping
Theydon Bois
Debden
Loughton
Buckhurst Hill
Roding Valley
Grange Hill
Chigwell
Hainault
Fairlop
Barkingside
Newbury Park
Woodford
South Woodford
Snaresbrook
Redbridge
Wanstead
Gants Hill
Leytonstone
Leyton
Maryland
Forest Gate
Manor Park
Ilford
Seven Kings
Wanstead Park
Woodgrange Park
Goodmayes
Chadwell Heath
Romford
Gidea Park
Harold Wood
Brentwood
Shenfield
Emerson Park
Upminster
Upminster Bridge
Hornchurch
Elm Park
Dagenham East
Dagenham Heathway
Becontree
Upney
Barking Riverside
Queens Road Peckham
Peckham Rye
Nunhead
New Cross Gate
New Cross
Loughborough Junction
Denmark Hill
Brockley
Honor Oak Park
Forest Hill
Sydenham
Penge West
Anerley
Norwood Junction
Crystal Palace
West Croydon
Herne Hill
Tulse Hill
Streatham
Mitcham Eastfields
Beddington Lane
Therapia Lane
Ampere Way
Waddon Marsh
Wandle Park
Reeves Corner
Centrale
Church Street
George Street
Wellesley Road
East Croydon
Lebanon Road
Sandilands
Coulsdon South
Purley
South Croydon
Towards Gatwick Airport
Crofton Park
Catford
Bellingham
Beckenham Hill
Ravensbourne
Shortlands
Bromley South
Bickley
Petts Wood
St Mary Cray
Swanley
Towards Sevenoaks
Orpington
Harrington Road
Birkbeck
Avenue Road
Beckenham Road
Beckenham Junction
Elmers End
Arena
Woodside
Blackhorse Lane
Addiscombe
Lloyd Park
Coombe Lane
Gravel Hill
Addington Village
Fieldway
King Henry's Drive
New Addington

런던 버스 맵

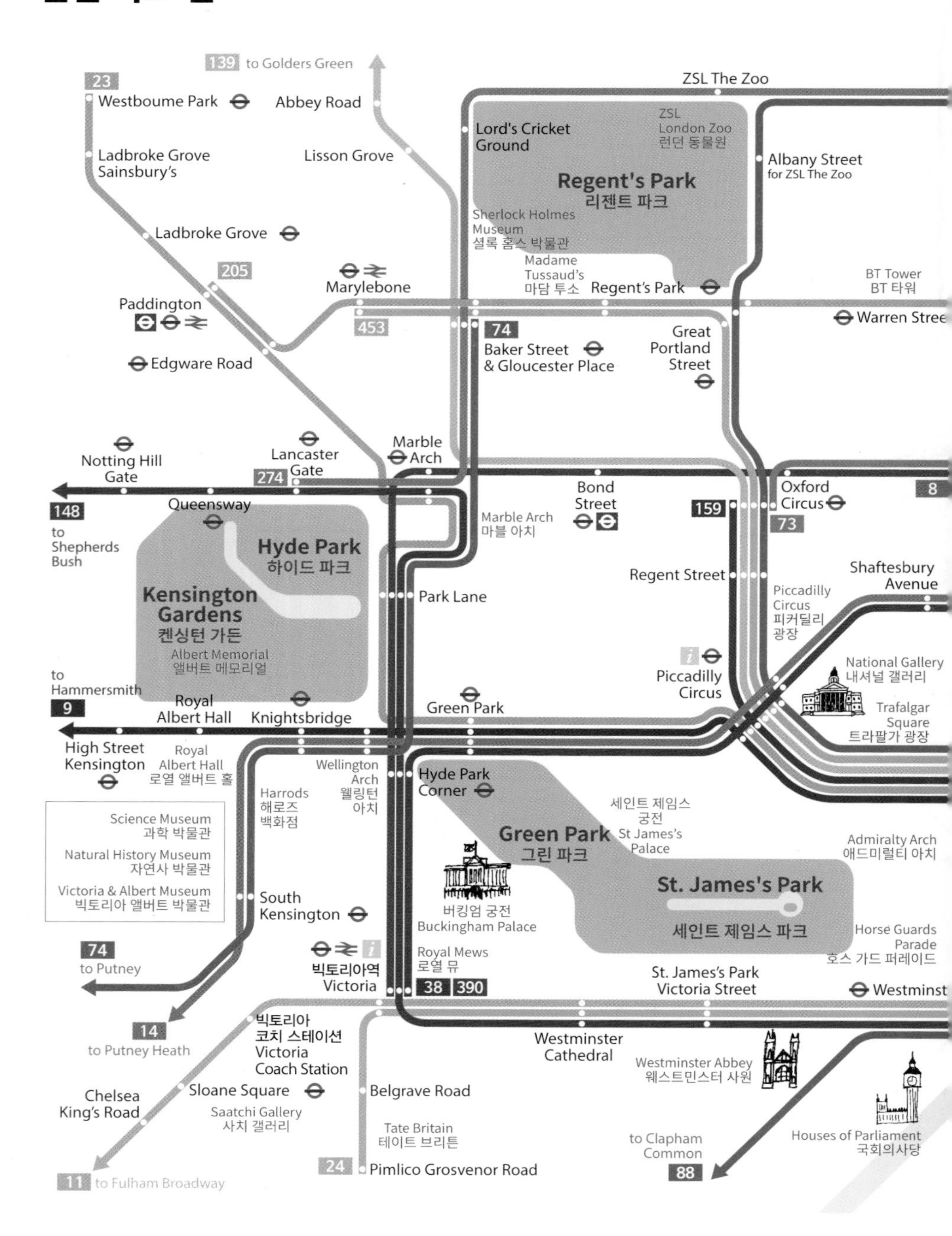

139 to Golders Green
23
Westboume Park
Abbey Road
ZSL The Zoo
Lord's Cricket Ground
ZSL London Zoo 런던 동물원
Ladbroke Grove Sainsbury's
Lisson Grove
Albany Street for ZSL The Zoo
Regent's Park 리젠트 파크
Ladbroke Grove
Sherlock Holmes Museum 셜록 홈스 박물관
205
Madame Tussaud's 마담 투소
Marylebone
Regent's Park
BT Tower BT 타워
Paddington
453
74
Warren Stree
Great Portland Street
Baker Street & Gloucester Place
Edgware Road
Marble Arch
Notting Hill Gate
Lancaster Gate
274
Bond Street
Oxford Circus
8
159
73
148 to Shepherds Bush
Queensway
Marble Arch 마블 아치
Hyde Park 하이드 파크
Park Lane
Regent Street
Shaftesbury Avenue
Kensington Gardens 켄싱턴 가든
Piccadilly Circus 피카딜리 광장
Albert Memorial 앨버트 메모리얼
Piccadilly Circus
National Gallery 내셔널 갤러리
to Hammersmith
9
Royal Albert Hall
Knightsbridge
Green Park
Trafalgar Square 트라팔가 광장
High Street Kensington
Royal Albert Hall 로열 앨버트 홀
Wellington Arch 웰링턴 아치
Hyde Park Corner
Harrods 해로즈 백화점
세인트 제임스 궁전 St James's Palace
Science Museum 과학 박물관
Green Park 그린 파크
Admiralty Arch 애드미럴티 아치
Natural History Museum 자연사 박물관
Victoria & Albert Museum 빅토리아 앨버트 박물관
St. James's Park 세인트 제임스 파크
South Kensington
버킹엄 궁전 Buckingham Palace
Horse Guards Parade 호스 가드 퍼레이드
74 to Putney
Royal Mews 로열 뮤
빅토리아역 Victoria
38
390
St. James's Park Victoria Street
Westminst
빅토리아 코치 스테이션 Victoria Coach Station
14 to Putney Heath
Westminster Cathedral
Westminster Abbey 웨스트민스터 사원
Chelsea King's Road
Sloane Square
Belgrave Road
Saatchi Gallery 사치 갤러리
Tate Britain 테이트 브리튼
to Clapham Common
Houses of Parliament 국회의사당
24
Pimlico Grosvenor Road
88
11 to Fulham Broadway

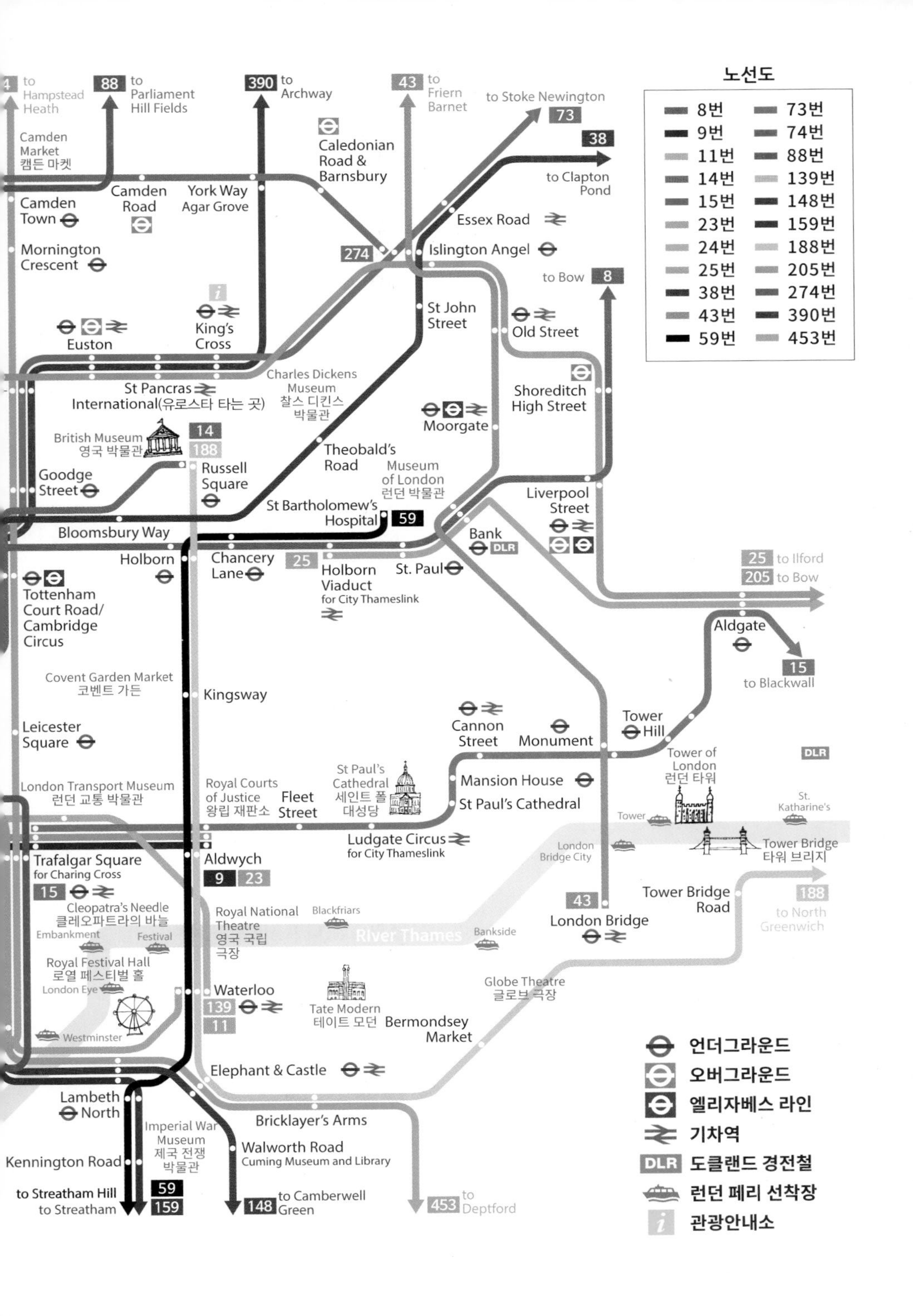
노선도
8번
9번
11번
14번
15번
23번
24번
25번
38번
43번
59번
73번
74번
88번
139번
148번
159번
188번
205번
274번
390번
453번
to Hampstead Heath
88 to Parliament Hill Fields
390 to Archway
43 to Friern Barnet
to Stoke Newington 73
38 to Clapton Pond
to Bow 8
Camden Market 캠든 마켓
Camden Town
Camden Road
York Way Agar Grove
Caledonian Road & Barnsbury
Essex Road
274
Islington Angel
Mornington Crescent
St John Street
Old Street
Euston
King's Cross
St Pancras International(유로스타 타는 곳)
Charles Dickens Museum 찰스 디킨스 박물관
Shoreditch High Street
Moorgate
British Museum 영국 박물관
14
188
Goodge Street
Russell Square
Theobald's Road
Museum of London 런던 박물관
Liverpool Street
St Bartholomew's Hospital
59
Bloomsbury Way
Bank
DLR
Holborn
Chancery Lane
25
Holborn Viaduct for City Thameslink
St. Paul
25 to Ilford
205 to Bow
Tottenham Court Road/ Cambridge Circus
Aldgate
15 to Blackwall
Covent Garden Market 코벤트 가든
Kingsway
Cannon Street
Monument
Tower Hill
Leicester Square
Tower of London 런던 타워
London Transport Museum 런던 교통 박물관
Royal Courts of Justice 왕립 재판소
Fleet Street
St Paul's Cathedral 세인트 폴 대성당
Mansion House
St Paul's Cathedral
Tower
St. Katharine's
Ludgate Circus for City Thameslink
London Bridge City
Tower Bridge 타워 브리지
Trafalgar Square for Charing Cross
Aldwych
9
23
15
Cleopatra's Needle 클레오파트라의 바늘
Embankment
Festival
Royal National Theatre 영국 국립 극장
Blackfriars
River Thames
Bankside
43
London Bridge
Tower Bridge Road
188 to North Greenwich
Royal Festival Hall 로열 페스티벌 홀
London Eye
Waterloo
139
11
Tate Modern 테이트 모던
Globe Theatre 글로브 극장
Bermondsey Market
Westminster
Elephant & Castle
Lambeth North
Imperial War Museum 제국 전쟁 박물관
Bricklayer's Arms
Walworth Road Cuming Museum and Library
Kennington Road
to Streatham Hill 59
to Streatham 159
148 to Camberwell Green
453 to Deptford
언더그라운드
오버그라운드
엘리자베스 라인
기차역
DLR 도클랜드 경전철
런던 페리 선착장
관광안내소

Index
인덱스 -가나다순-

ㅅ

ㅋ

ㅌ

ㅍ

ㅎ

Travel Note

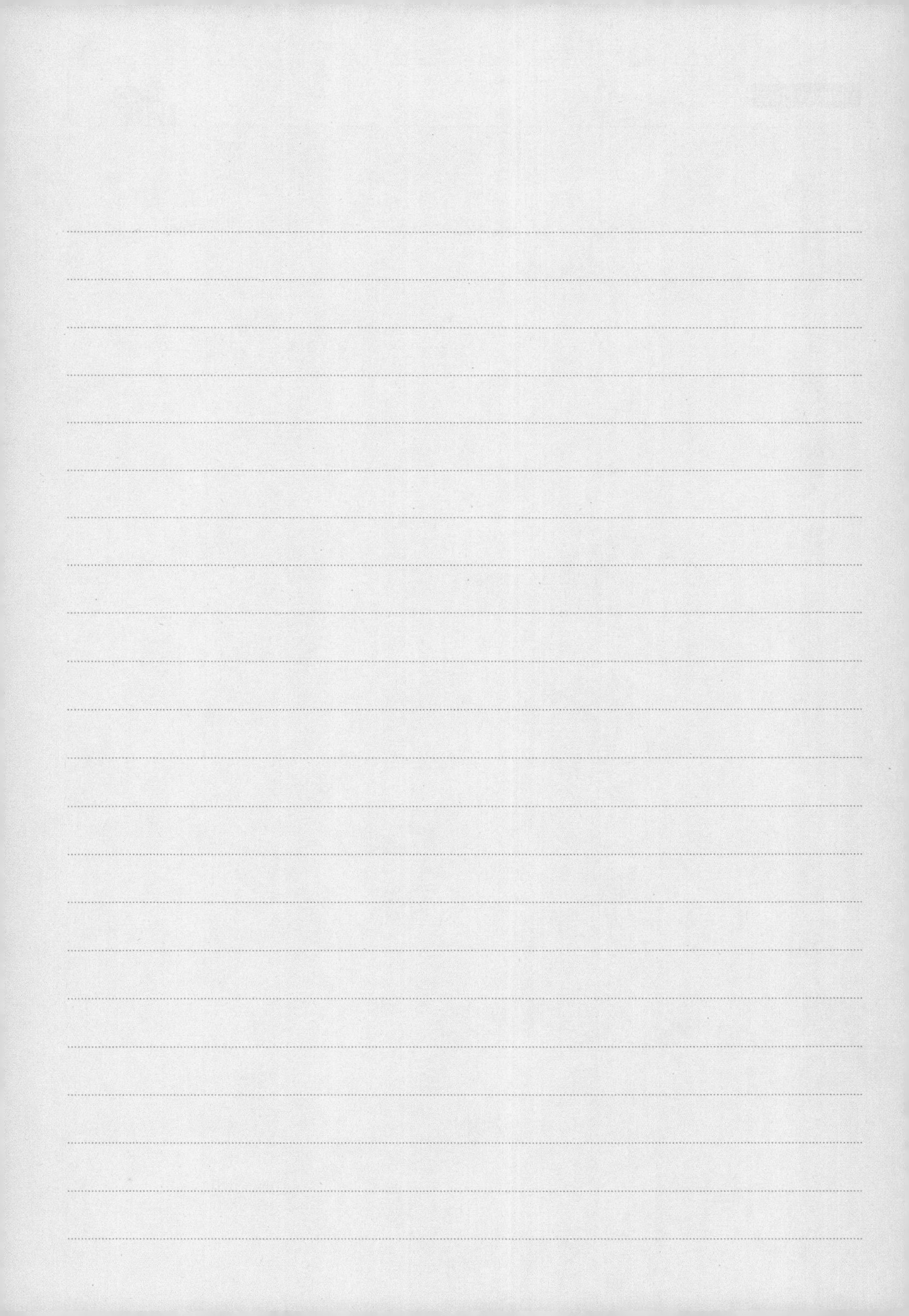

Travel Note

Travel Note